Michael Mommert

Untersuchung der Zirkulationsbewegung und des Wärmetransports in turbulenter Mischkonvektion mittels optischer Messverfahren

Untersuchung der Zirkulationsbewegung und des Wärmetransports in turbulenter Mischkonvektion mittels optischer Messverfahren

Michael Mommert

2022

Impressum

Bibliografische Information der Deutschen Nationalbibliothek
Die Deutsche Nationalbibliothek verzeichnet diese Publikation in der Deutschen Nationalbibliografie; detaillierte bibliografische Angaben sind im Internet über http://dnb.d-nb.de abrufbar.

Diese Arbeit hat der Fakultät für Maschinenbau der Technischen Universität Ilmenau als Dissertation vorgelegen.

Tag der Einreichung:	27. Oktober 2021
1. Gutachter:	Univ.-Prof. Dr.-Ing. habil. Claus Wagner (Technische Universität Ilmenau)
2. Gutachter:	Prof. Dr.-Ing. Christian Cierpka (Technische Universität Ilmenau)
3. Gutachter:	Prof. Dr.-Ing. Günter Wozniak (Technische Universität Chemnitz)
Tag der Verteidigung:	22. April 2022

Technische Universität Ilmenau/Universitätsbibliothek
Universitätsverlag Ilmenau
Postfach 10 05 65
98684 Ilmenau
https://www.tu-ilmenau.de/universitaetsverlag

ISBN 978-3-86360-258-1 (Druckausgabe)
DOI 10.22032/dbt.52357
URN urn:nbn:de:gbv:ilm1-2022000224

Titelgrafik: Veit Henkel | Fakultät für Maschinenbau, TU Ilmenau

Two figures are approaching an oil well.
One of them holds a lighted torch.
What are they up to?
Are they going to rekindle the blaze?
Is life without fire become unbearable for them?
Others, seized by madness, follow suit.
Now they are content.
Now there is something to extinguish again.

— Werner Herzog, Lessons of Darkness

ZUSAMMENFASSUNG

Diese Arbeit befasst sich mit dem dynamischen Verhalten von Strömungsstrukturen in turbulenter Mischkonvektion.

Zu deren Untersuchung wurden Experimente in einer quaderförmigen Rayleigh-Bénard-Zelle, welche durch Luftein- und -auslässe an der oberen und unteren langen Kante auf einer Seite der Zelle erweitert wurde, durchgeführt.

Um die Mechanik hinter den verschiedenen Dynamiken der Strukturen zu verstehen, wurden die Geschwindigkeitsfelder für zwei Typen unterschiedlichen dynamischen Verhaltens mit der tomographischen Particle Image Velocimetry (PIV) für den linken Teil der Zelle erfasst. Da das dynamische Verhalten, welches mit niedrigeren Einströmgeschwindigkeiten verbunden ist, selten und nicht periodisch auftrat, wurde eine automatisierte Methode entwickelt, um die Messungen mit dem Eintreten der Dynamik zu starten.

Die Analyse der Geschwindigkeitsfelder und ihre Zerlegung in orthogonale Moden ergaben, dass unterschiedliche Mechanismen das dynamische Verhalten der beiden Fälle antreiben: Für den niedrigen Luftdurchsatz dominieren thermische Prozesse und das dynamische Verhalten hängt mit einer Akkumulation warmer Luft innerhalb des vorliegenden Wirbelsystems zusammen, die in unregelmäßigen Abständen zur Freisetzung von Plumes führt. Im Gegensatz dazu dominieren bei höheren Luftdurchsätzen trägheitsgetriebene Prozesse. Insbesondere werden die dynamischen Prozesse in diesem Fall durch Taylor-Görtler-artige Wirbel angetrieben.

Der initiale Widerspruch des für beide Fälle beobachteten Umklappens der Rollenstrukturen mit dem Translationsmechanismus aus früheren Untersuchungen wurde durch stereoskopische PIV-Messungen über die gesamte Zelllänge aufgelöst: Sie zeigen, dass der Klappmechanismus primär das Verhalten der Strömung im Seitenwandbereich beschreibt.

Um den Beitrag Taylor-Görtler-artiger Wirbel zum Wärmetransport zu untersuchen, wurde die Methode der kombinierten stereoskopischen Particle Image Velocimetry und Thermometrie angewandt, um die Berechnung messebenennormaler Wärmeströme zu ermöglichen. Die Ergebnisse daraus zeigen, dass die Temperatur und die vertikale Geschwindigkeitskomponente korreliert sind, obwohl die Taylor-Görtler-artigen Wirbel durch Trägheitskräfte erzeugt werden. Weitere Analysen zeigen, dass der statistische Fußabdruck dieser Strukturen es erlaubt, sie von z.B. Plumes an der Frontwand zu unterscheiden.

ABSTRACT

This dissertation addresses the dynamic behavior occurring for flow structures in the turbulent mixed convection.

To study them, experiments were conducted in a cuboidal mixed convection chamber representing a Rayleigh-Bénard setup, which was extended by air in- and outlets at the upper and lower long edge on one side of the cell.

In order to understand the mechanics behind the different types of dynamics of these structures, the velocity fields for two different cases exhibiting the dynamic behaviors were acquired with tomographic particle image velocimetry (PIV) in the left part of the chamber. As the type of dynamic behavior associated with lower air flow rates occurred in a rare and non-periodic manner, a novel automated method was developed to start the measurements when the dynamic behavior occurred.

An analysis of the obtained flow fields and their proper orthogonal decompositions revealed that different mechanisms drive the dynamic behavior of the convection roll segments of the two cases: For the low air flow rate, thermal processes dominate and the dynamical behavior is connected to an accumulation of warm air within the associated vortex system, leading to the release of plumes in irregular intervals. In contrast, processes driven by inertial forces dominate at higher air flow rates. In particular, the dynamical processes are driven by Taylor-Görtler-like vortices in this case.

The initial contradiction of the switching mechanism observed for both cases with the translational mechanism from previous studies was resolved by stereoscopic PIV measurements over the entire chamber length: They show that the switching mechanism mainly describes the behavior of the flow in the sidewall region.

In order to investigate the contribution of Taylor-Görtler-like vortices to the heat transport, the method of combined stereoscopic particle image velocimetry and thermometry was applied to allow the calculation of heat fluxes passing the measurement plane. The results from these measurements indicate that the temperature and the vertical velocity component are correlated, despite the Taylor-Görtler-like vortices being generated by inertial forces. Further, the analysis shows that the statistical footprint of these structures allows them to be distinguished from, for example, the plumes at the front wall.

DANKSAGUNG

Zunächst gebührt mein Dank dem Institut für Aerodynamik und Strömungstechnik am DLR Göttingen, dessen Rahmenbedingungen mein Forschen am Thema der Arbeit ermöglichten. Insbesondere ist dabei auch das Hochleistungsrechencluster SCART zu nennen.

Darüber hinaus möchte ich mich bei meinem Doktorvater Prof. Claus Wagner sowohl für die mir gegebenen Freiheiten als auch für die uneingeschränkte Verfügbarkeit für kritische Diskussionen bedanken.

Der gleiche Dank gilt auch Dr. Daniel Schmeling und Dr. Daniel Schiepel, die mich als fachliche Betreuer stets unterstützt haben.

Für die Erstellung der Gutachten und die damit verbundene Auseinandersetzung mit meiner Arbeit möchte ich mich bei Prof. Christian Cierpka und Prof. Günter Wozniak bedanken. Ebenso bin ich Prof. Florian Puch und PD Dr. Günther Lange für die Abnahme der wissenschaftlichen Aussprachen und Prof. Lena Zentner über die Übernahme des Vorsitzes der Prüfungskommission zu Dank verpflichtet.

Bei meinen Freunden und Kollegen möchte ich mich sowohl für die fachlich wertvollen Diskussionen als auch für die nicht minder wertvolle Zerstreuung bedanken.

Ein besonderer Dank gilt außerdem Konstantin Niehaus, der verknüpfte Geschwindkeits- und Temperaturfelder durch seine Masterarbeit zu dieser Arbeit beisteuerte.

Zu guter Letzt bedanke ich mich bei meiner Familie für den bedingungslosen Rückhalt. Insbesondere bin ich Uta und Axel Scheibe dankbar, dass sie zum Korrekturlesen dieser Arbeit bereit waren.

Meinen Eltern Ute und Wolfgang angemessen zu danken, würde den hier gegebenen Rahmen sprengen. Deshalb möchte ich ganz einfach sagen:

Vielen Dank für Alles!

INHALTSVERZEICHNIS

AKRONYME

CMOS	komplementärer Metall-Oxid-Halbleiter, engl. *complementary metal-oxide-semiconductor*
DEHS	Di-Ethyl-Hexyl-Sebacat
HFSB	heliumgefüllte Seifenblasen
HSV	Ton-Sättigung-Hellwert (Farbraumbezeichnung), engl. *hue-saturation-value*
LED	lichtemittierende Diode, engl. *light-emitting diode*
LSC	großskalige Zirkulation, engl. *large-scale circulation*
NTC	negativer Temperaturkoeffizient, engl. *negative temperature coefficient*
PIT	Particle Image Thermometry
PIV	Particle Image Velocimetry
POD	Hauptkomponentenzerlegung, engl. *proper orthogonal decomposition*
RBC	Rayleigh-Bénard-Konvektion, engl. *Rayleigh-Bénard convection*
RGB	Rot-Grün-Blau (Farbraumbezeichnung)
SMART	simultane multiplikative algebraische Rekonstruktionstechnik , engl. *simultaneous multiplicative algebraic reconstruction technique*
TLC	thermochrome Flüssigkristalle, engl. *thermochromic liquid crystals*
TTL	Transistor-Transistor-Logik

SYMBOLVERZEICHNIS

Griechische Buchstaben

α Temperaturleitfähigkeit

α_i Blickwinkel der Kamera i in der X-Z-Ebene

β Thermischer Ausdehnungskoeffizient

β_i Blickwinkel der Kamera i in der Y-Z-Ebene

Γ Aspektverhältnis

γ Schiefe

$\Delta\rho$ Dichtedifferenz

ΔT Temperaturvariation

Δt Messperiodendauer

ΔT_{char} Charakteristische Temperaturdifferenz

ΔT_{EL} Temperaturdifferenz zwischen Heizplatten- und Einlasstemperatur

ΔX Abstand in Längenrichtung

$\epsilon_T^{\mathrm{max}}$ Maximales Rekonstruktionsresiduum

$\epsilon_T^{\mathrm{mittel}}$ Mittleres Rekonstruktionsresiduum

θ Normierte Temperatur

$\boldsymbol{\kappa}$ Krümmungsvektor

κ_i Verzerrungsparameter i

λ_k Eigenwert der Mode k

$\boldsymbol{\mu}_i$ Mittelwertvektor einer Wahrscheinlichkeitsdichtefunktion g_i

μ_{F} Dynamische Viskosität des Fluids

μ_{Ti} Mittelwert der Temperatur einer Wahrscheinlichkeitsdichtefunktion g_i

$\mu_{Xi}, \mu_{Yi}, \mu_{Zi}$ Mittelwerte der Geschwindigkeitskomponenten einer Wahrscheinlichkeitsdichtefunktion g_i

ν Kinematische Viskosität

π Kreiszahl Pi

ρ Dichte

ρ_{DEHS} Dichte von DEHS-Impfpartikeln

ρ_{F} Dichte des Fluids

ρ_{HFSB} Dichte-Zahl von HFSB-Impfpartikeln

ρ_{P} Dichte eines Impfpartikels

ρ_{ij} Korrelationskoeffizient für i und j

$\mathbf{\Sigma}_i$ Kovarianzmatrix einer Wahrscheinlichkeitsdichtefunktion g_i

σ_{vx} Unsicherheit der Voxel-Verschiebung

σ_u Unsicherheit der Geschwindigkeit

$\sigma_{\boldsymbol{x}_i}$ Unsicherheit der Bildposition von i

$\sigma_{\mathbf{X}_j}$ Unsicherheit der Position von j

$\sigma_{C_{\mathrm{H}}}$ Unsicherheit des Hue-Wertes

σ_{q_i} Unsicherheit des $i$ten Kalibrierfunktionsparameters

σ_{Ti} Standardabweichung der Temperatur einer Wahrscheinlichkeitsdichtefunktion g_i

σ_T Unsicherheit der Temperatur

$\sigma_{Xi}, \sigma_{Yi}, \sigma_{Zi}$ Standardabweichungen der Geschwindigkeitskomponenten einer Wahrscheinlichkeitsdichtefunktion g_i

τ PIV-Zeitversatz zwischen Doppelbildern

τ_{F} Charakteristische Zeitskala des Fluids

τ_{i} Lichtquellen-Pulsweite der PIV-Sequenz

τ_P	Relaxationszeit eines Impfpartikels
τ_T	Temperaturreaktionszeit eines Impfpartikels
τ_α, τ_β	Intrinsische Verzögerung der PIV-Kameras
τ_a, τ_b	Kamera-Verzögerung der PIV-Sequenz
τ_c	Lichtquellen-Verzögerung der PIV-Sequenz
$\boldsymbol{\phi}_k$	Modenvektor der Mode k
Φ	Stabilitätsdiskriminante
$\boldsymbol{\psi}_k^*$	Temperatur-Modenvektor der Mode k
Ω	Azimutale Geschwindigkeit

Römische Buchstaben

$\boldsymbol{a}_k$	Zeitentwicklungsvektor der Mode k
A_k	Intensität eines Pixels aus der Vorwärtsprojektion der Iteration k
A_n	Kosinus-Amplitudenkoeffizient der LSC-Anzahl n
A_in	Fläche der Lufteinlassöffnung
a_{ij}	Koeffizienten der Soloff-Kalibrierfunktion
$a_{k,t}$	Zeitentwicklungskoeffizient der Mode k zur Zeit t
$BP(\boldsymbol{x})$	Bayer-Pixelwert an der Position $\boldsymbol{x}$
$\mathbf{C}$	Autokorrelationsmatrix
C_ϵ	Expansionskoeffizient zur Volumenstrombestimmung
$\mathrm{C_H}, \mathrm{C_S}, \mathrm{C_V}$	HSV-Farbwerte
$\mathrm{C_R}, \mathrm{C_G}, \mathrm{C_B}$	RGB-Farbwerte
C_A	Koeffizient zur Temperaturbestimmung
C_B	Koeffizient zur Temperaturbestimmung
C_C	Durchflusskoeffizient zur Volumenstrombestimmung
c_{k,t^*}	Zeitentwicklungskoeffizient der Temperatur-Mode k zur Zeit t^*

$c_{k,t}$	Pseudo-Zeitkoeffizient der Temperatur-Mode k zur Zeit t
d_{DEHS}	Durchmesser von DEHS-Impfpartikeln
d_{HFSB}	Durchmesser von HFSB-Impfpartikeln
d_i	Durchmesser an einer Stelle i
$d_{k,t}$	Pseudo-Zeitkoeffizient der Mode k zur Zeit t
$\boldsymbol{e}_r$	Radius-Einheitsvektor
E_k	Intensitätswert eines Voxels der Iteration k
e_{ij}	Koeffizienten der Entzerrungsfunktion
$\mathbf{f}_{\mathrm{Kal}}$	Kalibrierfunktion
$\mathbf{f}_{\mathrm{Konv}}$	Konversionsfunktion
$\mathbf{f}_{\mathrm{Pos}}$	Kamerapositionsfunktion
$\mathbf{f}_{\mathrm{Proj}}$	Projektionsfunktion
$\mathbf{f}_{\mathrm{SPIV}}$	Funktion der stereoskopischen Rekonstruktion
f	Brennweite
f_{zyl}	Zylinderlinsen-Brennweite
$f_T(X)$	Temperaturverteilungsfunktion
$\boldsymbol{g}$	Fallbeschleunigungsvektor
g	Betrag des Fallbeschleunigungsvektors $\boldsymbol{g}$
g_i	Wahrscheinlichkeitsdichtefunktionen der Normalverteilung
H	Höhe
h	Häufigkeitsverteilung
H_{EL}	Auf die Einlassöffnung bezogene Zellhöhe
H_{in}	Höhe der Lufteinlassöffnung
H_{out}	Höhe der Luftauslassöffnung
I	Intensitätwert eines Pixels

i, j, k Zählindezes

I_i Integraler Wert einer Wahrscheinlichkeitsdichtefunktion g_i

K, M, N Vektor- bzw. Matrixdimensionen

$k_\mathrm{R}, k_\mathrm{G}, k_\mathrm{B}$ Vorfaktoren für den RGB-Weißabgleich

L Länge

L_char Charakteristische Länge

l_E Fokussierte Distanz

$l_{i,j}$ Distanz zwischen dem Mittelpunkt eines Pixels i und dem Sichtliniendurchstoßpunkt eines Voxel j

M_P Anzahl der Messpositionen

m_i $i$tes statistisches Moment

n Zählvariable

N_Plume Anzahl als Plume markierter Datenpunkte

N_px Anzahl von Pixeln

N_Sensor Anzahl der Temperatursensoren

N_t Anzahl der Zeitschritte

N_Y Anzahl der Datenpunkte in Y-Richtung

Nu_i Nusselt-Zahl des Wärmetransports in die Richtung der Koordinate i

$Nu_{\mathrm{turb},i}$ Turbulente Nusselt-Zahl des Wärmetransports in die Richtung der Koordinate i

$\boldsymbol{O}$ Positionsvektor von Kamera 1

O_i i-Komponente des Positionsvektors von Kamera 1

$\boldsymbol{P}$ Positionsvektor von Kamera 2

p Druck

$P(\boldsymbol{x})$ Pixelwert an der Position $\boldsymbol{x}$

P_i i-Komponente des Positionsvektors von Kamera 2

p_i Statischer Druck an einer Stelle i

Pr Prandtl-Zahl

q_i Parameter i der TLC-Kalibrierfunktion

$\mathbf{R}$ Rotationsmatrix

R Radiuskoordinate

r Krümmungsradius

R_{el} Elektrischer Widerstand

r_{I} Interpolationsradius

Ra Rayleigh-Zahl

Re Reynolds-Zahl

Ri Richardson-Zahl

s_{vx} Seitenlänge eines Voxels

s_N Summenfunktion N einzelner Wahrscheinlichkeitsdichtefunktionen g_i

Stk Stokes-Zahl

$\boldsymbol{T}$ Temperatur-Zustandsvektor

$\boldsymbol{T}^{\mathrm{zentriert}}$ zentrierter Temperatur-Zustandsvektor

T Temperatur

t Zeit

T_0 Absolutglied der Temperaturverteilungsfunktion

t_{Rot} Umlaufzeit der Hauptkonvektionsrolle

T_{CP} Temperatur der Kühlplatte

T_{EL} Temperatur der einströmenden Luft

T_{HP} Temperatur der Heizplatte

T_{Ref} Referenztemperatur

$\mathbf{U}$ Zustandsmatrix

$\boldsymbol{u}$	Strömungsgeschwindigkeitsvektor
$\boldsymbol{u}_t$	Zustandsvektor zum Zeitpunkt t
u_{char}	Charakteristische Geschwindigkeit
u_i	i-Komponente des Strömungsgeschwindigkeitsvektors $\boldsymbol{u}$
$u_{x,i}$	Planare x-Geschwindigkeitskomponente von Kamera i
$u_{y,i}$	Planare y-Geschwindigkeitskomponente von Kamera i
$\boldsymbol{V}$	Translationsvektor
$\dot{V}$	Volumenstrom durch die Mischkonvektionszelle
v	Fortbewegungsgeschwindigkeit von Strukturen
v_{in}	Mittlere Einströmgeschwindigkeit
W	Tiefe
w	LSC-Anzahl
W_{F}	Fernanteil der Schärfentiefe
W_{N}	Nahanteil der Schärfentiefe
$w_{\mathrm{Sys}i}$	Wichtungsfaktor für PIV-System i
$w_{i,j}$	Wichtungsfaktor für einen Voxel j bezogen auf ein Pixel i
$\boldsymbol{x}_i$	Ortsvektor von i in der Abbildungsebene
$\boldsymbol{X}_j$	Ortsvektor von j
X	Längenkoordinate
x_{entz}	Entzerrte Pixel-Breitenkoordinate
x_{roh}	Rohe Pixel-Breitenkoordinate
Y	Tiefenkoordinate
y_{entz}	Entzerrte Pixel-Höhenkoordinate
y_{roh}	Rohe Pixel-Höhenkoordinate
Z	Höhenkoordinate

Sonstige Notation

$\mathbf{1}$	Einsvektor
$\boldsymbol{\xi}, \xi$	Generische (Vektor-)Größe
∇	Nabla-Operator
∇^2	Laplace-Operator
$\frac{d}{d\xi}$	Ableitung nach ξ
$\frac{\partial}{\partial\boldsymbol{\xi}}$	Richtungsableitung entlang von $\boldsymbol{\xi}$
$\frac{\partial}{\partial\xi}$	Partielle Ableitung nach ξ
$\dot{\xi}$	Zeitableitung von ξ
$\int \xi$	Integral von ξ
$\sum_i \xi_i$	Summe von ξ_i
$\sigma_{t,X}(\xi)$	Standardabweichung von ξ, bezogen auf sein zeitliches und räumliches Mittel
$\langle\xi\rangle$	Mittelwert von ξ
$\max_i(\xi_i)$	Maximalwert von ξ_i über i
$\min_i(\xi_i)$	Minimalwert von ξ_i über i
$\boldsymbol{\xi}^\top$	Transponierter Vektor oder Matrix $\boldsymbol{\xi}$
$\hat{\xi}$	Entdimensionalisierte Größe ξ
ξ'	Schwankungsgröße von ξ
ξ^*	ξ eines Vorversuches
$\mid \xi \mid$	Betrag von ξ
$\lVert\boldsymbol{\xi}\rVert_1$	Summennorm des Vektors $\boldsymbol{\xi}$
$\lVert\boldsymbol{\xi}\rVert$	Euklidische Norm des Vektors $\boldsymbol{\xi}$
$\lVert\boldsymbol{\xi}\rVert_\infty$	Maximumsnorm des Vektors $\boldsymbol{\xi}$

1

EINLEITUNG

Konvektionsströmungen sind Bewegungen in Fluiden, die durch verschiedene Triebkräfte verursacht werden können. Zu diesen Triebkräften zählen durch temperaturbedingte Dichtegradienten induzierte Auftriebskräfte. Die mit diesen Kräften assoziierten thermischen Konvektionsströmungen treten in einer Vielzahl von Prozessen in der Natur und Technik auf. Dabei werden die Auftriebskräfte in vielen Fällen durch weitere Triebkräfte überlagert. In dieser Arbeit wird als Spezialfall die Überlagerung von thermischer mit druckgradientengetriebener, erzwungener Konvektion untersucht, welche auch als Mischkonvektion bezeichnet wird.

In derartigen Strömungen bilden sich durch die genannten Treibkräfte groß- und kleinskalige Strukturen aus, welche im Rahmen dieser Arbeit untersucht werden. Insbesondere konzentriert sich die Arbeit dabei auf die Untersuchung und Charakterisierung der großskaligen Zirkulationsbewegungen sowie deren Rekonfigurationen. Um die Bedeutung dieser Grundlagenforschung aufzuzeigen, werden in Kapitel 1.1 Beispiele vorgestellt, in denen thermische Konvektionsströmungen sowie deren Rekonfigurationen das menschliche Leben beeinflussen. Anschließend werden im Kapitel 1.2 die physikalischen Grundlagen sowie deren mathematische Beschreibung erläutert. Das darauffolgende Unterkapitel 1.3 stellt den aktuellen Stand der Forschung auf diesem Gebiet dar. In Kapitel 1.4 werden die sich aus dem Stand der Forschung abgeleiteten Fragestellungen, welche diese Arbeit beantwortet, und die sich daraus ergebende Struktur der Arbeit vorgestellt.

1.1 MOTIVATION UND ZIELSETZUNG

Beispiele für Konvektionsströmungen finden sich sowohl in der Natur als auch in der Technik. In der Natur ermöglichen sie den Stoff- und Wärmetransport auf den verschiedensten Längenskalen. Beispiele bei denen diese Transportvorgänge auf großen Längenskalen stattfinden sind die Konvektionszonen von Sternen, Kern- und Mantelkonvektionsströmungen im Inneren der Erde und die Zirkulationen in der Atmosphäre sowie den Ozeanen der Erde.

Die Konvektion in Sternen, wie der Sonne, bestimmt deren Energiebilanz [12, 61] und damit auch die Lage habitabler Zonen für Planeten in deren Sonnensystem.

Auf der planetaren Ebene ist thermische Konvektion ein wesentlicher Bestandteil der Dynamotheorie, welche die Aufrechterhaltung des Erdmagnetfelds erklärt. Eine Besonderheit dieser Strömung ist, dass sie unregelmäßigen Rekonfigurationen zwischen zwei stabilen Zuständen unterliegt, welche sich in einem Wechsel der Polarisierung des Erdmagnetfelds manifestieren [48, 120].

Weitere Zirkulationsbewegungen durch thermische Konvektion existieren im Erdmantel. Die Anordnung dieser Konvektionsströmungen hat Auswirkungen auf die Plattentektonik und damit verbundene Aktivitäten wie Erdbeben und Vulkanismus.

In den Ozeanen sowie der Atmosphäre existieren ebenfalls viele Zirkulationen, deren Strömungen durch die unterschiedliche Erwärmung der Erdoberfläche angetrieben werden. Bei vielen dieser Zirkulation treten ebenfalls Rekonfigurationen auf, welche in der Regel an die Periodizität der verursachenden Oberflächenerwärmung gekoppelt sind. Beispiele dafür sind Monsune [76, S. 509-516] beziehungsweise Land-See-Windsysteme im Allgemeinen [76, S. 446f.].

Zusätzlich existieren aber auch aperiodische Strömungsphänomene wie der El Niño, dessen Ursachen auf eine Wechselwirkung von Zirkulationsströmungen im pazifischen Ozean mit den darüber wehenden Passatwinden zurückgeht [91, S. 181-187].

Aus ingenieurtechnischer Sichtweise bildet das Verständnis von Konvektionsströmungen im Allgemeinen und von Mischkonvektion im Speziellen die Grundlage für Verbesserungen der Klimatisierung von Räumen oder Passagierkabinen. Die Optimierung dieser Strömungen ist insbesondere für die Gestaltung klimaneutraler Transportkonzepte notwendig, welche weltweit mit Nachdruck erforscht werden. Der wesentliche Aspekt ist dabei die Steigerung der Energieeffizienz der Klimatisierung, da derartige Transportkonzepte meist auf elektrischen Antriebssträngen basieren, deren Energiespeichermöglichkeiten stark begrenzt sind. Aus diesem Grund beschäftigen sich aktuell viele Forschungsvorhaben mit der Frage, wie das theoretische Wissen über Mischkonvektionsströmungen für die Entwicklung energieeffizienter Raumbelüftungskonzepte eingesetzt werden kann, um Lösungen in diesem Sektor zu entwickeln. Ein Beispiel dafür sind sogenannte Quellbelüftungskonzepte, bei denen die körpernahe Auftriebsströmung die großskalige Luftzirkulation antreibt. Diese Konzepte können sowohl für die Kabinen von Personenkraftwagen [35], Zügen [102] und Flugzeugen [15] umgesetzt werden.

Seit dem Ausbruch der Coronavirus-Pandemie hat die Ausbreitung von Schadstoffen und Krankheitserregern in den oben beschriebenen Raumströmungen stark an Bedeutung gewonnen [45, 64, 117, 142]. Um das kumulierte Ansteckungsrisiko in einer Passagierkabine zu reduzieren, ist es beispielsweise von Vorteil den Luftaustausch zwischen den einzelnen Sitzreihen zu minimieren.

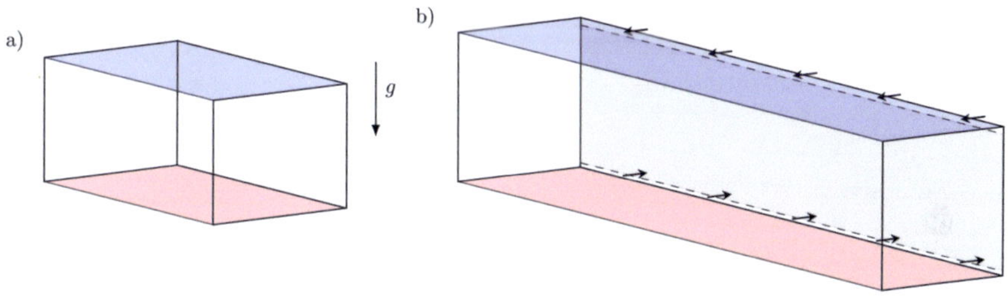

Abbildung 1.1: Vergleich zwischen dem allgemeinen experimentellen Aufbau für RBC (a) und dem in dieser Arbeit untersuchten Mischkonvektionsexperiment (b). Der Vektor g bildet die Richtung der Fallbeschleunigung ab.

Welche physikalischen Mechanismen einen zusätzlichen Queraustausch der Luft begünstigen, kann am idealisierten Experiment der Mischkonvektionszelle [58] im Rahmen der Grundlagenforschung untersucht werden. Abbildung 1.1 zeigt das Prinzip dieses Mischkonvektionsexperiments in b) im Vergleich zum Prinzip des experimentellen Aufbaus der Rayleigh-Bénard-Konvektion (RBC) in a). Wie bei Bénard [10] zeichnet sich dieser Aufbau durch eine beheizte Grundfläche und eine gekühlte, darüber liegende Deckfläche[1] aus. Dabei sind die lateralen Randbedingungen nicht genauer spezifiziert. Die Strömung im Mischkonvektionsexperiment unterliegt hingegen spezifischen lateralen Begrenzungen durch Wände sowie einer überlagerten erzwungenen Strömung, welche durch die Pfeile an den Ein- und Auslassöffnungen an der Rückwand symbolisiert werden. Untersuchungen von Schmeling *et al.* [99] dieser Art der Mischkonvektion haben gezeigt, dass genau jene Struktur, die den Queraustausch von Luft bewirkt, in einem für Passagierkabinen möglichen Kennzahlbereich Rekonfigurationen durchläuft, die zu einer zusätzlichen Querdurchmischung führen. Die vorliegende Arbeit hat das Ziel diese

1 Im ursprünglichen Experiment von Bénard [10] entsprach die gekühlte Deckfläche der freien Oberfläche einer dünnen Flüssigkeitsschicht.

kohärenten Strömungsstrukturen, welche die Rekonfigurationen aufweisen, genauer zu untersuchen, um ein Verständnis über die Mechanismen, die deren Rekonfigurationen auslösen können, zu erlangen.

1.2 PHYSIKALISCHE GRUNDLAGEN

Nachfolgend wird die mathematische Theorie zur Beschreibung von Konvektionsströmungen vorgestellt. Die Grundlagen dazu bilden Differentialgleichungen, welche die Erhaltungssätze für Masse, Impuls und Energie widerspiegeln. Die Massenerhaltung wird dabei durch die Kontinuitätsgleichung für inkompressible Fluide beschrieben:

$$\nabla \cdot \boldsymbol{u} = 0 \tag{1.1}$$

Für die hier untersuchte dreidimensionale Strömung setzt sich der Geschwindigkeitsvektor $\boldsymbol{u}$ aus den kartesischen Komponenten u_X, u_Y und u_Z zusammen. Des Weiteren bezeichnet ∇ den Nabla-Operator.

Die Impulserhaltung wird durch die inkompressiblen Navier-Stokes-Gleichungen (Gleichung 1.2) abgebildet. Bei der Beschreibung durch diese Gleichungen wird die Oberbeck[75]-Boussinesq[16, S. 172-174]-Approximation angewendet, nach der hinreichend kleine Temperaturvariationen ΔT lediglich einen Einfluss durch die Dichtevariation im Volumenkraftterm haben, während alle Stoffwerte als temperaturunabhängig angenommen werden können.

$$\frac{\partial \boldsymbol{u}}{\partial t} + (\boldsymbol{u} \cdot \nabla)\boldsymbol{u} = -\frac{1}{\rho}\nabla p + \nu \nabla^2 \boldsymbol{u} - \beta \boldsymbol{g} \Delta T \tag{1.2}$$

Die Energieerhaltungsgleichung beschreibt die Diffusivität von Wärme im Fluid. Wie in der vorangegangenen Gleichung beschreibt ∇^2 dabei den Laplace-Operator:

$$\frac{\partial T}{\partial t} + (\boldsymbol{u} \cdot \nabla)T = \alpha \nabla^2 T \tag{1.3}$$

Neben den Stoffwerten Dichte ρ, kinematische Viskosität ν, thermischer Ausdehnungskoeffizient β und Temperaturleitfähigkeit α sind in diesen Gleichungen auch der Druck p, die Fallbeschleunigung $\boldsymbol{g}$, die Zeit t sowie Temperatur T und Geschwindigkeit $\boldsymbol{u}$ einheitenbehaftet. Durch die Entdimensionalisierung $(\hat{\cdot})$ der nichtkonstanten Größen durch die charakteristischen Werte für die Länge L_{char}, Geschwindigkeit u_{char} und Temperaturdifferenz ΔT_{char} ergeben sich daraufhin Gleichungen, welche die für die Strömung maßgeblichen dimensionslosen Kennzahlen beinhalten:

$$\hat{\nabla} = L_{char}\nabla\,; \qquad \hat{\boldsymbol{u}} = \frac{\boldsymbol{u}}{u_{char}}\,; \qquad \hat{t} = \frac{t\,u_{char}}{L_{char}}\,;$$
$$\hat{p} = \frac{p}{\rho\,{u_{char}}^2}\,; \qquad \Delta\hat{T} = \frac{\Delta T}{\Delta T_{char}}\,; \qquad \hat{T} = \frac{T}{\Delta T_{char}} \tag{1.4}$$

$$\frac{\partial\hat{\boldsymbol{u}}}{\partial\hat{t}} + (\hat{\boldsymbol{u}}\cdot\hat{\nabla})\hat{\boldsymbol{u}} = -\hat{\nabla}\hat{p} + \frac{1}{Re}\hat{\nabla}^2\hat{\boldsymbol{u}} - \frac{Ra}{Pr\,Re^2}\Delta\hat{T} \tag{1.5}$$
$$\frac{\partial\hat{T}}{\partial\hat{t}} + (\hat{\boldsymbol{u}}\cdot\hat{\nabla})\hat{T} = \frac{1}{Pr\,Re}\hat{\nabla}^2\hat{T} \tag{1.6}$$

Konkret sind dies die Reynolds-Zahl $Re = \frac{u_{char}\,L_{char}}{\nu}$, die Rayleigh-Zahl $Ra = \frac{g\,\beta\,\Delta T_{char}\,{L_{char}}^3}{\nu\,\alpha}$ und die Prandtl-Zahl $Pr = \frac{\nu}{\alpha}$, anhand derer der Zustand einer Mischkonvektionsströmung über die Ähnlichkeitstheorie beschrieben werden kann. Um das Verhältnis der Einflüsse von thermischer und erzwungener Konvektion auf die Strömung direkt darstellen zu können, wird aus diesen Kennzahlen die Richardson-Zahl $Ri = \frac{Ra}{Pr Re^2}$ gebildet. Dabei zeigt $Ri \gg 1$ die Dominanz von thermischer Konvektion und umgekehrt $Ri \ll 1$ die Dominanz erzwungener Konvektion an. Wie diese Kennzahlen für das untersuchte Experiment definiert werden, wird in Kapitel 2 erläutert.

1.3 STAND DER FORSCHUNG

Dieses Kapitel gibt einen Überblick über die Literatur, aus der sich die Fragestellungen dieser Arbeit ergeben. Da auf dem Gebiet der RBC Rekonfigurationen von einer Vielzahl an Studien thematisiert werden, fasst Kapitel 1.3.1 zunächst die Erkenntnisse über Rekonfigurationsereignisse in rein thermischer Konvektion zusammen. Dieser Überblick bildet die Grundlage zur Untersuchung von Mischkonvektionsströmungen, für die der Stand der Forschung in Kapitel 1.3.2 vorgestellt wird.

1.3.1 *Instabilitäten und Rekonfigurationen in Rayleigh-Bénard-Konvektion*

Wie im Kapitel 1.1 beschreiben spielen thermische Konvektionsvorgänge in vielen geophysikalischen und ingenieurtechnischen Strömungen eine Rolle.

Häufig bilden sich in diesen Konvektionsströmungen großskalige Zirkulationen (LSCs) aus, deren dynamisches Verhalten ein aktives Forschungsfeld ist. Nachfolgend wird eine Auswahl an Konzepten und Modellen für die verschiedenen dynamischen Verhaltensweisen der LSCs in RBC vorgestellt.

Ein Modell für niederfrequente Oszillationen der LSC stammt von Villermaux [126]. Es beschreibt, dass Plumes - in der Regel kleine Strömungsstrukturen, die sich auftriebsbedingt aus einer Grenzschicht herauslösen - beim Auftreffen auf die gegenüberliegende Grenzschicht dort eine Instabilität erzeugen. Diese hat dann wiederum zur Folge, dass von da aus ein weiterer komplementärer Plume emittiert wird, welcher diesen Kreislauf weiter fortsetzt. Diese Kopplung von Grund- und Deckenplattengrenzschicht eines RBC-Experiments manifestiert sich im Fall von Resonanz als messbare Temperaturoszillation. Zeitliche Korrelationen lokaler Geschwindigkeiten oder Temperaturen verschiedener experimenteller Studien an zylindrischen RBC-Zellen unterstützen diese Modellvorstellung. Beispiele dafür sind die lokalen Temperatur- und Geschwindigkeitsmessungen im Fall von Qiu *et al.* [87] oder Geschwindigkeitsfelder einer Querschnittsebene im Fall von Sun *et al.* [116].

Dementsprechend beschreibet das Modell von Villermaux einen schwankenden Wärmetransport als Ursache für Temperaturoszillationen. Es berücksichtigt jedoch keine Richtungsänderungen der LSC. Diese werden von späteren Untersuchungen in Betracht gezogen, welche Torsions- (Funfschilling und Ahlers [41] und Funfschilling *et al.* [42]) und Schwappbewegungen (Xi *et al.* [140]) der LSC als Modellvorstellungen für Temperaturoszillationen nutzen. Durch die Kombination beider Bewegungsformen können Temperatur- und Geschwindigkeitsoszillationen als eine Wellenbewegung der LSC-Position dargestellt werden. Für zylindrische Zellen hat dieses erweiterte Modell die Vorstellung einer resonierenden Plumeablösung ersetzt [19, 140].

Anders als Oszillationen, existieren auch Strömungsinstabilitäten wie Umkehrereignisse, die eine grundlegendere Wirkung auf die LSC haben. Sie zeichnen sich in der Regel durch ein aperiodisches Auftreten und deutlich längere Zeitskalen als die Oszillationen aus [28, 74, 112]. Die referenzierten Studien untersuchen das Vorkommen von Umkehrereignissen in zylindrischen RBC-Zellen, in denen anhand der Informationen aus einem Temperatursensorarray auf die Ausrichtung der LSC geschlossen wird. Da es für zylindrische Geometrien keine Vorzugsrichtungen für die Ausrichtung der LSC gibt, wird nach Niemela *et al.* [74] Folgendes als Ursache für die Umkehrereignisse angenommen: Wenn sich ein großer oder mehrere kleine Plumes aus einer der Grenzschichten herauslösen, wird dieser Grenzschicht gleichzeitig ein großer Betrag an Wärme entzogen. Damit wird auch ein großer Teil des Auftriebspotenzials der Grenzschicht aufgebraucht. Durch das fehlende Auftriebspotenzial kann die kontinuierliche Ablösung von Plumes aus der Grenzschicht unterbrochen werden. Dies ermöglicht, dass ein einzelnes Fluidpaket, welches von der gegenüberliegenden Grenzschicht aus auf diese Grenzschicht trifft, die Richtung, in die sich Plumes aus dieser Grenzschicht lösen, neu bestimmen kann.

Zusätzlich zu diesen lokalen Überlegungen kann die Dynamik der LSC auch anhand von globalen Modellvorstellungen beschrieben werden. So präsentiert die Studie von Sreenivasan *et al.* [112] ein Konzept, bei dem die Strömung in einer zylindrischen Zelle zwei stabile Zustände einnehmen kann, welche sich durch einen unterschiedlichen Drehsinn der LSC auszeichnen. Die Instabilität der Zirkulation wird dabei durch ein Ungleichgewicht von Auftriebs- und Reibungskräften hervorgerufen. Das heißt, dass eine Potentialbarriere existiert, welche durch die auftretenden turbulenten Schwankungen überwunden werden kann.

Diese Modellvorstellung basiert jedoch auf der vereinfachenden Annahme von zwei diskreten Strömungszuständen, während eine zylindrische Geometrie eine kontinuierliche Änderung der LSC-Ausrichtung erlaubt. Brown und Ahlers [18] berücksichtigen diese Möglichkeit bei ihrer Klassifizierung von Rekonfigurationsereignissen in Rotations- und Auslöschungsereignisse. Die statistische Untersuchung zeigt, dass die Ereignisse beider Typen Poissonverteilt auftreten. Das bedeutet, dass einzelne Rekonfigurationen als spontan und voneinander unabhängig zu betrachten sind. Während die statistische Verteilung für beide Typen ähnlich ist, liegt das Hauptunterscheidungsmerkmal im Rekonfigurationsmechanismus: Rotationen sind Ereignisse bei denen die LSC nicht an Drehimpuls verliert, sondern sich lediglich ihre Richtung in einem kontinuierlichen Prozess ändert. Dagegen bricht die LSC bei einem Auslöschungsereignis zusammen und formiert sich in einer von der ursprünglichen Ausrichtung unabhängigen Richtung neu. Dieser Prozess zeichnet sich durch einen deutlichen Drehimpulsverlust aus.

Das Zusammenbrechen der LSC während solcher Ereignisse wird durch Untersuchungen von Xi und Xia [139] bestätigt. Sie weisen die Abwesenheit einer LSC durch die Dekohärenz von zweidimensionalen Geschwindigkeitsfeldern nach, die mittels Particle Image Velocimetry (PIV) gemessen wurden.

Obwohl die Unterscheidung zwischen Ereignissen wie Rotationen und Auslöschungen, die die LSC grundlegend beeinflussen, und Oszillationen, die nur einen schwachen Einfluss auf die LSC haben, zunächst strikt erscheint, wird diese Einteilung für bestimme Strömungen unscharf: Zum Beispiel weisen die experimentellen Ergebnisse von Resagk *et al.* [90] sowie Brown und Ahlers [19] LSC-Oszillationen auf, bei denen die Amplitude des Azimuts der LSC-Ausrichtung bis zu 120° beträgt. Dies unterstreicht, dass ein fließender Übergang oder Überlagerungen zwischen Rotationen und Oszillationen möglich sind.

Eine Reihe jüngerer Studien beschäftigt sich außerdem mit rechteckigen, (quasi) zweidimensionalen RBC-Zellen, in denen die Freiheitsgrade für die Orientierung der LSC stark begrenzt sind [22, 23, 25, 85, 86, 115]. Unter den referenzierten Studien sind sowohl numerische als auch experimentelle Untersuchungen, welche das gemeinsame Ziel haben, die Mechanismen der Rekonfigurationsereignisse zu ergründen. Ein wesentlicher Aspekt für die Umkehrereignisse, die bei dieser Zellgeometrie auftreten, ist der Einfluss der Sekundärzirkulationen, die sich im Bereich der Ecken ausbilden: Diese Zirkulationen treiben den Umkehrprozess voran, indem sie an Größe und kinetischer Energie zunehmen. Diese Zunahme hält so lange an, bis sie soweit angewachsen sind, dass sie die diagonale LSC abschnüren und dabei eine neue LSC mit umgekehrtem Drehsinn bilden (s. Sugiyama *et al.* [115]).

Weitere Untersuchungen dieses Vorgangs finden sich in den Arbeiten von Podvin und Sergent [85, 86], die Hauptkomponentenzerlegungen (PODs) nutzen, sowie von Castillo-Castellanos *et al.* [23], welche die globalen Energie- und Impulsbilanzen analysiert. Die wesentlichen Ergebnisse dieser Untersuchungen enthalten die Identifikation einer Präkursor-Mode, welche die Grenzschicht mit der Bulkströmung verbindet und die Strömungsumkehr durch einen Vorzeichenwechsel ihres Zeitentwicklungskoeffizienten ankündigt.

Castillo-Castellanos *et al.* [22] bestätigen, dass die Umkehrereignisse Teil eines fortlaufenden Prozesses sind, der jedoch unterschiedlichen Trajektorien im POD-Phasenraum folgen kann. Laut den experimentellen Untersuchungen von Chen *et al.* [25] stellt das Wachstum der Sekundärzirkulationen zwar ein wesentliches Merkmal der Umkehrereignisse dar, der maßgebliche Einflussfaktor auf die Häufigkeit der Ereignisse ist allerdings die Stärke der Fluktuationen der LSC selbst.

Ein weiterer Aspekt der Umkehrereignisse in (quasi) zweidimensionalen Strömungen ist die Sensitivität gegenüber Änderungen der thermischen Randbedingungen. Huang *et al.* [50] vergleichen die Strömungen in RBC-Zellen mit einer konstanten Temperatur oder einem konstanten Wärmestrom an der Grundplatte. Die Temperaturrandbedingung der Deckenplatte blieb dabei im Typ unverändert. Entgegen ihrer Erwartungen, traten mehr Umkehrereignisse für den Fall mit Temperatur-Randbedingungen an beiden Platten als für einen Aufbau mit unterschiedlichen Randbedingungstypen auf. Der Fall mit Temperatur-Randbedingungen an beiden Platten verzeichnete außerdem eine vergleichsweise stärkere LSC und schwächere Temperaturfluktuationen. Da beide Charakteristiken Umkehrereignissen intuitiv entgegenwirken, wird als

Ursache für die trotzdem häufiger auftretenden Strömungsumkehrereignisse eine Kraft konstatiert, die die Symmetrie der Strömung, die auf Grund des einseitigen Drehsinns der LSC gebrochen ist, über den Zeitverlauf wiederherstellt.

Um in diesen (quasi) zweidimensionalen Geometrien den Einfluss der sekundären Eckzirkulationen auszuschließen, nutzen Wang *et al.* [127] einen flachen zylindrischen Versuchsaufbau mit horizontaler Zentralachse. Trotz fehlender Sekundärzirkulationen treten auch in diesem Aufbau Umkehrereignisse auf. Der dafür verantwortliche Mechanismus umfasst eine Akkumulation von Wärme, welche eine starke Ablösung von Plumes zur Folge hat. Diese Plumes bilden eine signifikante Strömung, welche die Bewegung der LSC unterbricht, so dass diese sich danach neu formieren muss.

Den Ansatz, Sekundärzirkulationen zu unterdrücken, verfolgen auch Chen *et al.* [26]. Sie beschreiben einen Mechanismus für die Strömungsumkehr, welcher durch die Instabilität der LSC selbst induziert wird. Diese Art von Umkehrereignis wurde durch Faseneinsätze in den Ecken einer rechteckigen Zelle isoliert, ist aber auch eine mögliche Ursache für Umkehrereignisse in unmodifizierten Zellen.

Anhand der Untersuchung der Strömung in quaderförmigen Zellgeometrien mit kleinen Aspektverhältnissen thematisieren Huang und Xia [51] das Umkehrverhalten im Übergang von (quasi) zweidimensionalen zu dreidimensionalen RBC-Strömungen. Dabei stellen sie fest, dass die Häufigkeit von Umkehrereignissen mit kleiner werdenden Aspektverhältnissen zunimmt. Die Ursache dafür ist, dass Plumes in diesen räumlich stärker eingeschränkten Strömungen häufiger gezwungen sind, die Bulkströmung zu durchqueren und so die LSC häufiger entscheidend stören.

Komplett dreidimensionale RBC-Strömungen in kubischen Zellen sind ebenfalls Gegenstand der Untersuchungen zur Dynamik der LSC von Foroozani *et al.* [39] (numerisch) und Bai *et al.* [9] (experimentell). Beide Studien offenbaren, dass die LSC-Orientierung zwischen den Diagonalen der Zelle wechselt. Dieser Wechsel ist durch eine kurze Übergangsphase charakterisiert, in der sich die Ausrichtung der LSC dreht. Vereinzelt kommt es dabei auch zu Winkeländerungen von 180 °, welche jedoch auch Rotationen und nicht Auslöschungsereignisse darstellen.

Für die Rotationen zwischen den Diagonalen diskutieren Vasiliev *et al.* [125] die Rolle einer tatsächlichen azimutalen Strömung während des Übergangs. Sie stellen fest, dass Ereignisse mit einer signifikanten azimutalen Strömungskomponente vorkommen, aber diese nicht zwingend mit der Reorientierung der LSC assoziiert sein muss. Die daraus resultierende Modellvorstellung für Rotationen basiert daher auf der Überlagerung von zwei senkrecht zueinander und parallel zu den Zellwänden liegenden Drehimpulskomponenten. Durch diese Superposition kann der Rotationsprozess durch die Änderung von Betrag und Vorzeichen der beiden Drehimpulskomponenten und ohne das Auftreten von azimutalen Strömungen beschrieben werden. Die Erkenntnisse von Soucasse *et al.* [111] bestätigen diese Vorstellung. Die oben beschriebenen Drehimpulskomponenten werden in dieser Studie durch entsprechende POD-Moden repräsentiert. Des Weiteren deutet die Dynamik der übrigen extrahierten Moden darauf hin, dass Eckzirkulationen auch in dieser dreidimensionalen Geometrie einen destabilisierenden Einfluss auf die LSC haben.

Der Überblick dieses Kapitels über Studien der LSC von RBC verschiedener Geometrien verdeutlichte die Vielzahl der zu Grunde liegenden Mechanismen für Rekonfigurationsereignisse. Die Unterschiede dieser Mechanismen spiegeln sich auch in den voneinander abweichenden Abhängigkeiten der Auftrittshäufigkeiten von der Rayleigh-Zahl wieder: So sind steigende Rayleigh-Zahlen je nach Geometrie und Randbedingungen zum Teil mit steigendem (Araujo *et al.* [5]), sinkendem[2], nicht-monotonem (Brown und Ahlers [18]) und unabhängigem Verhalten (Xi und Xia [139]) der Auftrittshäufigkeiten verbunden.

1.3.2 *Rekonfigurationen in turbulenter Mischkonvektion*

In der in dieser Arbeit untersuchten Mischkonvektionsströmung wird der thermische Konvektionsanteil zusätzlich durch einen erzwungenen Anteil überlagert. Die sich daraus ergebenden idealisierten Strömungszustände sind in Abbildung 1.2 dargestellt. Sie illustrieren die Erkenntnisse von Kühn *et al.* [60], nach denen die LSCs in Mischkonvektion (a) Segmente der Konvektionsrolle darstellen, welche sich in einer Zickzack-Struktur anordnen. Das bedeutet, dass die longitudinale Konvektionsrolle, welche die vorherrschende Strömungsstruktur in rein erzwungener Konvektion (c) ist (siehe Schmeling *et al.* [103]), durch die zusätzlichen Auftriebskräfte aufgebrochen wird. So bildet sich auch hinsichtlich der Strukturen eine Mischform mit Anteilen der RBC (b) aus.

Diese Anteile können sehr gut in einem senkrechten Längsschnitt durch die Mitte der Zelle nachvollzogen werden (Westhoff *et al.* [131]), da die LSCs in einem solchen Schnitt ein ähnliches Erscheinungsbild wie die entsprechenden Zirkulationen in reiner RBC (Kaczorowski und Wagner [55] und Podvin und Sergent [84]) haben.

Analogien zum Aufbrechen der longitudinalen Rollenstruktur finden sich zum Beispiel auch für Mischkonvektion in Form einer Kanalströmung bei Blass

2 Chen *et al.* [25, 26], Ni *et al.* [71] und Wang *et al.* [127]

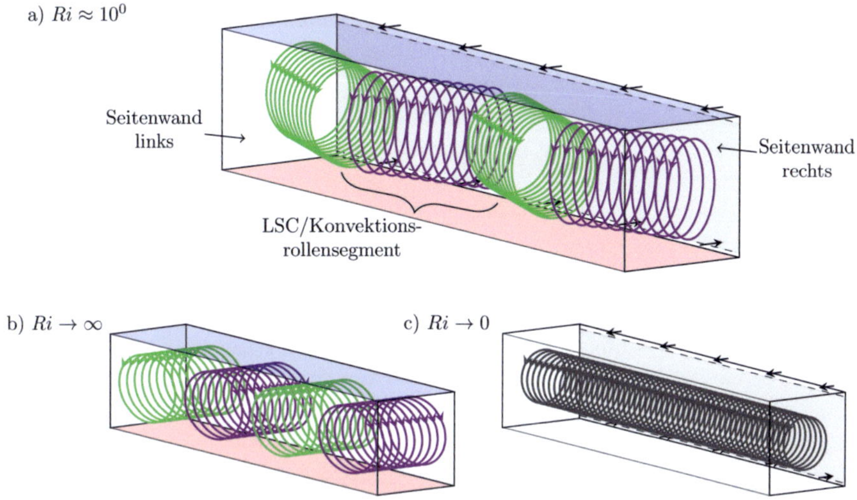

Abbildung 1.2: Vergleich der Konzeptvorstellungen der großskaligen Strömungsstrukturen in Mischkonvektion (a), RBC (b) und erzwungener Konvektion (c) in einer quaderförmigen Zelle. Die Strömungsstrukturen werden anhand generischer Stromlinien (grün, violett, schwarz) dargestellt. Die jeweiligen Treiber sind im Fall von thermischer Konvektion als beheizte und gekühlte Flächen rot und blau markiert (a, b) oder im Fall von erzwungener Konvektion als Pfeile an den Ein- und Auslassöffnungen dargestellt (a, c). Für Mischkonvektion (a) bilden die Konvektionsrollensegmente oder LSCs eine Zickzack-Struktur. Das dargestellte Beispiel umfasst 4 Segmente zwischen den Seitenwänden.

et al. [13] und Pirozzoli *et al.* [82]. In dieser Art der Strömung richten sich die wärmetransportierenden Rollenstrukturen längs zur Hauptströmungsrichtung aus und beginnen bei $Ri \approx 10^0$ zu mäandrieren. Diese Instabilität ähnelt der wellenförmigen Instabilität, welche für laminare Strömungen von Clever und Busse [29] beschrieben und von Pabiou *et al.* [80] experimentell nachgewiesen wurden.

Für die hier untersuchte turbulente Mischkonvektionsströmung in einer quaderförmigen Zelle konnte ebenfalls ein dynamisches Verhalten der Strömungsstrukturen festgestellt werden: So beschreiben Westhoff *et al.* [131] eine niederfrequente Oszillation der Fluidtemperatur am Auslass der Zelle. Außerdem zeigt diese Studie, dass sich die Lage des Rollenkerns in verschiedenen Querschnitten im Zeitverlauf ändert.

Weitere Untersuchungen dazu, welche verschiedene Arten von dynamischem Verhalten der Strömungsstrukturen identifizieren, wurden von Schmeling *et al.* [99] durchgeführt und dienen als Anknüpfungspunkt für die vorliegende Arbeit. Diese Untersuchungen erfolgten anhand von Temperaturmessungen durch eine Anordnung von Sensoren innerhalb der Zelle. In den daraus resultierenden Temperaturfeldern sind besonders warme und kalte Bereiche des Fluids erkennbar, welche die Regionen von auf- und abströmendem Fluid der Zickzack-Struktur repräsentieren. Die Zeitverläufe dieser Sensorwerte ermöglichen die Unterscheidung zwischen kontinuierlichen Temperaturoszillationen mit einer Periodendauer von einigen Minuten und spontanen Rekonfigurationsereignissen, die auf längeren Zeitskalen stattfinden. Entsprechend dieser Einteilung werden die in der vorliegenden Arbeit untersuchten Fälle mit $\mathcal{C}$ für kontinuierlich (engl. *continuous*) oder $\mathcal{S}$ für spontan gekennzeichnet. Für die Zeitentwicklung der Temperaturfelder [99] zeigt sich in beiden Fällen, dass sich die warmen und kalten Bereiche in Längsrichtung durch die Zelle bewegen. Übertragen auf die Zickzack-förmigen Strömungsstruktur impliziert das, dass sich diese Strömungsstrukturen ebenso bewegen. Entsprechend beinhaltet diese Modellvorstellung auch, dass sich Rollensegmente nahe der Seitenwände auflösen oder neu formieren.

Ein Ereignis vom Typ $\mathcal{S}$ wurde von Westhoff [130, S. 54-70] durch Langzeitmessungen mit planarer PIV im zentralen vertikalen Längsschnitt der Zelle untersucht. Die daran angeschlossene POD offenbarte außerdem, dass die Wechsel zwischen den Zuständen mit 4 und 3 Rollensegmenten mit dem Wechsel der Dominanz zwischen der 1. und 2. POD-Mode assoziiert sind. Die dabei beobachteten Wechsel zwischen der Anzahl der Rollensegmente sind in Übereinstimmung mit Schmeling *et al.* [99] wesentlicher Bestandteil des Rekonfigurationsprozesses mit der Auflösung und Neuformation von Rollensegmenten an den Seitenwänden.

1.4 ZIEL DER ARBEIT

Während die im vorangegangen Kapitel vorgestellten Arbeiten von Schmeling *et al.* [99] und Westhoff [130] bereits die Dynamik der LSCs während Rekonfigurationsereignissen beschreiben konnten, war der Einblick in die Strömung, den die bisher verwendeten Messmethoden boten, nicht detailliert genug, um die Ursachen der Rekonfigurationen zu verstehen. Deshalb ist das übergeordnete Ziel dieser Arbeit, durch den Einsatz optischer Messverfahren, wie der tomografischen PIV oder der Kombination aus stereoskopischer PIV und Particle Image Thermometry (PIT), die Mechanismen zu ermitteln, die die unterschiedlichen der Rekonfigurationsprozesse antreiben.

In Hinblick auf den Rekonfigurationstyp $\mathcal{S}$ ergaben sich daraus zunächst die messtechnikbezogenen Fragestellungen:

- Welche Methoden sind geeignet um spontan eintretende Rekonfigurationsereignisse mittels optischer Messverfahren zu erfassen?
- In welchem Umfang kann der Ablauf der Rekonfigurationen anhand dieser Methoden erfasst werden?

Diese Fragen werden, bezogen auf die jeweilige Messkampagne, in den Kapiteln 4.2.1 und 4.3.1 behandelt. Die Analyse der Informationen über die Rekonfigurationen, die mit den unterschiedlichen Verfahren gewonnenen wurden, orientiert sich dann an den folgenden Fragestellungen:

- Welche Strömungsstrukturen spielen neben den bereits bekannten LSCs während der Rekonfigurationsereignisse eine Rolle?
- Welche Schlüsse lassen sich aus dem Verhalten dieser Strukturen für die Mechanismen der verschiedenen Rekonfigurationstypen ziehen?

Um zu den Analysekapiteln, die diese Fragen diskutieren, hinzuführen, folgt zunächst die Beschreibung des experimentellen Aufbaus (Kapitel 2) sowie der verwendeten Methoden (Kapitel 3). Nach dem Abschluss der Analyse (Kapitel 4) werden deren wesentliche Ergebnisse in Kapitel 5 noch einmal zusammengefasst und der sich daraus ergebende Ausblick vorgestellt.

2

VERSUCHSAUFBAU

Im folgenden Kapitel wird der experimentelle Aufbau der Mischkonvektionszelle zur Untersuchung der oben beschriebenen Rekonfigurationsereignisse vorgestellt. Dabei werden die zugehörigen Randbedingungen beschrieben und die verwendete Definition der dimensionslosen Kennzahlen dargelegt. Weiterführende Informationen über die experimentellen Einrichtungen sind bei Kühn *et al.* [59] und Schmeling *et al.* [99] zu finden.

Die Mischkonvektionsströmung wurde in der in Abbildung 2.1 als Foto dargestellten Zelle untersucht. In Abbildung 2.2 ist der Aufbau dieser Zelle

Abbildung 2.1: Foto der Mischkonvektionszelle mit eingezeichneten Begrenzungen.

noch einmal schematisch abgebildet. Diese schematische Abbildung zeigt wie die Maße Länge L, Höhe H und die Tiefe W für die Geometrie des Experiments definiert sind. Konkret betragen diese Maße $L = 2500\,\mathrm{mm}$ und $H = W = 500\,\mathrm{mm}$, woraus sich die Aspektverhältnisse von $\Gamma_{XY} = L/H = 5$ und $\Gamma_{YZ} = W/H = 1$ ergeben.

Abbildung 2.2 hebt außerdem die Temperierplatten des Aufbaus in rot und blau hervor. Sie bestehen aus geschwärztem Aluminium und bilden die Grund- und Deckfläche der quaderförmigen Zelle. Die Mantelflächen sind dagegen als doppelwandige Verkleidung, bestehend aus 10 mm starken Polycarbonatscheiben mit einem Luftspalt von 5 mm, ausgeführt um den Austausch von Wärme mit der Umgebung zu minimieren. Die Temperierung der Grundfläche (rot dargestellt) auf die Temperatur T_{HP} erfolgt dadurch, dass die Aluminiumbodenplatte von Wasser durchströmt wird, welches von einem Tool-Temp TT-188 Temperiergerät erwärmt wird. Die Deckenplatte mit Aluminiumrippen ermöglicht die passive Kühlung der Deckfläche (blau dargestellt, T_{CP}) zur Temperatur der Laborumgebung hin.

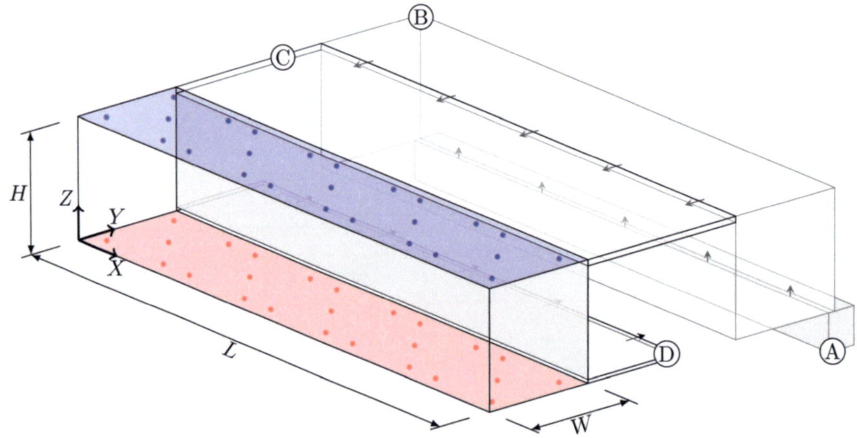

Abbildung 2.2: Skizze der Mischkonvektionszelle mit beheizter Bodenplatte (rot) und gekühlter Deckenplatte (blau). Die auf den Platten eingezeichneten Punkte zeigen die Positionen der Temperatursensoren zur Erfassung der thermischen Randbedingungen. Außerdem sind die Zustromstrecke, bestehend aus Beruhigungskammer (A), Impfpartikelkammer (B) und Einlasskanal (C), sowie der Auslasskanal (D) abgebildet.

Soweit beschreibt der Aufbau eine quaderförmige Rayleigh-Bénard-Zelle. Um darin Mischkonvektionsströmungen mit einem zusätzlichen Anteil erzwungener Konvektion untersuchen zu können, sind an den langen Kanten der Rückwand Ein- (C) und Auslasskanäle (D) installiert und die Pfeile in Abbildung 2.2 zeigen die Richtung der zugehörigen erzwungenen Strömung an. Die jeweiligen Höhen dieser Öffnungen betragen $H_{in} = 25\,mm$ und $H_{out} = 15\,mm$. Um vollständig entwickelte Strömungsprofile zu ermöglichen, sind sowohl Zu- als auch Abstromkanal jeweils 30 Kanalhöhen lang. Ein weiterer Aspekt dieser Randbedingung ist das Sicherstellen einer möglichst gleichmäßig über die Länge verteilten Einströmgeschwindigkeit. Dafür wird die Strömung in einer stromaufwärts liegenden Beruhigungskammer (A) durch mehrere Umlenkungen auf die komplette Zellbreite verteilt. In der darauffolgenden Kammer (B) besteht außerdem die Möglichkeit Impfpartikel in die Strömung einzuführen. Die Dimensionen dieser Kammer ähneln denen der Konvektionszelle und erlauben, dass sich die Impfpartikel und der mit ihnen in die Strömung eingetragene Impuls verteilen [59]. Aus dieser Kammer strömt die Luft weiter in den Einlasskanal an dessen Beginn vorhandene Querkomponenten durch einen 100 mm Aluminiumwabeneinsatz mit einem inneren Durchmesser von 3 mm gleichgerichtet werden.

Um die thermischen Randbedingung zu erfassen, sind Heiz- und Kühlplatte mit jeweils 25 Temperatursensoren instrumentiert, deren Positionen durch die roten und blauen Punkte in Abbildung 2.2 dargestellt sind. Die Untersuchung dieser Randbedingungen durch Schmeling *et al.* [99] ergab räumliche Standardabweichungen der Heiz- und Kühlplattentemperaturen von 1,1 % und 0,6 % bezogen auf die Temperaturdifferenz zwischen den Platten.

Der in der Zelle vorherrschende Strömungszustand hängt von den in Kapitel 1.2 vorgestellten dimensionslosen Kennzahlen ab. Auch wenn der experimentelle Aufbau dem einer Rayleigh-Bénard-Zelle in der Anordnung der beheizten und gekühlten Flächen ähnelt, wurde festgestellt, dass der Einlassstrahl die Kühlplatte weitestgehend von der übrigen Strömung abschirmt. Darüber hinaus kann die Kühlplattentemperatur auf Grund erhöhter Labortemperaturen, welche zum Beispiel durch die Abwärme verwendeter Messtechniken auftreten, über der Einlasstemperatur T_{EL} liegen [99]. Deshalb wird neben der Heizplattentemperatur T_{HP} die Einlasstemperatur T_{EL} als Referenztemperatur der Strömung verwendet. Durch das Einströmen der kalten Luft unterhalb der Deckenplatte reduziert sich auch die effektive Zellhöhe. Aus diesem Grund wird das Höhenmaß $H_{EL} = H - H_{in}/2 = 487{,}5\,mm$ als charakteristische Länge L_{char} verwendet. Des Weiteren wurden die übrigen charakteristische Werte, die in Kapitel 1.2 zur Bestimmung der dimensionslosen Kennzahlen eingeführt wurden, wie folgt festgelegt:

Zur Definition der Reynolds-Zahl, die den druckdifferenzbasierten Antrieb der Strömung beschreibt, gilt $u_{char} = v_{in}$ und damit $Re = \frac{v_{in} H_{EL}}{\nu}$. Entsprechend stellt der durch ein Gebläse erzwungene Volumenstrom durch die Zelle

$\dot{V}$ den Stellparameter für die Reynolds-Zahl dar. Die Umrechnung des Volumenstroms in die mittlere Einströmgeschwindigkeit $v_{\text{in}} = \frac{\dot{V}}{A_{\text{in}}}$ erfolgt dabei mit der Fläche der Einlassöffnung A_{in}.

Die thermischen Antriebskräfte der Strömung werden durch die Rayleigh-Zahl repräsentiert. Die charakteristische Temperaturdifferenz ΔT_{char} zur Definition dieser Kennzahl ist für den vorliegenden Versuchsaufbau die Temperaturdifferenz $\Delta T_{\text{EL}} = T_{\text{HP}} - T_{\text{EL}}$. Daraus ergibt sich die Rayleigh-Zahl $Ra = \frac{g\,\beta\,\Delta T_{\text{EL}}\,{H_{\text{EL}}}^3}{\nu\,\alpha}$, welche bei gegebenem T_{EL} die Heizplattentemperatur T_{HP} als wesentlichen Stellparameter aufweist.

Ausschlaggebend für die Ausprägung verschiedener Strömungszustände ist weiterhin die Prandtl-Zahl Pr. Da alle in dieser Arbeit vorgestellten Versuche mit Luft bei atmosphärischem Druck durchgeführt wurden, gilt stets $Pr = \frac{\nu}{\alpha} \approx 0{,}7$. Außer der Fallbeschleunigung g, handelt es sich bei den übrigen Größen, die für die Definition der Kennzahlen benötigt werden, um temperaturabhängige Stoffwerte: Konkret sind dies der Wärmeausdehnungskoeffizient β, die kinematische Viskosität ν und die Temperaturleitfähigkeit α. Als einheitliche Referenztemperatur dieser Stoffwerte wird der Mittelwert aus Heiz- und Einlasstemperatur $T_{\text{Ref}} = (T_{\text{HP}} + T_{\text{EL}})/2$ genutzt. Die Berechnung der Stoffwerte für die Referenztemperatur erfolgte dann mit den von Tsilingiris [124] vorgestellten quadratischen Funktionen.

3

ANALYTISCHE UND EXPERIMENTELLE METHODEN

In den folgenden Unterkapiteln werden die in dieser Arbeit zur Erfassung und Charakterisierung der Strömung genutzten analytischen und experimentellen Methoden vorgestellt. Letztere lassen sich in Skalar- (Kapitel 3.1) und Feldmessverfahren (Kapitel 3.2) unterscheiden. Hinsichtlich der Analyseverfahren wird in Kapitel 3.3 die Hauptkomponentenzerlegung und in Kapitel 3.4 das Rayleigh-Kriterium genauer vorgestellt.

3.1 SKALARMESSVERFAHREN

Skalarmessverfahren wurden im Rahmen dieser Arbeit vor allem eingesetzt um die zur Bestimmung der dimensionslosen Kennzahlen nötigen Größen zu erfassen. Dabei kam zur Bestimmung der mittleren Einströmgeschwindigkeit $v_{\text{in}} = \frac{\dot{V}}{A_{\text{in}}}$ die in Kapitel 3.1.1 beschriebene Volumenstrommessung zum Einsatz.

Das Messprinzip zur Erfassung der Temperaturen der Boden- und Deckenplatte, der einströmenden Luft sowie der Lufttemperaturen an der Rückwand wird in Kapitel 3.1.2 beschrieben. Die spezifischen Positionen der eingesetzten Sensoren für die Randbedingungen der Zelle sind bei Schmeling *et al.* [103] dokumentiert. Für die Rückwandsensoren, die zur Erfassung von Strömungsstrukturen eingesetzt wurden, erfolgt dies in den Beschreibungen der jeweiligen Versuchsaufbauten in Kapitel 4.

3.1.1 *Volumenstrommessung*

Die Bereitstellung des Volumenstroms $\dot{V}$ an der Einströmöffnung des experimentellen Aufbaus wird durch ein Gebläse gewährleistet. Die Zuleitung dieses Volumenstroms vom Gebläse zum Experiment erfolgt über eine Rohrleitung, was die Messung des Volumenstroms mittels einer Venturidüse gemäß der Norm DIN EN ISO 5167-4 [32] ermöglicht.

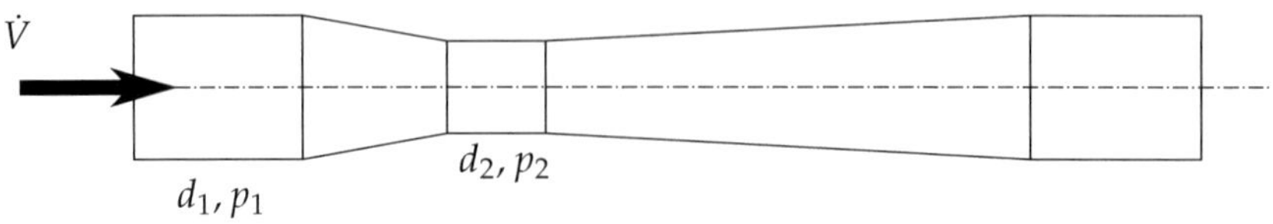

Abbildung 3.1: Schematische Darstellung eines Rohrs mit Venturimessdüse.

Durch die in Abbildung 3.1 schematisch dargestellte lokale Verringerung des Durchmessers des kreisförmigen Querschnitts von d_1 auf d_2 wird die Strömungsgeschwindigkeit erhöht und gleichzeitig der statische Druck p gesenkt. Aus der Bernoulli-Gleichung leitet sich dafür die folgende Gleichung zur Bestimmung des Volumenstroms ab.

$$\dot{V} = C_C \, C_\epsilon \, \frac{\pi}{4} {d_2}^2 \sqrt{\frac{\frac{2}{\rho}(p_1 - p_2)}{1 - (\frac{d_2}{d_1})^4}} \tag{3.1}$$

Die von der Norm [32] eingeführten Durchfluss- (C_C) und Expansionskoeffizienten (C_ϵ) berücksichtigen Abweichungen vom idealisierten Ansatz der Bernoulli-Gleichung. Die zur Messung benötigten Werte dieser Koeffizienten sind in der verwendeten Messsoftware VSM02 von Optiserve [77] hinterlegt.

3.1.2 *Temperaturmessung*

Für die Messung der Temperaturen zur Erfassung der experimentellen Randbedingungen wurden Platinwiderstände vom Typ Pt100 als Sensoren eingesetzt. Als Messprinzip wurde dabei die Temperaturabhängigkeit des elektrischen Widerstands R_{el} verwendet, welche nach DIN EN IEC 60751 [31] mit der nachfolgenden Gleichung definiert wird.

$$\begin{aligned} R_{\text{el}}(T) &= 100\,\Omega\,(1 + C_A T + C_B T^2) \\ C_A &= (3{,}9083 \times 10^{-3})\,{}^\circ\text{C}^{-1} \\ C_B &= (-5{,}775 \times 10^{-7})\,{}^\circ\text{C}^{-2} \end{aligned} \tag{3.2}$$

Um bei der Messung des elektrischen Widerstands die Leitungswiderstände eliminieren zu können, wurden alle Sensoren mit einen 4-Leiter-Anschluss kontaktiert. Die verwendeten Sensoren erfüllten außerdem die Anforderungen der Genauigkeitsklasse AA der Norm [31]. Diese sagt aus, dass die werksseitige Abweichung von der Widerstands-Temperatur-Funktion für typische Temperaturen in der Konvektionszelle weniger als 0,17 K beträgt.

17 Sensoren dieses Typs wurden für die Messkampagnen der Kapitel 4.1,4.2 und 4.4 ebenfalls im rückwandnahe Temperatursensorarray genutzt. Für die Messkampagne des Kapitels 4.3 wurden an der Rückwand dagegen 25 Halbleiter-Temperatursensoren von Typ Sensirion SHT85 [105] eingesetzt. Dieser Sensortyp besitzt in der für die Messungen relevanten Temperaturspanne eine Genauigkeit von ca. 0,1 K.

3.2 FELDMESSVERFAHREN

Um einen Überblick über die Vorgänge während Rekonfigurationen der LSCs in der Konvektionszelle zu erhalten, werden in dieser Arbeit partikelbasierte Messverfahren zur Akquise mehrdimensionaler Geschwindigkeits- und Temperaturfelder angewendet. Zur Erfassung der Geschwindigkeitsinformation wurden dafür verschiedene Verfahrensvarianten der großskaligen PIV eingesetzt. Die Grundlagen der PIV sowie die Funktionsweisen der verwendeten Varianten werden in Kapitel 3.2.1 beschrieben.

Des Weiteren kam für ein besseres Verständnis der Zusammenhänge zwischen den Strömungsstrukturen und dem Wärmetransport die Kombination aus PIV und PIT zum Einsatz, um simultan Geschwindigkeits- und Temperaturfelder aufzunehmen. Die Grundlagen dieses kombinierten Verfahrens werden in Kapitel 3.2.2 vorgestellt.

3.2.1 *Particle Image Velocimetry*

Das Messprinzip der PIV ist in Abbildung 3.2 für einen generischen Messaufbau mit einer einzelnen Kamera schematisch dargestellt. Es beruht darauf, Bildpaare von Impfpartikeln, die der Strömung folgen, mit einem bekannten Zeitversatz τ aufzunehmen. Diese Bildpaare werden anschließend in Auswertefenster unterteilt, so dass durch Kreuzkorrelationen zwischen den Einzelbildern Verschiebungsvektoren für jedes Auswertefenster bestimmt werden können. Diese werden dann wiederum anhand der räumlichen Kalibrierung und des bekannten Zeitversatzes in Geschwindigkeitsvektoren umgerechnet. Die spezifischen dafür verwendeten Algorithmen und Kalibrierverfahren werden in den jeweiligen Unterkapiteln der angewendeten Verfahrenstypen, stereoskopische PIV (3.2.1.1) und tomografische PIV (3.2.1.2), erläutert.

Verfahrensübergreifend bestimmt jedoch das Zusammenspiel von Lichtquellen, Impfpartikeln und Kameras die Qualität einer Messung.

LICHTQUELLE Klassischerweise wird der mittels PIV zu untersuchende Bereich in einer Strömung mit einem Laser-Lichtschnitt ausgeleuchtet. Das

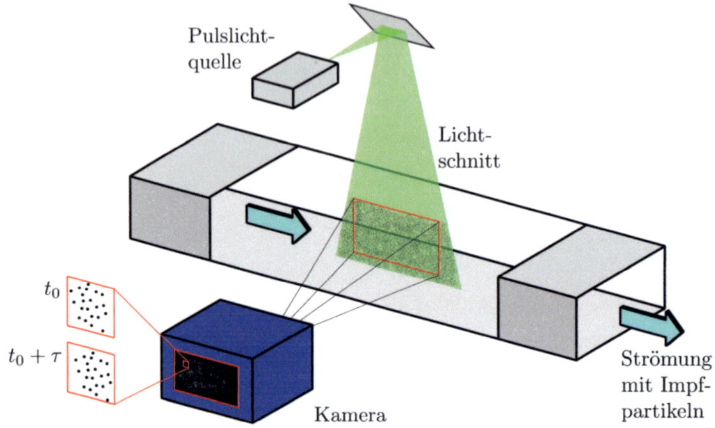

Abbildung 3.2: Schematische Darstellung des Messprinzips der PIV nach Raffel *et al.* [88, S. 8].

Akronym Laser steht für *light amplification by stimulated emission of radion* (engl.). Im Fall des in dieser Arbeit verwendeten Lasers Innolas Spitlight 600 ist das Medium ein Neodym-dotierter Yttrium-Aluminium-Granat-Kristall (Nd:YAG). Laser dieses Typs erzeugen Lichtpulse mit einer Wellenlänge von 1064 nm, die durch Phasendopplerkristalle auf 532 nm halbiert wird, bevor die Lichtpulse mit einer Dauer von wenigen Nanosekunden emittiert werden. Im Vergleich zum ursprünglich infrarotenj Licht entspricht die emittierte Wellenlänge dem sichtbaren grünen Licht, für das Bildsensoren in der Regel die höchste Sensitivität besitzen. [88, S. 60-72]

Das verwendete Lasersystem zeichnet sich vor allem durch die hohe Intensität und die zeitliche Präzision der Lichtpulse aus. Um hinsichtlich des Zeitversatzes zwischen den Doppelbildern unabhängig von der Pulsfrequenz zu sein, werden für die PIV meist Lasersysteme mit zwei Resonatoren verwendet, deren Strahlengänge dann vereinigt werden.

Mittels einer Teleskopoptik und einer Zylinderlinse wird der vom Laser emittierte Strahl zu einem Lichtschnitt aufgeweitet. Durch die Teleskopoptik kann dabei auch die Lichtschnittdicke eingestellt werden. Unabhängig davon, ob die Geschwindigkeitskomponente senkrecht zur Lichtschnittebene gemessen wird oder nicht, muss sie bei der Auslegung des Zeitversatzes und des Lichtschnitts berücksichtigt werden. So muss der Lichtschnitt dick genug sein, dass der Großteil der Partikel über den Zeitversatz hinweg im beleuchteten Volumen verbleibt. Dies ist erforderlich, da nur Partikel, die in beiden Bildern abgebildet werden, zur korrekten Bestimmung des Geschwindigkeitsvektors beitragen. Darüber hinaus sollte der Lichtschnitt auch nicht unnötig dick ausgelegt werden, da mit zunehmender Dicke die räumliche Auflösung der Messung (vor allem für stereoskopische Systeme) abnimmt [88, S. 300-301].

Durch die Entwicklung leistungsstarker lichtemittierende Dioden (LEDs), stellen darauf basierende Beleuchtungskonzepte zunehmend eine Alternative zu Lasern dar [88, S. 73-77]. Zwar können aktuelle LED-Lichtquellen noch nicht die geringen Pulsdauern eines Lasers erreichen, jedoch sind die hier untersuchten Konvektionsströmungen vergleichsweise langsam, so dass die Anforderungen an die Kürze der Lichtpulse relativ gering sind. Konkret sind Pulsdauern in der Größenordnung einer Millisekunde erforderlich [52], damit die Abbildungen der bewegten Impfpartikel nicht verschmieren. Derartige Pulsdauern liegen deutlich innerhalb des Arbeitsbereiches von LED-Beleuchtungssystemen [113].

Weiterhin zeichnen sich LEDs durch eine gute zeitliche Steuerbarkeit aus. Für diese Eigenschaft ist vor allem die Nachleuchtedauer im Vergleich zur angesteuerten Pulsdauer zu beachten. Schmeling *et al.* [100] sowie Schiepel [95, S. 27-29] beschreiben dieses Nachleuchteverhalten für LEDs des Typs OSRAM Platinum Dragon LW W5SN, welcher auch für die Messkampagnen der Kapitel 4.2 und 4.4 eingesetzt wurde. Beide Untersuchungen zeigen, dass die Lichtemission der LEDs gut dem vorgegebenen Puls folgt: Bei Pulsdauern von ca. 1 ms liegt die Zeit zum Erreichen von 90 % der maximalen Intensität beim Einschalten bzw. 10 % beim Ausschalten jeweils bei etwa 0,1 ms. Dadurch, dass die Pulsdauern im Vergleich zur Periodendauer der Messfrequenz meist klein sind, ist es außerdem üblich die LEDs über der nominellen Stromstärke für die Dauernutzung zu betreiben somit auch mehr Licht zu emittieren [113].

Besonders geeignet ist dieser Beleuchtungstyp für dreidimensionale PIV-Messungen in großen Volumen, zu denen beispielsweise auch die Messungen aus Kapitel 4.2 dieser Arbeit gehören. Während bei Laserlichtquellen zur Volumenausleuchtung in der Regel ein einzelner Strahl in zwei Richtungen ausgeweitet werden muss und so stark an Intensität verliert, können LEDs mit geringem Aufwand in Arrays angeordnet werden. Dadurch ist die Beleuchtungsintensität für große Volumen lediglich von der erreichbaren LED-Dichte im Array sowie den Streuverlusten in der Ausbreitungsrichtung begrenzt. Im Rahmen dieser Arbeit wurde das bei Kühn *et al.* [59] sowie Schiepel [95, S. 26-29] vorgestellte LED-Array zur Ausleuchtung des Messvolumens für die tomografischen PIV-Messungen genutzt. Es umfasst 15×15 LEDs des oben genannten Typs. Als Kollimationsoptiken wurden Parabolspiegel für die einzelnen LEDs verwendet. Um die Abstrahlung in die Laborumgebung durch die verbleibende Strahldivergenz von ca. 10° [95, S. 26] weiter zu reduzieren, wurden senkrechte geschwärzte Fächer mit ca. 10 cm Tiefe zwischen den Spalten des Arrays angebracht.

Der gleiche LED-Typ wurde auch für die Erzeugung des Lichtschnitts für die PIV-PIT-Messungen von Kapitel 4.4 genutzt. Dort wurden die LEDs jedoch in Form eines Linienarrays eingesetzt. Zur Kollimation wurde dabei eine Kombination von Clip-On Sammellinsen gefolgt von einer Schlitzblende und einer zylindrischen Fresnellinse verwendet. Die genauen Spezifikationen dieser Lichtquelle sind bei Schmeling *et al.* [100] dokumentiert. Eine detaillierte Untersuchung der Strahlgeometrie dieser Lichtquelle wurde außerdem von Niehaus [72, S. 35-37] durchgeführt.

IMPFPARTIKEL Das Messprinzip der PIV erfordert, dass die beleuchteten Impfpartikel der Strömung hinreichend gut folgen. Die Interaktion zwischen den Partikeln und der Strömung, die sie umgibt, ist komplex und Thema mehrerer Fachbücher, wie zum Beispiel von Clift *et al.* [30]. An dieser Stelle werden daher nur die wesentlichsten Aspekte dieser Interaktion vorgestellt. So sind beispielsweise Abweichungen zwischen Fluid- und Partikelgeschwindigkeit nicht zu vermeiden, da ein gewisser Dichteunterschied zwischen den Partikeln und dem untersuchtem Fluid praktisch unumgänglich ist. Entsprechend wirken auf die Impfpartikel nicht nur die Reibungskräfte des Fluids, sondern auch Trägheits- und Auftriebskräfte. Allgemein gilt jedoch, dass für Stokes-Zahlen $Stk \leq 0{,}1$ die Reibungskräfte dominieren und die Abweichungen zwischen Fluid- und Partikelgeschwindigkeit vernachlässigbar klein werden [122, S. 289]. Die Stokes-Zahl stellt das Verhältnis zwischen der Relaxationszeit eines Partikels τ_P und der charakteristischen Zeitskala des Fluids τ_F dar und ist wie folgt definiert:

$$Stk = \frac{|\tau_P|}{\tau_F} = \frac{\left|\frac{d_P^2\,\Delta\rho}{18\,\mu_F}\right|}{\frac{H}{v_{in}}} \tag{3.3}$$

Nach Raffel *et al.* [88, S. 33-37] setzt sich die Relaxationszeit τ_P aus dem Partikeldurchmesser d_P, der Dichtedifferenz zwischen Partikel und Fluid $\Delta\rho = \rho_P - \rho_F$ und der dynamischen Viskosität des Fluids μ_F zusammen. Des Weiteren kann die charakteristische Zeitskala für wirbeldominierte Strömungen aus dem Wirbeldurchmesser und der dazugehörigen Geschwindigkeit berechnet werden. Unter der Vereinfachung, dass sich die longitudinale Konvektionsrolle wie ein Festkörperwirbel verhält, werden hier die Zellhöhe H sowie die Einströmgeschwindigkeit v_{in} für die Berechnung der charakteristischen Zeitskala τ_F verwendet.

Für die stereoskopischen PIV-Messungen wurde ein Di-Ethyl-Hexyl-Sebacat (DEHS)-Aerosol zum Nachverfolgen der Strömung genutzt, wie es für von Luft durchströmte, offene Systeme weit verbreitet ist [88, S. 33-37]. Dieses Aerosol wurde für die Versuche dieser Arbeit mit Laskin-Düsen [56] erzeugt und in der stromaufwärts liegenden Seedingkammer in die Strömung eingebracht. Aus dem dafür üblichen Partikeldurchmesserbereich $1\,\mu\text{m} \leq d_{\text{DEHS}} \leq 3\,\mu\text{m}$ und der Impfpartikeldichte $\rho_{\text{DEHS}} \approx 10^3\,\text{kg/m}^3$ [121] ergeben sich Stokes-Zahlen im Bereich von $1{,}5 \times 10^{-6} \leq Stk_{\text{DEHS}} \leq 2 \times 10^{-5}$. Da diese Partikeldurchmesser in der Größenordnung der Wellenlängen des sichtbaren Lichts liegen, wird das Licht an den Partikeln nach der Mie-Theorie gestreut. [88, S. 42-46]

Als Impfpartikel für großskalige volumetrische Messungen kommt DEHS nicht in Frage, weil die Beleuchtungsintensität in dreidimensionalen Messbereichen, wie hier bei der Messkampagne von Kapitel 4.2, meist zu niedrig ist, um ein ausreichendes Signal-Rausch-Verhältnis der Partikelbilder zu erzielen.

Als Impfpartikelalternative für großskalige Messungen in Gasen beschreiben Bosbach *et al.* [14] heliumgefüllte Seifenblasen (HFSB). Deren Durchmesser ($100\,\mu\text{m} \leq d_{\text{HFSB}} \leq 500\,\mu\text{m}$) ist ca. zwei Größenordnungen größer als jener der DEHS-Tröpfchen. Dies birgt den Vorteil, dass das von einer Lichtquelle emittierte Licht durch Reflexion statt Streuung und somit mit deutlich größerer Intensität in Richtung Kamera umgelenkt wird (Kühn *et al.* [59]). Um trotz der größeren Durchmesser eine ausreichend niedrige Stokes-Zahl zu erreichen, kann durch die Heliumfüllung die Dichtedifferenz $\Delta\rho$ der Seifenblasen soweit reduziert werden, dass sich die HFSB auftriebsneutral verhalten. Wie Faleiros *et al.* [38] zeigen, wird diese Eigenschaft vor allem durch die Einstellung der Volumenströme der einzelnen Betriebsstoffe - Luft, Helium und Seifenlösung - durch eine Generatordüse bestimmt. Auf Grund der hier untersuchten, relativ langsamen Strömung ($\tau_{\text{F}} \approx 10^0\,\text{s}$) sind die Anforderungen an die Auftriebsneutralität nicht besonders hoch. So werden nach Faleiros *et al.* [38] für quasi alle Generatoreinstellungen, die zu einer stabilen Seifenblasenerzeugung führen, Partikel-Relaxationszeiten im Bereich von $-2 \times 10^{-4}\,\text{s} \leq \tau_{\text{P}} \leq 1{,}5 \times 10^{-4}\,\text{s}$ und entsprechend niedrige Stokes-Zahlen erzielt.

Für die Messungen dieser Arbeit wurden die von Bosbach *et al.* [14] beschriebenen Apparaturen zur Generierung von Seifenblasen verwendet. Wie die DEHS-Tröpfchen wurden auch die HFSB-Partikel in der dafür vorgesehenen Seedingkammer in die Strömung eingeführt.

KAMERASYSTEME Sowohl für die Messungen der stereoskopischen als auch der tomografischen PIV wurden pco.edge 5.5 Kameras [79] mit einer Auflösung von 2560×2160 Pixeln zur Aufnahme der Partikelbilder verwendet.

Je nach Messkampagne wurden verschiedene Objektive mit einem Neigeadapter an den Kameras installiert. Diese Art der Adaptierung ermöglicht es die Objektivebene gegenüber der Sensorebene zu neigen. Nach der von Scheimpflug [94] formulierten Bedingung, dass sich Fokus-, Objektiv- und Sensorebene in einer Linie schneiden, ermöglicht diese Neigung die Fokusebene und den Lichtschnitt bei planaren Messungen gezielt zu vereinen. Für die tomografische Messung wurde die Scheimpflug-Bedingung für die Ebene auf mittlerer Tiefenposition des beleuchteten Volumens eingestellt und die Blendenöffnungen für die nötige Schärfentiefe reduziert[1].

Neben diesen optischen Aspekten sind auch die elektronischen Rahmenbedingungen für die Auslegung der Messparameter ausschlaggebend: Die verwendeten Kameras verfügen über einen CMOS-Sensor[2]. Das bedeutet, dass die durch die Photodioden akkumulierte Ladung bereits auf Pixellevel verstärkt wird. Die für diese Arbeit verwendeten Kameras verfügen außerdem über einen Doppelbild-Aufnahmemodus, dessen Ablauf in Abbildung 3.3 dargestellt ist.

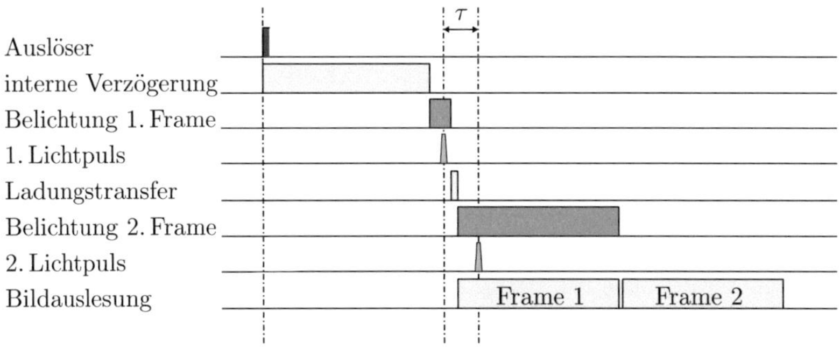

Abbildung 3.3: Zeitablauf der Aufnahme von Doppelbildern mit einer CMOS-Kamera nach Raffel *et al.* [88, S. 122].

Diese Darstellung zeigt, dass die Kameras nach dem Auslöseimpuls eine Verzögerung durch interne Prozesse besitzen, welche für die Synchronisierung mit den Lichtquellen berücksichtigt werden muss. Sind diese Prozesse abgeschlossen, erfolgt die erste Belichtung, mit der in der Kamerasteuerung

1 Dies erfolgte in Näherung an den tatsächlichen Zusammenhang $W_F = W_N \frac{l_E}{l_E - 2W_N}$ [54, S. 268] zwischen der fokussierten Distanz l_E und den Schärfentiefeanteilen für den Fern- (W_F) und Nahbereich (W_N). Denn für $l_E \gg W_N$ gilt $W_F \approx W_N$.

2 CMOS = komplementärer Metall-Oxid-Halbleiter

eingestellten Belichtungszeit. Diese ist in der Regel deutlich länger als die Pulsdauern der Lichtquellen, um bei der Synchronisierung der beiden Systeme Schwankungen ausgleichen zu können. Daraus folgt, dass die effektiven Belichtungszeiten sowie deren Zeitversatz τ im Wesentlichen durch die Pulse der Lichtquelle bestimmt werden. Der Grund dafür ist, dass die Steuerungsverzögerungen von Lasersystemen oder LEDs deutlich kürzer sind und eine bessere Wiederholbarkeit aufweisen.

Mit dem Abschluss der ersten Belichtung werden die von den Pixeln aufgenommenen Ladungen in einen Zwischenspeicher transferiert, um eine zweite Belichtung nach nur kurzer Verzögerung zu ermöglichen. Da wissenschaftliche Kameras in der Regel keinen zusätzlichen mechanischen Verschluss besitzen, wird das zweite Doppelbild so lange belichtet, bis die Ergebnisse der ersten Belichtung ausgelesen wurden. Diese Dauer erstreckt sich dadurch üblicherweise wesentlich länger als die erste Belichtungszeit. Dies zeigt noch einmal, dass auch die effektive Belichtungszeit für das zweite Bild vom Beleuchtungssystem gesteuert wird. Nachdem auch das 2. Bild aus der Kamera ausgelesen wurde, steht die Kamera zur Aufnahme eines weiteren Doppelbildes bereit. [79, 88, S. 121f.]

3.2.1.1 *Stereoskopische PIV*

MESSPRINZIP Das Messprinzip der stereoskopischen PIV erweitert das Konzept der planaren PIV um die Möglichkeiten des stereoskopischen Sehens: Das bedeutet, dass durch zwei Kameraperspektiven mit unterschiedlichen Blickwinkeln auf die Auswertefenster die dritte Geschwindigkeitskomponente durch die Differenzen der gemessenen planaren Geschwindigkeiten rekonstruiert werden kann [6].

Eine Skizze der dabei ausgenutzten Winkelbeziehungen liefert Abbildung 3.4. Sie zeigt, dass sich die von den Kameras registrierten planaren Geschwindigkeitskomponenten u_x sowohl aus Anteilen der tatsächlichen X-Geschwindigkeitskomponente u_X als auch der senkrecht zur Messebene stehende Geschwindigkeitskomponente u_Z zusammensetzt. Da der Anteil von u_Z abhängig vom Blickwinkel α der Kameras ist, lassen sich die tatsächlichen Geschwindigkeitskomponenten u_X, u_Y, u_Z anhand der von zwei Kameras mit unterschiedlichen Blickwinkeln registrierten planaren Geschwindigkeitskomponenten $u_{x,1}, u_{y,1}, u_{x,2}, u_{y,2}$ rekonstruieren. Für diese Rekonstruktion gelten nach Raffel *et al.* [88, S. 287-290] die folgenden Gleichungen:

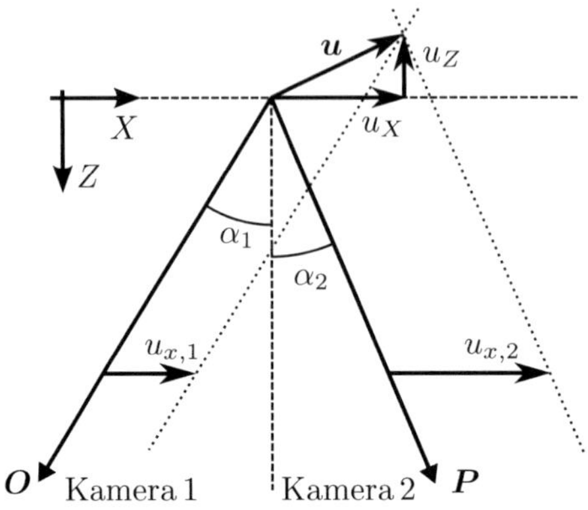

Abbildung 3.4: Winkelbeziehungen für die stereoskopische PIV in einer Z-normalen Messebene nach Raffel *et al.* [88, S. 288].

$$u_X = \frac{u_{x,1}\tan(\alpha_2) + u_{x,2}\tan(\alpha_1)}{\tan(\alpha_1) + \tan(\alpha_2)} \tag{3.4}$$

$$u_Y = \frac{u_{y,1}\tan(\beta_2) + u_{y,2}\tan(\beta_1)}{\tan(\beta_1) + \tan(\beta_2)} \tag{3.5}$$

$$u_Z = \frac{u_{x,1} - u_{x,2}}{\tan(\alpha_1) + \tan(\alpha_2)} = \frac{u_{y,1} - u_{y,2}}{\tan(\beta_1) + \tan(\beta_2)} \tag{3.6}$$

Die Winkel β sind dabei das Äquivalent zu α bei einer Betrachtung in der Y-Z-Ebene. Diese winkelabhängigen Beziehungen können alternativ auch durch das überstimmte lineare Gleichungssystem (3.7) ausgedrückt werden. Dabei werden die Tangens-Terme durch das Komponentenverhältnis der Positionsvektoren der Kameras (***O***, ***P***) in Bezug auf das jeweilige Auswertefenster ersetzt.

$$\begin{bmatrix} u_{x,1} \\ u_{y,1} \\ u_{x,2} \\ u_{y,2} \end{bmatrix} = \begin{bmatrix} 1 & 0 & -\frac{O_X}{O_Z} \\ 0 & 1 & -\frac{O_Y}{O_Z} \\ 1 & 0 & -\frac{P_X}{P_Z} \\ 0 & 1 & -\frac{P_Y}{P_Z} \end{bmatrix} \cdot \begin{bmatrix} u_X \\ u_Y \\ u_Z \end{bmatrix} \tag{3.7}$$

Auf Grund der Überbestimmtheit dieses Gleichungssystems fällt ein Geschwindigkeitsresiduum für die Lösung an. Dieses Residuum ist ein Qualitätsmaß für die stereoskopische Rekonstruktion und wird entsprechend in dieser Arbeit zur Erkennung von fehlerbehafteten Vektoren eingesetzt [88, S. 289].

KALIBRIERUNG Zur Lösung des Gleichungssystems 3.7 für die einzelnen Auswertefenster stellen sich zwei Ansprüche an die Kalibrierung, welche mit den beiden Kalibrierzweigen im Flussdiagramm von Abbildung 3.5 assoziiert sind:

Im Kalibrierzweig a) werden die Kamerapositionen bestimmt, um die Blickwinkel für jedes Auswertefenster festlegen zu können. Dafür wurde das erweiterte Lochkameramodell von Tsai [123] angewendet. Dieses Modell beruht auf einer Transformation der Koordinaten des physikalischen Raums in Kamerakoordinaten und erlaubt damit auch die Bestimmung von Kamerapositionen anhand eines in einer Ebene liegenden Satzes von Kalibrierpunkten.

Der Kalibrierzweig b) von Abbildung 3.5 beinhaltet die Entzerrung der Kamerabilder. Diese Transformation der Bilder der beiden Kameras ist nötig, damit die Bildpositionen der einzelnen Auswertefenster für beide Blickwinkel deckungsgleich sind.

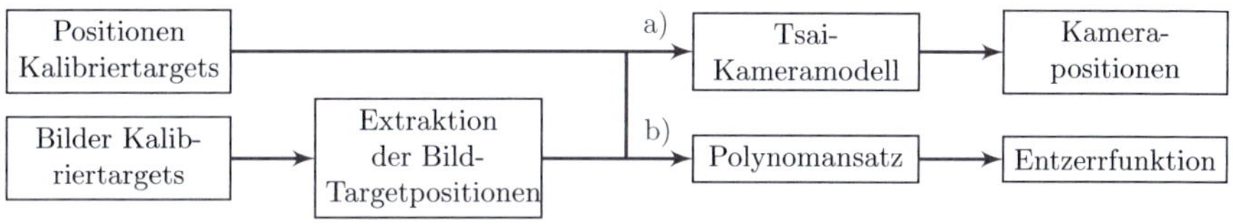

Abbildung 3.5: Zweige der Kalibrierung für die stereoskopische PIV. Der Zweig a) beinhaltet die Herleitung der Kamerapositionen. Der Zweig b) umfasst die Entzerrung der beiden Kamerabilder.

Für beide Kalibrierzweige werden jedoch die gleichen Kalibrierdaten verwendet. Zur Gewinnung dieser Daten wurde eine Platte mit einem Gittermuster in den späteren Messebenen im Versuchsaufbau positioniert und vermessen, so dass die physischen Koordinaten (X, Y, Z) aller Kreuzungspunkte bekannt sind. Für die Kamerabilder, die die Kalibrierplatte abbilden, wurden ebenfalls die Pixelkoordinaten $(x_{\text{roh}}, y_{\text{roh}})$ der Kreuzpunkte bestimmt.

Für das Entzerren auf ein koordinatenachsenparalleles Gitter wurden die folgenden Quotientenfunktionen zweier Polynome verwendet [83].

$$x_{\text{entz}} = \frac{e_{00}x_{\text{roh}} + e_{01}y_{\text{roh}} + e_{03} + e_{04}x_{\text{roh}}^2 + e_{05}x_{\text{roh}}y_{\text{roh}} + e_{06}y_{\text{roh}}^2}{e_{30}x_{\text{roh}} + e_{31}y_{\text{roh}} + 1 + e_{34}x_{\text{roh}}^2 + e_{35}x_{\text{roh}}y_{\text{roh}} + e_{36}y_{\text{roh}}^2} \tag{3.8}$$

$$y_{\text{entz}} = \frac{e_{10}x_{\text{roh}} + e_{11}y_{\text{roh}} + e_{13} + e_{14}x_{\text{roh}}^2 + e_{15}x_{\text{roh}}y_{\text{roh}} + e_{16}y_{\text{roh}}^2}{e_{30}x_{\text{roh}} + e_{31}y_{\text{roh}} + 1 + e_{34}x_{\text{roh}}^2 + e_{35}x_{\text{roh}}y_{\text{roh}} + e_{36}y_{\text{roh}}^2} \tag{3.9}$$

Die 17 Koeffizienten ($e_{00}, e_{01}, ...$) werden dabei durch die Methode der kleinsten Quadrate für die Kameras so angepasst, dass die Gitterpunkte auf vorgegebenen Positionen ($x_{\text{entz}}, y_{\text{entz}}$) liegen, welche für beide Kameras gleich sind.

Bei diesem Kalibrierzweig kann es zu Fehlern kommen, wenn die Lage der Ebene des Kalibriermusters nicht mit der des Lichtschnitts übereinstimmt. Da derartige Abweichungen zu einem gewissen Grad unvermeidbar sind, wurde von Wieneke [134] ein Verfahren zur Selbstkalibrierung vorgestellt, welches es ermöglicht diese Abweichungen zu korrigieren. Dabei werden ähnlich wie beim eigentlichen PIV-Prozess zwei entzerrte Partikelbilder in Auswertefenster unterteilt und für diese Fenster Verschiebungsvektoren durch Kreuzkorrelationen bestimmt. Jedoch werden bei der Selbstkalibrierung die Bilder der beiden Kameras für einen identischen Zeitpunkt verarbeitet. Anhand des so bestimmten Verschiebungsfeldes zwischen den entzerrten Bildern können die Entzerrungskoeffizienten e für die tatsächliche Lichtschnittposition korrigiert werden.

3.2.1.2 *Tomografische PIV*

MESSPRINZIP Während die stereoskopische PIV die drei Geschwindigkeitskomponenten lediglich für eine Messebene auflösen kann, zielt die tomografische PIV darauf ab, Geschwindigkeitsvektoren für ein Messvolumen mit ähnlichen Ausdehnungen in alle drei Dimensionen zu ermitteln.

Um dieses Ziel erreichen zu können, weicht die Prozesskette insofern von planaren Verfahren ab, dass aus den aufgenommenen Bildern zunächst dreidimensionale Intensitätskarten berechnet werden. Dieser Prozessschritt wird als tomografische Rekonstruktion bezeichnet. Die weiteren Prozessschritte, Unterteilung der Intensitätskarten in Subvolumen und Kreuzkorrelation zur Bestimmung von Verschiebungsvektoren, gleichen wiederum denen der planaren Verfahren, sind aber entsprechend um die dritte Dimension erweitert. Die beiden Teilschritte, tomografische Rekonstruktion und dreidimensionale Kreuzkorrelation werden nachfolgend genauer beschrieben.

Um mittels einer tomografischen Rekonstruktion sinnvolle dreidimensionale Intensitätskarten ableiten zu können, sind mehrere simultane Aufnahmen der Partikelverteilung im Messvolumen von unterschiedlichen Blickpunkten aus nötig. Für die Rekonstruktion der Raumposition eines einzelnen Partikels reicht zwar bereits die Abbildung auf zwei Kameras mit kalibrierten Blickfeldern aus, bei steigender Partikelzahl führen die zur Rekonstruktion durchgeführten Projektionen jedoch immer häufiger zu Mehrdeutigkeiten in der Zuordnung. Abbildung 3.6 verdeutlicht diese Problematik, indem sie die Abbildung von zwei Partikeln auf 2 Kameras darstellt. Es wird erkennbar, dass

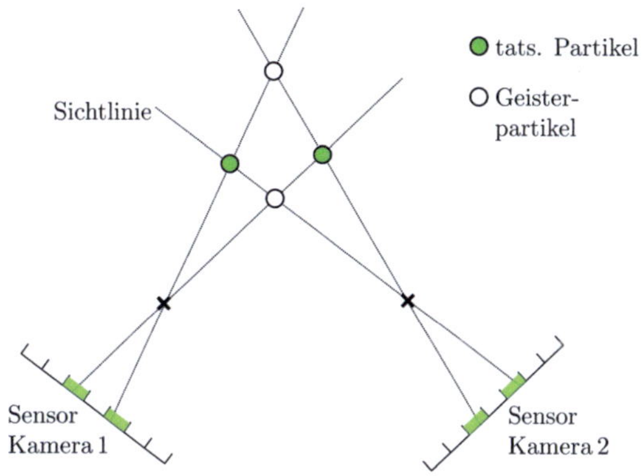

Abbildung 3.6: Die Entstehung von Geisterpartikeln für ein schematisches Beispiel nach Kühn [58, S. 17].

die Rekonstruktion neben den tatsächlichen Partikeln auch weitere sogenannte Geisterpartikel erzeugt.

Derartige Mehrdeutigkeiten können durch das Hinzuziehen von Informationen weiterer Blickwinkel reduziert werden. Aus diesem Grund werden für die tomografische PIV im vorliegenden Fall vier Kameras eingesetzt. Der in dieser Arbeit eingesetzte Code von Kühn [58, S. 11-86] verwendet für die tomografische Rekonstruktion die simultane multiplikative algebraische Rekonstruktionstechnik (SMART) nach Mishra *et al.* [66]. Ihr Programmablaufplan ist in Abbildung 3.7 dargestellt.

Am Anfang dieses Algorithmus wird zunächst eine dreidimensionale Intensitätskarte $E(\boldsymbol{x}_i)$ für den entsprechenden Satz von einzelnen Bildern $I(\boldsymbol{x}_i)$ der unterschiedlichen Kameras m initialisiert. Dabei erhält jedes Voxel zunächst die Intensität $E_0(\boldsymbol{X}_j) = 1{,}0$. Um die Voxelintensitätswerte iterativ zur tatsächlichen dreidimensionalen Partikelverteilung hin zu korrigieren, werden zunächst durch die Vorwärtsprojektion synthetische Kamerabilder $A(\boldsymbol{x}_i)$ generiert, welche die aktuelle Intensitätsverteilung im Volumen repräsentieren. Dazu werden ausgehend von jedem Voxel Wichtungsfaktoren $w_{i,j}$ berechnet, die angeben wie nah der jeweilige Mittelpunkt des Pixels i an dem Punkt ist, wo die Sichtlinie des Voxels j die jeweilige Bildebene durchstößt[3]. Diese Wichtungsfaktoren werden für das Pixel mit der kleinsten Distanz zum Durchstoßpunkt und die angrenzenden acht Pixel berechnet. Für die übrigen Pixel besteht keine Assoziation mit dem zur Sichtlinie gehörigen Voxel j ($w_{i,j} = 0$).

3 Die Berechnung der Wichtungsfaktoren ist im Anhang A dokumentiert (vgl. Kühn [58, S. 157]).

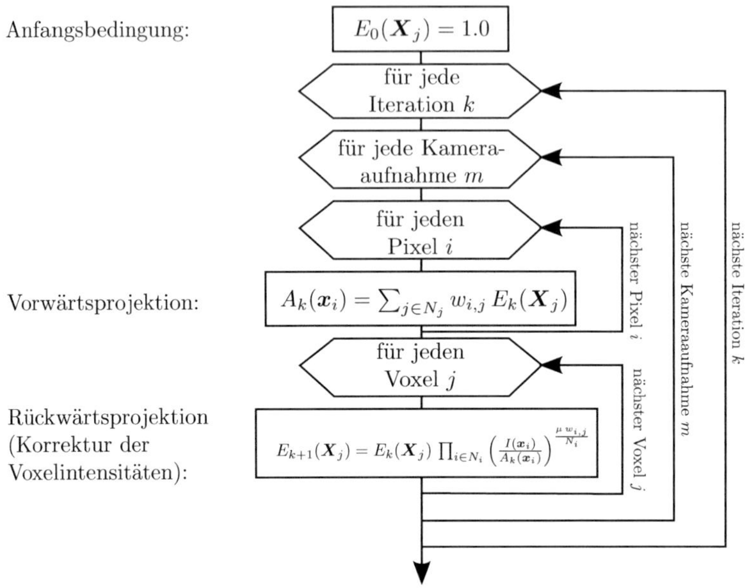

Abbildung 3.7: Programmablaufplan des SMART-Algorithmus nach Kühn *et al.* [60].

Sind alle Wichtungen zwischen den N_j Voxeln und relevanten Pixeln bekannt, wird das Vorwärtsprojektionsintegral für jede Iteration k wie folgt berechnet:

$$A_k(\boldsymbol{x}_i) = \sum_{j \in N_j} w_{i,j}\, E_k(\boldsymbol{X}_j) \tag{3.10}$$

Anhand von $A_k(\boldsymbol{x}_i)$ kann daraufhin die Korrektur von $E(\boldsymbol{X}_j)$ vorgenommen werden. Dabei wurde für die vorliegenden Messungen der Standard-Relaxationskoeffizient $\mu = 1{,}0$ verwendet. Weiterhin beschreibt N_i die jeweilige Anzahl an relevanten Pixeln des Voxels $\boldsymbol{X}_j$.

$$E_{k+1}(\boldsymbol{X}_j) = E_k(\boldsymbol{X}_j) \prod_{i \in N_i} \left(\frac{I(\boldsymbol{x}_i)}{A_k(\boldsymbol{x}_i)} \right)^{\frac{\mu\, w_{i,j}}{N_i}} \tag{3.11}$$

Während eines Iterationsschrittes wird dieser Korrekturalgorithmus iterativ für die einzelnen Kamerabilder durchlaufen. Für die hier beschriebenen Messungen wurden $k = 10$ kameraübergreifende Iterationsschritte zur Berechnung der dreidimensionalen Intensitätskarten angewendet.

Ähnlich wie Doppelbilder in planaren PIV-Verfahren werden Paare dieser Intensitätskarten verwendet, um die Geschwindigkeitsvektorfelder mittel Kreuzkorrelation zu bestimmen. Um eine möglichst große Dynamik von Partikelverschiebungen abbilden zu können, wurden iterative Mehrgitterverfahren (siehe Kühn [58, S. 77-79]) genutzt. Die eingesetzte Implementierung der dreidimensionalen Kreuzkorrelation verfügt außerdem über einen Gitterverformungsalgorithmus zur besseren Abbildung von Geschwindigkeitsgradienten [49, 93].

KALIBRIERUNG Da der entscheidende Schritt der tomografischen PIV, die Rekonstruktion dreidimensionaler Intensitätskarten, auf die Berechnung von Sichtlinien aufbaut, ist eine genaue Kalibrierung des Bezugs zwischen Objekt- ($\boldsymbol{X}$) und Bildpositionen ($\boldsymbol{x}$) nötig. Als Basis für diesen Bezug wird der Polynomansatz von Soloff *et al.* [109] genutzt:

$$\begin{aligned}\boldsymbol{x} = &\begin{bmatrix} a_{x0} & a_{x1} & \dots & a_{x18} \\ a_{y0} & a_{y1} & \dots & a_{y18} \end{bmatrix} \cdot \\ &[1\ X\ Y\ Z\ X^2\ Y^2\ XY\ XZ\ YZ\ X^3\ Y^3 \dots \\ &\dots\ X^2Y\ XY^2\ XYZ\ X^2Z\ Y^2Z\ Z^2\ XZ^2\ YZ^2]^\top \end{aligned} \tag{3.12}$$

Zur Gewinnung der Koeffizienten $a_{x/y0}$ bis $a_{x/y18}$ für jede Kamera ist es üblich, eine Platte mit räumlich bestimmten Kalibriermarken durch das Messvolumen zu traversieren und in verschiedenen Positionen mit den Kameras abzubilden. Aus den dabei gewonnenen Wertetupeln $(\boldsymbol{X};\boldsymbol{x})$ wird eine erste Näherung der Koeffizienten durch die Lösung der daraus hervorgehenden überstimmten Gleichungssysteme für x und y gewonnen. Jedoch können zwischen Kalibrierung und Messungen oder zwischen den Messungen unbeabsichtigte Veränderungen am optischen Aufbau auftreten, durch die mit den ursprünglichen Koeffizienten üblicherweise nicht die Rückprojektionsgenauigkeit der Partikel von ca. 0,1 px erzielt werden kann, welche für eine hinreichende Rekonstruktionsgüte vorausgesetzt wird [88, S. 320-322].

Um innerhalb dieser Richtgrenze zu bleiben, wurden Selbstkalibrierungen nach Wieneke [135] separat für jede Messreihe durchgeführt. Dabei werden für Subvolumen des Messbereichs systematische Rückprojektionsfehler basierend auf der Triangulation von Impfpartikeln bestimmt. Anhand dieser Fehler werden die Kalibrierkoeffizienten $a_{x/yi}$ in einem iterativen Prozess korrigiert.

3.2.2 *Kombinierte PIV-PIT*

Eines der Ziele dieser Arbeit, die Untersuchung des konvektiven Wärmetransports durch die kohärenten Strukturen, erfordert die simultane Messung von Geschwindigkeits- und Temperaturfeldern. Für dieses messtechnische Problem existieren eine Reihe von Lösungsansätzen, welche auf dem Einsatz spezieller Impfpartikel zur Extraktion der Temperatur beruhen und dadurch mit einer Geschwindigkeitsmessung mittels PIV kombinierbar sind.

Liot *et al.* [63] verfolgen beispielsweise den Ansatz instrumentierter Impfpartikel, welcher auf Grund der Größe und Dichte dieser Partikel jedoch nicht auf die hier untersuchte Luftströmung anwendbar ist. Entsprechend werden für Gasströmungen in der Regel Impfpartikel eingesetzt, die messbare temperaturabhängige Eigenschaften aufweisen. Dazu zählen lumineszente Partikel [1, 92], welche nach einer gepulsten Anregung durch Licht in ihrem Emissions- oder Abklingverhalten temperaturabhängig sind. Der Nachteil dieser Verfahren ist jedoch der große messtechnische Aufwand, welcher zum Beispiel durch Laser hervorgerufen wird, die auf das Absorptionsspektrum der Impfpartikel abgestimmt sein müssen [1, 110].

In dieser Arbeit wurden deshalb thermochrome Flüssigkristalles (TLCs) als Material für die Impfpartikel gewählt. Sie geben die Temperatur des umgebenden Fluids durch ihr Farbspiel wieder, dessen Temperaturbereich durch die Mischverhältnisse verschiedener Flüssigkristallmoleküle eingestellt wird (siehe Dabiri [33]). Daraus ergeben sich lediglich die folgenden Änderungen zum grundsätzlichen PIV-Versuchsaufbau: Zum einen ist eine Illumination mit Weißlicht erforderlich, um ein breites Wellenlängenspektrum zur Reflexion bereitzustellen. Zum anderen wird eine Farbkamera benötigt, um das Farbspiel der Partikel erfassen zu können.

Außerdem ist diese Form der kombinierten PIV-PIT für Konvektionsströmungen weit verbreitet, wie die Vielzahl von Anwendungsbeispielen zeigt[4]. Auch wenn TLC dabei meist in flüssigen Medien eingesetzt werden, zeigt die Arbeit von Schmeling *et al.* [100], dass eine Anwendung auch in Luftströmungen möglich ist.

Nachfolgend wird das physikalische Prinzip des zur Temperaturmessung genutzten Farbspiels beschreiben, um die Grundlagen für die in Kapitel 4.4 beschriebene Anwendung zu erläutern: Das Farbspiels basiert auf der Ausrichtung der Moleküle im Impfpartikelmaterial, welche schematisch als Ellipsen in Abbildung 3.8 dargestellt sind. Der Begriff „nematisch" sagt dabei aus, dass

4 Beispiele sind die Arbeiten von Anders *et al.* [4], Dabiri und Gharib [34], Funatani und Fujisawa [40], Hiller und Kowalewski [47], Moller *et al.* [68], Schiepel *et al.* [96] und Wozniak und Wozniak [138].

diese länglichen Moleküle eine überwiegend parallele Ausrichtung aufweisen, während die Molekülschwerpunkte in dieser Phase drei Verschiebungsfreiheitsgrade besitzen. Die mittlere Ausrichtung der Moleküle in den einzelnen Molekülschichten, die in Abbildung 3.8 als sieben Ebenen gezeigt werden, wird dabei durch den als Pfeil eingezeichneten Direktor-Vektor beschrieben. „Chiral" als weitere Eigenschaft dieser Phase sagt aus, dass die Direktoren dieser nematischen Molekülschichten zueinander verdreht sind. Entsprechend entsteht so eine Händigkeit, da die Direktoren eine Helix, die als gestrichelte Linie abgebildet ist, um die optische Achse darstellen. Diese Verdrehung zwischen den einzelnen nematischen Schichten ist mit einer bestimmten Steigungslänge wohl definiert, da sie durch das Herausragen funktioneller Gruppen aus den sonst länglichen Molekülen bedingt wird.

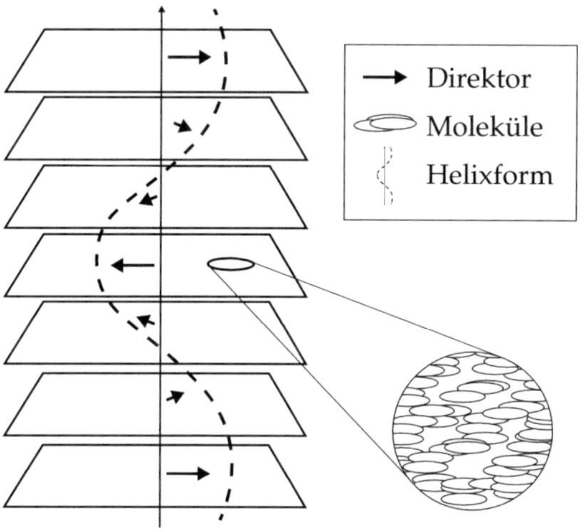

Abbildung 3.8: Anordnung der Moleküle von TLCs nach LCR Hallcrest [62].

Neben anderen optischen Effekten wie der zirkularen Polarisation von Licht, welches dieses Material entlang der optischen Achse durchquert, verursacht diese Struktur eine selektive Reflexion eines Bandes bestimmter Lichtwellenlängen. Diese Wellenlängen hängen von der Steigung der chiralen Struktur ab. Bei der hier verwendeten Materialmischung überwiegt der Effekt, dass mit steigender thermischer Bewegung der Moleküle die Verdrehung zwischen den nematischen Schichten zunimmt. Entsprechend sinken die Steigungslänge und reflektierten Wellenlängen mit steigender Temperatur. [62]

Um basierend auf diesem Effekt Fluidtemperaturen messen zu können, müssen zwei Bedingungen erfüllt sein. Einerseits müssen die Impfpartikel hinreichend schnell auf Temperaturänderungen des umgebenden Fluids reagieren. Andererseits muss die Farbwiedergabe der Partikel optisch erfasst und Messpositionen zugeordnet werden. Diese Erfassung von Kalibrierzusammenhängen für Farbe und Position erfolgte nach dem Prinzip der dynamischen Kalibrierung von Schmeling *et al.* [100], deren Details in Kapitel 4.4.1 dokumentiert sind. Hinsichtlich der Reaktionsgeschwindigkeiten der Partikel wurden ebenfalls von Schmeling *et al.* [100] Untersuchungen vorgenommen. Diese sind auf die hier vorliegenden Messungen übertragbar, da die Impfpartikel für die Messkampagne dieser Arbeit nach dem gleichen Verfahren, der Zerstäubung einer 1:1 Suspension mit Iso-Propanol mit einer Airbrushdüse, erzeugt wurden:

Der Partikeldurchmesser liegt dabei in der Größenordnung von 10 µm. Anhand von Modellrechnungen, welche den Wärmeübergang ins Partikel, die Wärmeleitung im Partikel und die Reaktionsgeschwindigkeit der Molekülstruktur berücksichtigten, wurde eine Temperaturreaktionszeit der Partikel von $\tau_T \approx 10\,\mu s$ bestimmt, die sich auch mit den Angaben von Tropea *et al.* [122, S. 489] deckt. Nach der Definition von Gleichung 3.3 beträgt die Relaxationszeit für das Folgeverhalten dieser Impfpartikel $\tau_P \approx 300\,\mu s$ bei einer Dichte von etwa $1\,kg/m^3$, was einer Stokes-Zahl von $Stk_{TLC} \approx 2 \cdot 10^{-4}$ entspricht. Diese Werte zeigen auf, dass die Impfpartikel in der Lage sind, den Geschwindigkeits- und Temperaturänderungen des Fluids hinreichend gut zu folgen.

3.3 Hauptkomponentenzerlegung

Die Hauptkomponentenzerlegung (POD, engl. *proper orthogonal decomposition*) stellt ein mathematisches Verfahren zur Analyse von mehrdimensionalen Datenreihen, wie sie die oben beschriebenen Verfahren generieren, dar. Sie ermöglicht es, die kohärenten Strukturen der Strömung in Form von Moden zu extrahieren. Diese Moden stellen die Hauptkomponenten der Eingangs-Datenmatrizen dar und ihre Sortierung nach Eigenwerten sowie ihre ebenfalls extrahierbare zeitliche Entwicklung ermöglichen es das dynamische Verhalten der Eingangsdaten besser nachzuvollziehen [20, S. 440].

In der angewendeten Snapshot-Methode nach Sirovich [108] werden die gemessenen Zustände als Vektoren $\boldsymbol{u}_t$ der Länge M betrachtet. In diesem Zustandsvektor, werden für die hier untersuchte Mischkonvektionsströmung Temperaturen oder Geschwindigkeitskomponenten aller M_P verfügbaren Messpositionen einsortiert. Das heißt, für den Fall, dass dreikomponentige Geschwindigkeitsvektoren untersucht werden, besitzt $\boldsymbol{u}_t$ die Länge $M = 3M_P$.

Die POD ermöglicht es durch eine Galerkin-Entwicklung die Zustände mit k Moden $\boldsymbol{\phi}_k$ und den zugehören Zeitentwicklungskoeffizienten $a_{k,t}$ zu approximieren:

$$\boldsymbol{u}_t = \sum_k a_{k,t} \, \boldsymbol{\phi}_k \tag{3.13}$$

Zur Berechnung der Moden und Koeffizienten werden die Zustandsvektoren $\boldsymbol{u}_t$ zunächst in eine Matrix $\mathbf{U}$ der Dimensionen $M \times N$ sortiert. Dabei steht N für die Anzahl der Zeitschritte t:

$$\mathbf{U} = \begin{bmatrix} | & | & & | \\ u_1 & u_2 & \dots & u_N \\ | & | & & | \end{bmatrix} \tag{3.14}$$

Im nächsten Schritt wird die Autokorrelationsmatrix $\mathbf{C}$ bestimmt.

$$\mathbf{C} = \mathbf{U}^\top \mathbf{U} \tag{3.15}$$

Durch das Lösen der Eigenwertproblems für die Matrix $\mathbf{C}$ ergeben sich sowohl die Zeitentwicklungsvektoren $\boldsymbol{a}_k = [a_{k,1}, a_{k,2}, ..., a_{k,N}]$ als auch die modenbezogene Eigenwerte λ_k.

$$\mathbf{C} \, \boldsymbol{a}_k = \lambda_k \, \boldsymbol{a}_k \tag{3.16}$$

Da jedes Element der Autokorrelationsmatrix $\mathbf{C}$ bei der Anwendung auf Geschwindigkeitsfelder ein Produkt zweier Geschwindigkeitskomponenten ist, stellen die Eigenwerte λ_k in diesem Fall ein Maß für die kinetische Energie, die von einer Mode abgebildet wird, dar.

Die räumlichen Repräsentationen der Moden $\boldsymbol{\phi}_k$ werden wie folgt berechnet:

$$\boldsymbol{\phi}_k = \mathbf{U} \, \boldsymbol{a}_k \tag{3.17}$$

Für die spätere Interpretation der Moden ist es wichtig zu beachten, dass sich translatorisch bewegende kohärente Strukturen anhand der POD nicht als eine einzelne Mode extrahiert werden. Stattdessen erfolgt die Beschreibung von sich so bewegender Strukturen durch einen Satz von Moden, welcher Fourier-Moden ähnelt. Eine solche Fourier-artige Repräsentation ist auch mit einem lediglich langsamen Abfall der Eigenwerte hin zu höheren Moden verbunden. [20, S. 396f.]

Da nach Schmeling *et al.* [99] von einer Translation bestimmter Strömungsstrukturen auszugehen ist, müssen die PODs in dieser Hinsicht mit besonderer Vorsicht interpretiert werden.

Des Weiteren ist zu bemerken, dass die PODs der Geschwindigkeitsfelder auf unzentrierten Zustandsmatrizen $\mathbf{U}$ basieren. Bei den in dieser Arbeit untersuchten Strömungen birgt dies den Vorteil, dass so eine erste Mode, die dem mittleren Geschwindigkeitsfeld ähnelt, extrahiert werden kann. Dies ermöglicht wiederum die Quantisierung der Energie, welche in dieser Struktur enthalten ist.

3.4 RAYLEIGH-STABILITÄTSKRITERIUM

Neben der Identifikation von kohärenten Strukturen in der Strömung findet im Verlauf dieser Arbeit auch die Analyse deren Ursachen, welche in der Regel Instabilitäten sind, statt. In diesem Kapitel wird im Speziellem eine Methode zur Analyse der zentrifugalen Instabilität [43, 118] vorgestellt.

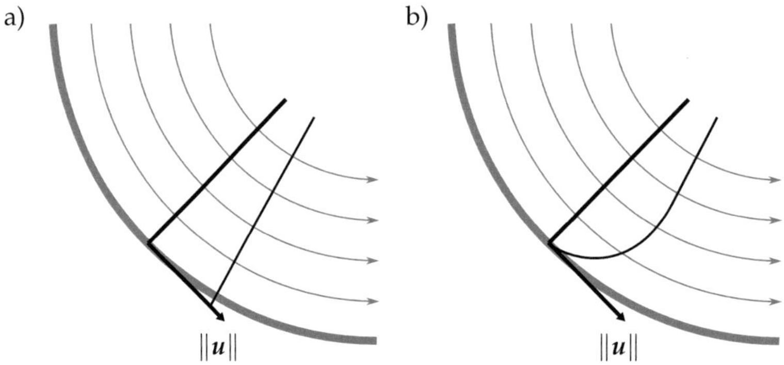

Abbildung 3.9: Schematische Darstellung eines hypothetischen, stabilen Geschwindigkeitsprofils (a) und eines Geschwindigkeitskeitsprofils mit instabiler Drehimpulsschichtung (b).

Die Art von Instabilität bezieht sich auf Drehimpulsverteilungen in rotierenden Strömungen, bei denen der Drehimpuls mit steigendem Radius abfällt. Zur Verdeutlichung zeigt Abbildung 3.9 jeweils ein stabiles und ein instabiles Geschwindigkeitsprofil einer rotierenden Strömung. Der Teil a) bildet ein hypothetisches Geschwindigkeitsprofil ab, welches eine Festkörperrotation des Fluids unter Vernachlässigung der Wandreibung darstellt. Dabei steigt der

Drehimpuls und die damit verbundenen Zentrifugalkräfte der Fluidpakete mit steigendem Radius, was bedeutet, dass eine stabile Schichtung vorliegt. In Teil b) der Abbildung fällt die Geschwindigkeit bedingt durch die Haftbedingung an der Wand zu größeren Radien hin ab. Die damit verbundene Drehimpulsverteilung führt dazu, dass im Randbereich zentraler gelegene Fluidpakete größere Zentrifugalkräfte erfahren als weiter außen befindliche. Dies stellt die instabile Schichtung dar, welche eine Sekundärströmung initiieren kann. Die Namensgebung für die als Taylor-Görtler-artige Wirbel bezeichnete Sekundärströmungen ist dabei an die konkreten Beispiele der Taylor-Wirbel in Taylor-Couette-Strömungen oder Görtler-Wirbel in Grenzschichten auf konkaven Flächen angelehnt.

Um die beschriebene Instabilität quantifizieren zu können, wird bei Chandrasekhar [24, S. 273-275] das Rayleigh-Stabilitätskriterium $\Phi > 0$ vorgestellt. Die Stabilitätsdiskriminante Φ wird dort wie folgt in Zylinderkoordinaten beschrieben:

$$\Phi = \frac{1}{R^3} \frac{d}{dR} (R^2\,\Omega)^2 \qquad (3.18)$$

Dabei ist Ω die azimutale Geschwindigkeit und R die Radiuskoordinate mit der Annahme, dass der Koordinatenursprung im Wirbelzentrum liegt. Da die Lage des Zentrums der in dieser Arbeit untersuchten kohärenten Strukturen nicht auf eine bestimmte Position festgelegt ist, wurde die Definition von Φ angepasst und dabei gleichzeitig in kartesische Koordinaten überführt. Anstelle der Radiuskoordinate R wird nun ein lokaler, stromlinienbezogener Krümmungsradius r verwendet. Das Äquivalent der azimutalen Geschwindigkeit an einem Punkt der Stromlinie ist $\Omega = \frac{\|\boldsymbol{u}\|}{r}$ mit der kartesische Geschwindigkeitsmagnitude $\|\boldsymbol{u}\|$. Da die Ableitung des Drehimpulses nun nicht mehr entlang einer Koordinatenachse gebildet wird, muss außerdem der Radius-Einheitsvektor $\boldsymbol{e}_r$ bestimmt werden, um die Bildung einer Richtungsableitung zu ermöglichen. Mit diesen Substitutionen lässt sich Gleichung 3.18 wie folgt darstellen:

$$\Phi = \frac{1}{r^3} \frac{\partial}{\partial \boldsymbol{e}_r} (r\,\|\boldsymbol{u}\|)^2 \qquad (3.19)$$

Der lokale Krümmungsradius r und sein Einheitsvektor $\boldsymbol{e}_r$ können in Anlehnung an Theisel [119, S. 22f.] aus den Geschwindigkeitsvektorfeldern berechnet werden. Als erster Schritt wird der Vektor der lokalen Krümmung $\boldsymbol{\kappa}$ einer Stromlinie wie folgt definiert:

$$\boldsymbol{\kappa} = \frac{\boldsymbol{u} \times \dot{\boldsymbol{u}}}{\|\boldsymbol{u}\|^3} \tag{3.20}$$

Dabei wird die Zeitableitung des Geschwindigkeitsvektors $\dot{\boldsymbol{u}}$ eingeführt. Da mit diesem Verfahren einzelne, als stationär angenommene, Geschwindigkeitsfelder untersucht werden, beschränkt sich die Zeitableitung auf den Konvektionsterm:

$$\dot{\boldsymbol{u}} = (\boldsymbol{u} \cdot \nabla)\boldsymbol{u} \tag{3.21}$$

Aus der in Gleichung 3.20 berechneten lokalen Krümmung, ergibt sich der dazugehörige Radius als Reziprokes des Krümmungsbetrags:

$$r = \frac{1}{\|\boldsymbol{\kappa}\|} \tag{3.22}$$

Der Radius-Einheitsvektor $\boldsymbol{e}_r$ muss senkrecht auf dem Geschwindigkeitsvektor und dem Krümmungsvektor, welcher parallel zum Drehimpulsvektor ist, stehen. Deshalb gilt:

$$\boldsymbol{e}_r = \frac{\boldsymbol{u} \times \boldsymbol{\kappa}}{\|\boldsymbol{u} \times \boldsymbol{\kappa}\|} \tag{3.23}$$

Abbildung 3.10 zeigt, wie sich die hier vorgestellten vektoriellen Größen qualitativ in einem generischen Festkörperrotations-Geschwindigkeitsfeld ausbilden. Die Geschwindigkeitsvektoren $\boldsymbol{u}$ sind dabei schwarz dargestellt. Die dazugehörigen Radius-Einheitsvektoren $\boldsymbol{e}_r$ in Rot liegen wie die Geschwindigkeitsvektoren in der Y-Z-Ebene. Im Gegensatz dazu zeigen die blauen Krümmungsvektoren $\boldsymbol{\kappa}$ in X-Richtung und bilden mit ihrem Betrag die zum Zentrum stärker werdende Krümmung des Geschwindigkeitsfeldes ab.

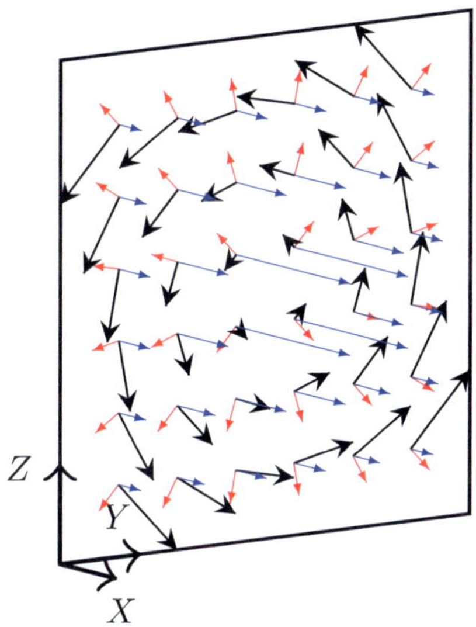

Abbildung 3.10: Vektoren der Geschwindigkeit $\boldsymbol{u}$ (schwarz), des Radius $\boldsymbol{e}_r$ (rot) und der Krümmung $\boldsymbol{\kappa}$ (blau) für eine generische Festkörperrotationsströmung in der Y-Z-Ebene.

4 ANALYSE

Zur Analyse der Rekonfigurationen von turbulenten Strömungsstrukturen wurden mehrere Messkampagnen durchgeführt, an denen sich die Gliederung dieses Kapitels orientiert.

Im Kapitel 4.1 werden zunächst die unterschiedlichen Rekonfigurationstypen anhand von Temperaturmessungen näher charakterisiert. Dabei wird die Einteilung in spontane ($\mathcal{S}$) und kontinuierliche ($\mathcal{C}$) Rekonfigurationen von Schmeling *et al.* [99] wieder aufgegriffen. Entsprechend werden diese Kürzel verwendet, um die verschiedenen Messreihen den Rekonfigurationstypen zuzuordnen.

Abbildung 4.1 zeigt den Ri-Re-Parameterraum für die untersuchte Strömung mit den nach Rekonfigurationstyp differenzierten Messreihen von Schmeling *et al.* [99]. Zusätzlich dazu sind in dieser Abbildung auch die Messreihen dieser Arbeit eingetragen, welche hinsichtlich ihres Rekonfigurationstyps und ihrer Lage im Parameterraum gut mit den früheren Parameterstudien übereinstimmen, was ein grundsätzliche Vergleichbarkeit gewährleistet.

In der in Kapitel 4.2 behandelten Messkampagne wurden anhand von tomografischer PIV die Verhaltensweisen der großskaligen Strömungsstrukturen in der Nähe der linken Seitenwand untersucht, um daraus Rückschlüsse auf die zugrundeliegenden Rekonfigurationsmechanismen zu ziehen. Die Messreihen dieser Kampagne sind mit ◆ in Abbildung 4.1 markiert.

In der darauf aufbauenden stereoskopischen PIV-Messkampagne wurde untersucht, ob die aus der vorangegangenen Messkampagne erarbeiteten Modelle auf den kompletten Längenbereich der Zelle übertragbar sind. Aufgrund der erhöhten Auflösung der stereoskopischen gegenüber der tomografischen PIV ermöglichten diese Messungen auch eine Untersuchung der kleineren Skalen während des Rekonfigurationsprozesses. Diese in Kapitel 4.3 analysierten Messreihen sind hier mit ▲ und ▼ markiert.

Abschließend beinhaltet Kapitel 4.4 die Ergebnisse der kombinierten PIV-PIT-Messkampagne. Darin wird untersucht wie die Geschwindigkeits- und Temperaturfelder auf den zuvor untersuchten kleineren Skalen verknüpft

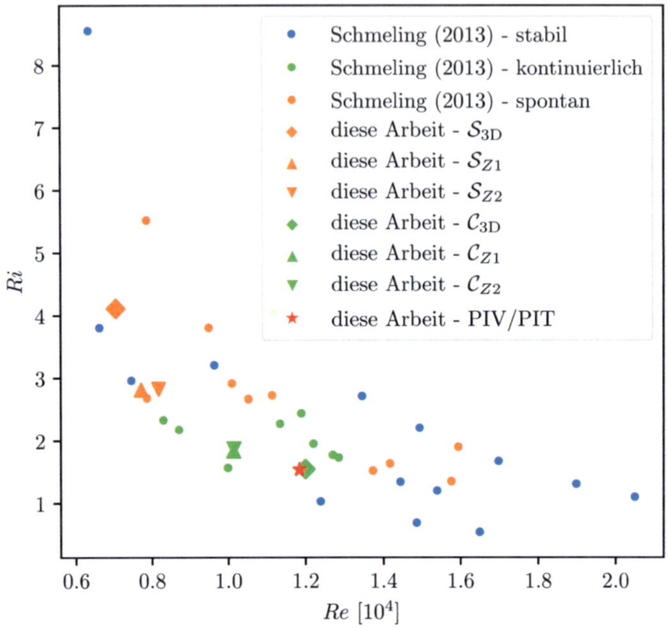

Abbildung 4.1: Dimensionslose Kennzahlen der untersuchten Konfigurationen im Verhältnis zu früheren Parameterstudien von Schmeling *et al.* [99], deren Werte auf die einlasstemperaturbasierte Definition aus Kapitel 2 angepasst wurden.

sind. Des Weiteren erlauben die simultan gemessenen Geschwindigkeits- und Temperaturdaten die Untersuchung des Wärmetransports der Strömungsstrukturen. In der Übersichtsgrafik ist diese Messreihe mit ★ markiert. Trotz ihrer Nähe zu Messreihen des Typs $\mathcal{C}$ ist diese Messreihe als fallneutrale Untersuchung zu betrachten, da die im zugehörigen Kapitel beschriebenen messtechnischen Einschränkungen keine Untersuchung von Rekonfigurationsereignissen zuließen.

Zum Überblick über alle Messreihen, sind deren Kennzahlen und Parameter in Tabelle 4.1 aufgelistet. Zu den Parametern zählt unter anderem die mittlere Einströmgeschwindigkeit v_{in}, welche in den folgenden Kapiteln jeweils zur Entdimensionalisierung von Geschwindigkeiten genutzt wird. Als Zeitmaßstab wird hier außerdem die daraus abgeleitete, approximierte Umlaufzeit der Hauptkonvektionsrolle $t_{\text{Rot}} = \frac{\pi H}{v_{\text{in}}}$ eingeführt.

MESSREIHE	Re $[10^4]$	Ra $[10^8]$	Ri	v_{in} [m/s]	ΔT_{EL} [K]	t_{Rot} [s]
Fall $\mathcal{S}$ (3D)	0,71	1,50	4,1	0,238	15,35	6,6
Fall $\mathcal{S}$ (Z1)	0,77	1,22	2,8	0,264	12,98	5,9
Fall $\mathcal{S}$ (Z2)	0,82	1,38	2,8	0,280	14,67	5,6
Fall $\mathcal{C}$ (3D)	1,20	1,64	1,5	0,402	16,49	3,9
Fall $\mathcal{C}$ (Z1)	1,01	1,37	1,8	0,347	14,62	4,5
Fall $\mathcal{C}$ (Z2)	1,01	1,40	1,9	0,347	14,92	4,5
PIV-PIT	1,18	1,59	1,54	0,400	16,32	3,9

Tabelle 4.1: Dimensionslose Kennzahlen sowie relevante dimensionsbehaftete Parameter der untersuchten Fälle. Fallübergreifend gilt $Pr = 0{,}71$.

4.1 DEFINITION VERSCHIEDENER REKONFIGURATIONSTYPEN

In diesem Abschnitt werden die verschiedenen Strömungsrekonfigurationen anhand von Temperaturmessungen untersucht. Die dazu verwendeten Messreihen wurden simultan zu den tomografischen PIV-Messungen (Kapitel 4.2) aufgenommen. Durch diese zunächst separate Auswertung der Temperaturen soll die Brücke zu früheren Untersuchungen von Schmeling *et al.* [99] geschlagen werden, bei denen ein Temperatursensorarray zum Einsatz kam, welches sich durch die Konvektionszelle erstreckte.

4.1.1 *Strömungsintrinsische Thermometrie*

Während das von Schmeling *et al.* [99] verwendete Temperatursensorarray mit Distanzen von $H/5$ zu der Boden- und Deckenplatte sowie $W/4$ zur Rück- und Frontwand relativ große Abstände zu diesen Wänden aufwies, wird hier ein rückwandnahes Temperatursensorarray verwendet, um sowohl eine optische Zugänglichkeit des PIV-Messbereichs zu gewährleisten als auch potentielle Störungen der Strömung durch die Befestigungen zu minimieren. Weiterhin sind wandbasierte Temperaturmessungen ein Standardverfahren für ähnliche Untersuchungen in RBC [9, 18, 42].

Meistens werden die Sensoren in derartigen Arrays so angeordnet, dass die Mantelflächen der Zelle auf verschiedenen Höhen umspannt werden, was hier jedoch den optischen Zugang durch die vordere Zellwand einschränken würde. Deshalb wurde das Sensorarray in der Mischkonvektionszelle in einer linearen Anordnung entlang der Rückwand der Zelle installiert. Diese Anordnung ist dennoch geeignet um die großskaligen Strukturen der Strömung zu erfassen, da die erzwungene Strömungskomponente den aufwärts gerichteten Strömungsbereich für den untersuchten Parameterbereich an die Rückwand bindet. Dass dabei aus der rückwandnahen Temperaturverteilung die Verteilung der großskaligen Strukturen über die Länge der Zelle abgeleitet werden kann, zeigen Niehaus *et al.* [73] für den gleichen experimentellen Aufbau, der auch in dieser Arbeit verwendet wurde.

Das dabei verwendete Sensorarray setzte sich aus 17 Einzelsensoren, des in Kapitel 3.1.2 vorgestellten Pt100-Typs, zusammen. Sie wurden in einer Höhe von $H/4$ und einem Abstand zur Rückwand von $W/50$ platziert. Die Längspositionen entsprachen dabei denen von Wessels *et al.* [128] und werden in Abbildung 4.7 noch einmal als schwarze Punkte dargestellt.

Die einzelnen Sensorwiderstände wurden sequenziell von einem Mehrkanal-Multimeter (Keithley 3706) mit einer Einzelsensor-Messfrequenz von $\Delta t^{-1} \approx 0{,}115\,\mathrm{Hz}$ gemessen. Die zugehörige Periodendauer befindet sich in der Größenordnung eines Konvektionsrollenumlaufs (vgl. Tabelle 4.1). Damit ist diese Messfrequenz ausreichend für die Untersuchung von Rekonfigurationen, da Rekonfigurationsereignisse auf Zeitskalen ablaufen, welche mindestens eine Größenordnung größer sind [99].

4.1.2 *Rekonfigurationsprozesse in der Temperaturdomain*

Um an die früheren Untersuchungen von Schmeling *et al.* [99] anzuknüpfen, werden nachfolgend die Zeitentwicklungen der Temperaturfelder analysiert. Da die späteren PIV-basierten Untersuchungen zum Teil nur einzelne Ereignisse erfassen, sollen diese Messungen auch demonstrieren, dass Rekonfigurationen wiederholbar auftreten.

> Der folgende Abschnitt basiert auf dem Zeitschriftenbeitrag "*Reversals of coherent structures in turbulent mixed convection*" von Mommert *et al.* [70].

Um die Entwicklung der LSCs anhand lokaler Temperaturmessungen zu identifizieren, ist die Zeitabwicklung der zwischen den Sensoren interpolierten Temperaturen für die beiden untersuchten Rekonfigurationstypen $\mathcal{S}$ und $\mathcal{C}$ in Abbildung 4.2 dargestellt.

Auf der linken Seite der Abbildung sind dafür zunächst die jeweiligen Temperaturverteilungen als zeitliches Mittel der kompletten Messreihen und

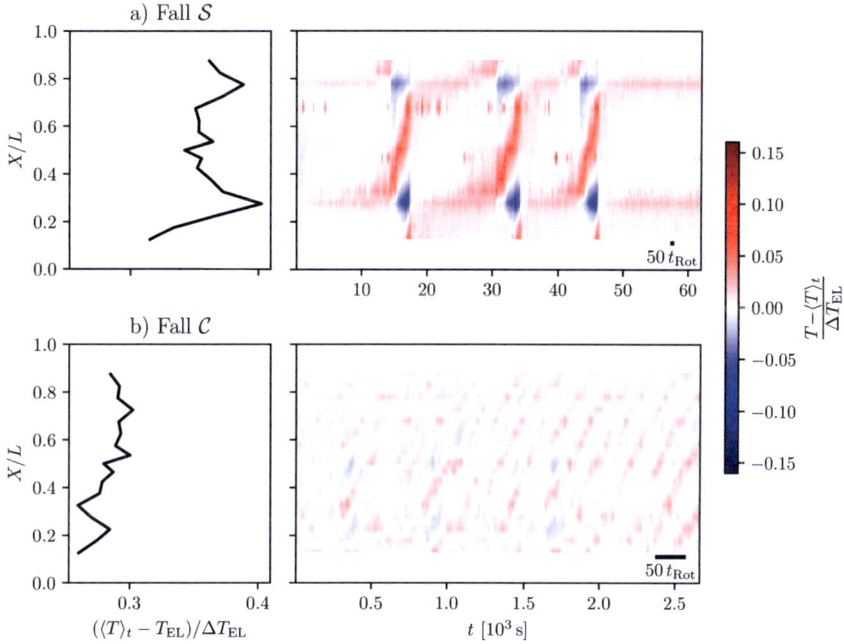

Abbildung 4.2: Links: Temperaturverteilung des wandnahen Sensorarray im Zeitmittel. Rechts: Zeitabwicklung der Schwankungen um diese Mittelwerte. Unterschieden wird zwischen den Rekonfigurationstypen $\mathcal{S}$ (oben) und $\mathcal{C}$ (unten).

auf die Differenz zwischen Heizplatten- und Einlasstemperatur normiert ($\frac{\langle T\rangle_t - T_{\mathrm{EL}}}{\Delta T_{\mathrm{EL}}}$) abgebildet. Darin sind für den Fall $\mathcal{S}$ zwei signifikant wärmere Bereiche (Hotspots, HS) bei $X = L/4$ und $X = 3L/4$ erkennbar, welche durch die Lage der LSCs in den quasistabilen Zeitintervallen hervorgerufen werden. Im Gegensatz dazu sind im Zeitmittel für den Fall $\mathcal{C}$ keine ausgeprägten Temperaturstrukturen erkennbar. Dies ist darauf zurückzuführen, dass für diesen Fall keine quasistabilen Intervalle vorliegen.

Um den zeitlichen Ablauf der Rekonfigurationen nachvollziehen zu können, sind rechts in Abbildung 4.2 die Zeitabwicklungen der normierten Temperaturdifferenzen ($\frac{T-\langle T\rangle_t}{\Delta T_{\mathrm{EL}}}$) zum auf der linken Seite aufgetragenen räumlichen Mittel dargestellt. Diese Konturdiagramme zeigen eine Reihe von Hotspots (rot), welche sich in beiden Fällen im Wesentlichen von links nach rechts durch die Zelle bewegen.

Für den Fall $\mathcal{S}$ zeigt die Abwicklung die quasistabilen Intervalle, welche dreimal durch Rekonfigurationsereignisse unterbrochen werden, die sich vor allem dadurch auszeichnen, dass sich der Hotspot von $X = L/4$ nach $X = 3L/4$ verschiebt. Während dieser Ereignisse zeigt das Diagramm eine höhere Intensität der Temperaturabweichungen zum Zeitmittel als in den quasistabilen Intervallen. Diese Änderung ist jedoch darauf zurückzuführen, dass das Zeitmittel die Temperaturverteilung der quasistabilen Intervalle bereits im Wesentlichen darstellt.

Für den Fall $\mathcal{C}$ zeigt diese Grafik jedoch eine Vielzahl aufeinanderfolgender Streifen mit positiven und negativen Temperaturabweichungen vom Zeitmittel, welche die kontinuierlichen Rekonfigurationen darstellen. Dieser Rekonfigurationstyp ist von dem Typ des Falls $\mathcal{S}$ vor allem anhand der Zeitskalen des dynamischen Verhaltens und der LSC-Anzahl, die aus den Temperaturverteilungen ableitbar ist, unterscheidbar.

Um die erwähnte Anzahl zu quantifizieren, wird folgendes in Betracht gezogen: Jeder warme Bereich ist mit Regionen besonders stark aufsteigenden warmen Fluids assoziiert, während die kompensierenden kälteren Bereiche in Abbildung 4.2 jeweils zwischen diesen Regionen liegen.

Mit dem in Kapitel 1.3.2 vorgestellten Modell der LSC-Struktur kann die Anzahl der LSCs w als erste Schätzung anhand des Abstands in Längsrichtung ΔX zwischen warmen (HS) und kalten Bereichen (CS) bestimmt werden.

$$w \approx \frac{L}{\Delta X_{\mathrm{HS-CS}}} \approx \frac{2L}{\Delta X_{\mathrm{HS-HS}}} \approx \frac{2L}{\Delta X_{\mathrm{CS-CS}}} \tag{4.1}$$

Diese Abschätzung ergab $w_{\mathcal{S}} = 4$ und $w_{\mathcal{C}} = 8$ für die jeweiligen Fälle. Diese Zahlen stimmen mit den Erkenntnissen von Westhoff [130, S. 54-59] überein. Dort traten abhängig von der Richardson-Zahl *Ri* ebenfalls diese beiden LSC-Zahlen für Fälle mit einer ähnlichen Rayleigh-Zahl *Ra* auf.

Um Erkenntnisse über die LSC-Anzahl im Zeitverlauf zu erhalten, wird die Kosinus-Funktion aus Gleichung 4.2 jeweils an die instantanen Temperaturverteilungen $T_t(X)$ gefittet. Da die Temperaturverteilungsfunktion $f_T(X)$ die Summe mehrerer Kosinusterme darstellt, welche durch den Parameter n jeweils die entsprechende Anzahl von LSC-Strukturen entlang der X-Achse repräsentieren, liefern die Fitparameter A_n eine Aussage über die vorliegende Konfiguration der LSCs.

$$f_T(X) = \sum_{n=w-1}^{w+1} \left(A_n \cos\left(\frac{n\pi X}{L}\right)\right) + T_0 \tag{4.2}$$

Die Fitparameter A_n und T_0 wurden dabei durch die Minimierung der Residuenquadrate mit dem Newtonverfahren bestimmt. Da die Zeitauflösung ausreichend ist, um die Übergangsprozesse aufzulösen, wurden bereits gewonnene Fitparameter als Startwerte für das Minimierungsverfahren des nächsten Zeitschritts genutzt. Außerdem wurden die Kosinus-Summanden auf die ganzzahligen Nachbarn der geschätzten LSC-Anzahlen $w_{\mathcal{S}} = 4$ und $w_{\mathcal{C}} = 8$ beschränkt, weil der Rekonfigurationsprozess, wie von Schmeling *et al.* [99] beschrieben, durch die Auflösung und Neubildung von LSCs geprägt ist. Neben den Beträgen von A_n, die die vorherrschende LSC-Anzahl n anzeigen, beinhalten auch deren Vorzeichen Information über die Konfiguration der LSCs. So steht ein positives Vorzeichen jeweils für eine Konfiguration mit einem warmen Bereich an der linken Seitenwand ($X = 0$) und umgekehrt steht ein negatives Vorzeichen für einen kalten Bereich an dieser Stelle.

Nachfolgend werden die mit der beschriebenen Methode erzeugten Fitparameter A_n für die beiden Fälle untersucht.

FALL $\mathcal{S}$

Für den Fall $\mathcal{S}$ stellt Abbildung 4.3 zunächst die Beträge der Amplituden $|A_n|$ mit $n \in \{3;4;5\}$ dar. Sie zeigen anhand der drei dargestellten Ereignisse, dass ein Ereignis aus mehreren Wechseln zwischen 4- und 3-LSC-Zuständen besteht, während $|A_5|$ zu keinem Zeitpunkt dominiert. Dennoch steigen die Amplitudenparameter $|A_3|$ und $|A_5|$ während den mehrstündigen quasistabilen Intervallen stetig an. Einen ähnlichen Anstieg zeigt $|A_3|$ auch während den kurzen 4-LSC-Perioden der Rekonfigurationsereignisse.

Dies zeigt, dass der Fall $\mathcal{S}$ durch einen kontinuierlichen Rekonfigurationsprozess charakterisiert ist, welcher dennoch abgegrenzte Ereignisse hervor-

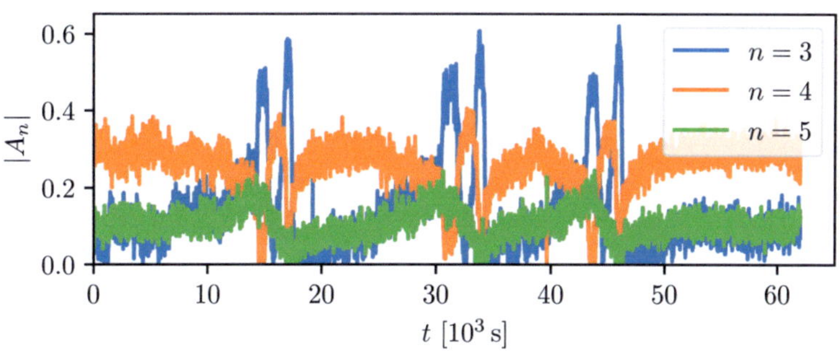

Abbildung 4.3: Zeitverlauf der Beträge der Kosinus-Amplituden $|A_n|$ für den Fall $\mathcal{S}$.

bringt. Die damit verbundene Existenz einer quasistabilen Periode zwischen den Ereignissen deutet außerdem darauf hin, dass der in dieser Zeit vorliegende 4-LSC-Zustand von der Strömung bevorzugt wird, da er deutlich länger als die anderen Zustände vorliegt.

Um diesen Prozess detaillierter zu untersuchen, ist die Trajektorie im Phasenraum der vorzeichenbehafteten A_n in Abbildung 4.4 dargestellt. Die Punkte beschreiben dabei die einzelnen gemessenen Zustände der Temperaturmessreihe. Zur Verdeutlichung der dreidimensionalen Form sind die jeweiligen Projektionen in den Ebenen des Diagramms in grau dargestellt. Der Pfeil indiziert dabei in welcher Richtung die Trajektorie zeitlich durchlaufen wird.

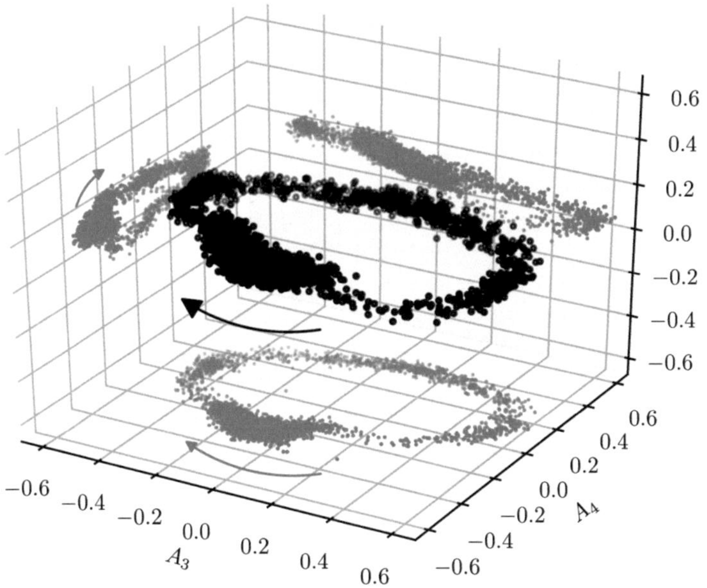

Abbildung 4.4: Trajektorie der Rekonfigurationen im Phasenraum der gefitteten Amplituden A_n für den Fall $\mathcal{S}$. Die vorzeichenbehaftete Darstellung erlaubt Aussagen über die genaue Orientierung der einzelnen LSCs.

In diesem Diagrammtyp werden die quasistabilen Perioden des bevorzugten Zustands als Anhäufung von Punkten für den 4-LSC-Zustand mit $A_4 < 0$ dargestellt. Die Position dieser Anhäufung im negativen Bereich von A_4 weist darauf hin, dass sich bei diesem Zustand die kälteren Bereiche an den Seitenwänden und in der Mitte der Zelle befinden. Diese Anordnung war ebenfalls in den numerischen Untersuchungen von Kaczorowski und Wagner [55] die stabile Konfiguration für einen breiten *Ra*-Bereich.

Die Abbildung zeigt ebenfalls, dass die beobachteten Ereignisse einen einheitlichen Ablauf besitzen, da diese Form der Darstellung alle drei Ereignisse der Messreihe abbildet und sich dennoch keine separaten Trajektorien abzeichnen. Der konsistente Prozess hat folgenden Ablauf: Auf den bevorzugen 4-LSC-Zustand folgt ein 3-LSC-Zustand mit einem kalten Bereich an der linken Seitenwand ($A_3 < 0$). Danach nimmt die Strömung einen 4-LSC-Zustand mit warmen Bereichen an den Seitenwänden an, bevor sich der Zyklus mit dem Auftreten des anderen 3-LSC-Zustands schließt.

Während des gesamten Prozesses nimmt der Amplitudenparameter A_5 nur vergleichsweise geringe Werte an, was zu der Schlussfolgerung führt, dass ein 5-LSC-Zustand zu keinem Zeitpunkt vorliegt. Dies entspricht ebenfalls den Ergebnissen von Schmeling *et al.* [99], welche den Zyklus durch das Auflösen der LSC an der rechten Seite gefolgt von der Neubildung einer LSC an der linken Seite beschreiben.

Ähnliche Wechsel zwischen Zuständen verschiedener LSC-Anzahlen mit unterschiedlichen Haltezeiten wurden ebenfalls von Xie *et al.* [141] in einer ringförmigen RBC-Zelle untersucht. Für diese ringförmige Strömung traten die Zustandswechsel im Übergangsbereich zwischen den jeweiligen stabilen Zuständen im Kennzahl-Parameterraum auf. Die hier untersuchte Strömung kann, wie es zum Beispiel bei Niehaus *et al.* [73] und Schmeling *et al.* [99] gezeigt wird, zwar ebenfalls stabile 3- und 4-LSC-Zustände ausbilden, jedoch ist eine wohldefinierte Zustandsgrenze im Parameterraum der dimensionslosen Kennzahlen zur Unterstützung dieser Analogie nicht bekannt.

Da also zu wenige Informationen vorliegen, um die Ursache der Rekonfigurationen über den Kennzahl-Parameterraum zu erklären, wird nachfolgend auf das Verhalten der Strömung selbst zurückgegriffen. Diesbezüglich korrespondieren die in den quasistabilen Intervallen langsam steigenden $|A_3|$ und $|A_5|$ mit dem Konzept eines Akkumulationsmechanismus, der den Untersuchungen von Sugiyama *et al.* [115] und Wang *et al.* [127] als Modellvorstellung dient. Dieses Konzept umfasst, dass bestimmte Strömungsstrukturen zum Beispiel Wärme oder Impuls anhäufen, bis ein Grenzwert überschritten wird und diese Akkumulationen in Form eines Rekonfigurationsereignisses entladen werden. Die Vereinbarkeit der Temperaturmessungen mit diesem Konzept deutet auf eine entsprechende Analogie zur RBC hin, weshalb es in Kapitel 4.2.2 noch weiter untersucht wird.

FALL $\mathcal{C}$

Abbildung 4.5 stellt für den Fall $\mathcal{C}$ die Zeitverläufe der Amplituden A_n mit $n \in \{7;8;9\}$ dar. Im Gegensatz zu Fall $\mathcal{S}$ weist keine der Amplituden A_n Zeitintervalle mit konstanten Verläufen auf und es treten regelmäßig Wechsel zwischen steigendem und fallendem Verhalten sowie Vorzeichenwechsel auf. Entsprechend reflektieren diese Amplitudenparameter eine kontinuierliche Dynamik mit einer mittleren Periodendauer von $t_{\mathcal{C}} \approx 215\,\text{s}$.

Weiterhin wird der initiale Schätzwert $w_{\mathcal{C}} = 8$ für die LSC-Anzahl bestätigt, da der Amplitudenparameter A_8 die größten Beträge und Ausschläge aufweist. Aus diesem Grund kann der 8-LSC-Zustand als Grundzustand für diese Konfiguration angenommen werden.

Der Verlauf des Fitparameters A_8 beinhaltet auch weitere Informationen über die Dynamik dieses Rekonfigurationstyps. Im Vergleich zum Fall $\mathcal{S}$ sind die gemessenen Temperaturamplituden der Rekonfigurationen hier nur etwa halb so groß. Da beide Fälle eine ähnliche Ra aufweisen und somit das Potential für ähnlich starke turbulente Schwankungen der Temperaturen besteht, bedeutet dies auch, dass turbulente Schwankungen für Fall $\mathcal{C}$ einen größeren Anteil an der Dynamik der dargestellten Amplituden-Zeitverläufe haben. In der Folge erscheint die Dynamik für diesen Fall chaotischer. Dennoch offenbaren die Graphen die folgende Systematik: Die Zeitabschnitte um den Nulldurchgang von A_8 hin zu positiven Werten wird in der Regel von positiven A_9 bestimmt. Die entgegengesetzten Vorzeichenwechsel von A_8 werden jedoch von einem positiven A_7 dominiert.

Übersetzt auf die Ausprägung der LSCs bedeutet das, dass sich ein 8-LSC-Zustand mit kalten Bereichen an den Seitenwänden in einen umgekehrte 8-LSC-Zustand transformiert, indem sich eine neue LSC an der linken Seite

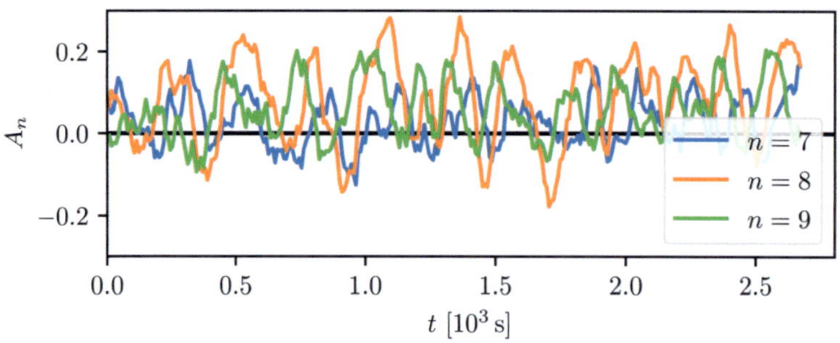

Abbildung 4.5: Zeitverlauf der Kosinus-Amplituden A_n für den Fall $\mathcal{C}$.

bildet bevor sich die LSC an der rechten Seite auflöst. Bei der Rücktransformation, findet jedoch die LSC-Auflösung an der rechten Seite vor der Neubildung links statt.

Des Weiteren zeigt die Darstellung, dass die Fitparameter A_n für den Fall $\mathcal{C}$ eher zu positiven Werten tendieren, während Ausschläge mit unterschiedlichen Vorzeichen von A_3 und A_4 für den Fall $\mathcal{S}$ fast symmetrisch sind und sich dafür vor allem in den Verweilzeiten unterscheiden. Der Fakt, dass sich der Bias für einen bestimmten Zustand in den Fällen unterschiedlich manifestiert, zeigt, dass die Rekonfigurationen durch unterschiedliche Kräfte angetrieben werden. Auf Grund der niedrigeren Ri von Fall $\mathcal{C}$, ist es naheliegend, dass die in diesem Fall beobachteten Rekonfigurationen durch die erzwungene Konvektion angetrieben werden. Dieser Aspekt wird anhand der Geschwindigkeitsfelder in Kapitel 4.2.3 weiter untersucht.

Um auch für diesen Fall analog zum Vorgehen für Fall $\mathcal{S}$ zu untersuchen, ob die Rekonfigurationen eine zeitlich konsistente Trajektorie aufweisen, wird in Abbildung 4.6 die Übertragung der Messwerte in den A_n-Phasenraum dargestellt. Der Pfeil symbolisiert dabei wieder die zeitliche Entwicklung und die grau dargestellten Projektionen auf die verschiedenen Koordinatenebenen verdeutlichen die Lage der Punkte im Raum.

Dass die Punkte in den Projektionen lediglich Punktwolken ohne besondere Formen darstellen, bestätigt noch einmal den größeren Einfluss zufälliger Schwankungen, was gleichbedeutend mit einer weniger konsistenten Dynamik als in Fall $\mathcal{S}$ ist. Dennoch ist in der dreidimensionalen Darstellung mit Verbindungslinien zwischen den Punkten ein prävalenter Orbit als Trajektorie im Phasenraum erkennbar. Anders als die in Abbildung 4.4 gezeigte Trajektorie für den Fall $\mathcal{S}$ ist dieser zu allen Koordinatenebenen geneigt, da sowohl A_7 als auch A_9 eine Rolle im Rekonfigurationsprozess spielen.

Trotz der Unterschiede hinsichtlich der Triebkräfte der Rekonfigurationen tritt in beiden Fällen eine Translation der Strukturen im Temperaturfeld zusammen mit der daraus implizierten Auflösung und Neubildung von LSC an den Seitenwänden auf (vgl. Schmeling *et al.* [99]). Inwiefern sich diese Modellvorstellung auf die Geschwindigkeitsfelder übertragen lässt, wird in den nächsten Kapiteln untersucht.

4.2 DYNAMIK DER GROSSSKALIGEN STRUKTUREN IN SEITENWANDNÄHE

Aus den vorangegangenen temperaturbasierten Auswertungen ergibt sich die Fragestellung, wie sich die Strukturen in Falle einer Translationsbewegung an den Seitenwänden entwickeln. Deshalb wird in diesem Kapitel die Strömung in einem Messbereich in der Nähe der Seitenwand untersucht. Dazu wurde

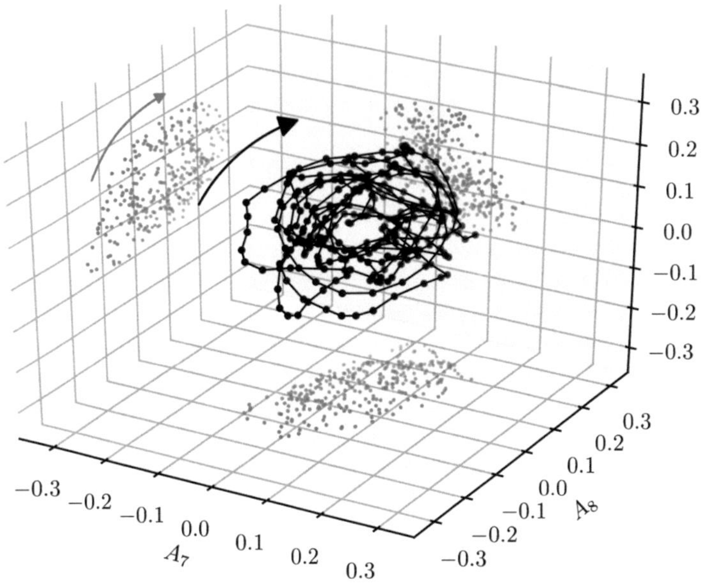

Abbildung 4.6: Trajektorie der Rekonfigurationen im Phasenraum der gefitteten Amplituden A_n für den Fall $\mathcal{C}$. Die dargestellten Punkte sind gleitende Mittelwerte einer Spanne von 3 Zeitschritten.

der in Kapitel 4.2.1 vorgestellte tomografische PIV-Messaufbau verwendet. Des Weiteren wird in diesem Unterkapitel das Verfahren zum Start von Messungen basierend auf einem strömungsintrinsischen Auslöser beschrieben, welches zur Erfassung von spontan eintretenden Ereignissen im Fall $\mathcal{S}$ genutzt wurde. Die damit akquirierten Geschwindigkeitsfelder werden in den Kapiteln 4.2.2 und 4.2.3 hinsichtlich der fallspezifischen Rekonfigurationsprozesse untersucht. Abschließend werden in Kapitel 4.2.4 die Unsicherheiten der verwendeten Messtechnik abgeschätzt.

4.2.1 *Tomografische PIV mit strömungsintrinsischem Trigger*

MESSAUFBAU Abbildung 4.7 zeigt das Schema des für die in diesem Kapitel vorgestellten Messungen verwendeten Messaufbaus. Bei den tomografischen PIV-Messungen wurden HFSB als Impfpartikel genutzt, welche durch eine Lichtquelle (A), bestehend aus einer 15 × 15 Weißlicht-LED-Anordnung [60],

	X [mm]	Y [mm]	Z [mm]
Kamera 1	0	-1800	500
Kamera 2	875	-1800	500
Kamera 3	875	-1800	0
Kamera 4	0	-1800	0

Tabelle 4.2: Physische Positionen der Kameras für die tomografischen PIV Messungen bezogen auf den Ursprung in der Ecke vorne links unten (siehe Abbildung 4.7).

beleuchtet wurden. Die beleuchteten Partikel wurden vom Kamerasystem (B) erfasst. Dieses Kamerasystem setzte sich aus vier pco.edge 5.5 CMOS Kameras mit Zeiss Planar T* 50 mm $f/1.4$ Objektiven zusammen. Diese wurden mit einem Scheimpflugadapter montiert und bei offener Blende auf die mittlere Zelltiefe fokussiert. Bei den Messungen kamen Blendeneinstellungen von $f/4.8$ für den Fall $\mathcal{S}$ und $f/5.6$ für den Fall $\mathcal{C}$ zum Einsatz.

Mit den in Tabelle 4.2 aufgeführten Kamerapositionen konnte die komplette Zelltiefe und -höhe auf einer Länge von $0 \leq X \leq 600$ mm als Messvolumen erfasst werden.

Um die wesentlichen Strukturänderungen zeitlich aufzulösen, wurden Doppelbilder mit einer Frequenz von 0,91 Hz für den Fall $\mathcal{S}$ und 3,65 Hz für den Fall $\mathcal{C}$ aufgenommen. Der Zeitversatz zwischen den Doppelbildern betrug dabei 12 ms ($\mathcal{S}$) und 10 ms ($\mathcal{C}$).

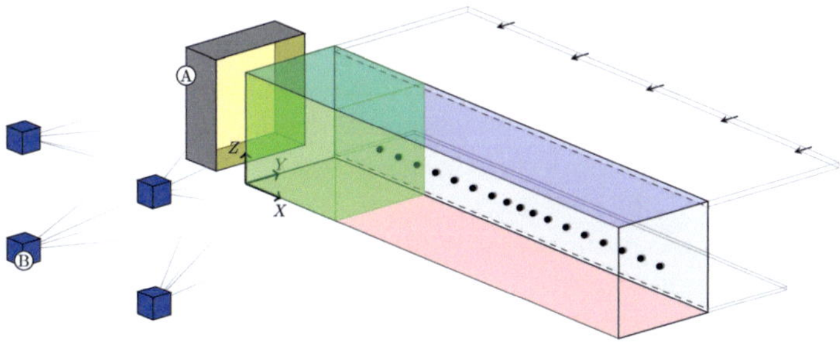

Abbildung 4.7: Skizze des tomografischen PIV-Messaufbaus mit LED-Illumination (A) und einem Kamerasystem (B) bestehend aus vier Kameras. Das Messvolumen ist grün markiert.

Bei der Auswertung der Partikelbilder wurde auf die in Kapitel 3.2.1.2 vorgestellten Verfahren inklusive der Volumenselbstkalibrierung und des iterativen Mehrgitterverfahrens zurückgegriffen. Die finale Auswertefenstergröße lag dabei jeweils bei $40 \times 40 \times 40\,\text{mm}^3$ mit einer Voxelgröße von $0{,}5 \times 0{,}5 \times 0{,}5\,\text{mm}^3$. Mit einer Überlappung von 50 % betrug die Gitterweite entsprechend 20 mm in allen Koordinatenrichtungen.

Die resultierenden Geschwindigkeitsfelder wurden anschließend auf Ausreißer untersucht. Zunächst wurden dabei alle Geschwindigkeitsvektoren mit einer unphysikalisch hohen Magnitude von $|\boldsymbol{u}| \geq 1{,}6\, v_{in}$ oder einem geringen Korrelationskoeffizienten $r_{3D} < 0{,}2$ aus dem letzten 3D-Kreuzkorrelationsschritt als Ausreißer markiert. In einem zweiten Schritt wurden zusätzlich weitere Vektoren anhand einer dreidimensionalen Implementierung der universellen Ausreißererkennung von Westerweel und Scarano [129] markiert.

Um durch lückenfreie Daten die spätere POD-Analyse zu ermöglichen, wurden die ca. 10 % der Vektoren, die auf diese Weise als Ausreißer markiert worden, durch die Interpolationen valider benachbarter Vektoren ersetzt.

STRÖMUNGSINTRINSISCHES AUSLÖSEVERFAHREN

Der folgende Abschnitt basiert auf dem Zeitschriftenbeitrag "*A flow-intrinsic trigger for capturing reconfigurations in buoyancy-driven flows in automated PIV*" von Mommert *et al.* [69].

Die in dieser Arbeit untersuchten seltenen Strömungsrekonfigurationen treten, wie in Kapitel 1.3 vorgestellt, nicht nur in Mischkonvektion, sondern auch in RBC auf. Ähnlich wie beim vorliegenden Rekonfigurationstyp $\mathcal{S}$ existieren auch für RBC Rekonfigurationsereignisse, die stochastisch auftreten [18] und deren mittlere Häufigkeit von den Strömungsparametern und der Versuchsgeometrie abhängt [7].

Die sich daraus ergebende Eigenschaftskombination aus Unregelmäßigkeit und Seltenheit stellt eine Herausforderung an die verwendete Messtechnik dar, da die Ereignisse detektiert und die Messungen ausgelöst werden müssen, ohne die Strömung zu stark zu stören. Aus diesem Grund ist es üblicherweise nicht möglich zur Untersuchung von Rekonfigurationsereignissen auf Geschwindigkeitsfelder zurückzugreifen.

In der vorliegenden Arbeit wurde die Aufnahme von Geschwindigkeitsfeldern konkret dadurch erschwert, dass die Zeitspannen zwischen Rekonfigurationsereignissen um Größenordnungen länger sind als die Zeitskalen der rekonfigurationsrelevanten Strömungsstrukturen. Beispielsweise beläuft sich die Zeitdauer zwischen zwei Ereignissen der im Kapitel 4.2.2 untersuchten Konfiguration auf (140 ± 70) min, während die Dauer eines Ereignisses (66 ± 9) min und die des Konvektionsrollenumlaufs einige Sekunden beträgt.

Das heißt, dass der benötigte Speicherplatz für Rohbilder von PIV-Langzeitmessungen die für derartige Kamerasysteme üblichen Speicherbegrenzungen von mehreren Terabyte überschreitet. Gleiches gilt für den Berechnungsaufwand beim Einsatz volumetrischer PIV-Verfahren. Deshalb ist es nötig, einen Messauslöser zu definieren und einzusetzen, um die Messzeit möglichst auf die Dauer eines Ereignisses zu begrenzen. Das Prinzip des benötigten strömungsintrinsischen Messauslösers wird von Adrian und Westerweel [2, S. 6] beschrieben und zum Beispiel von Woisetschläger *et al.* [137] angewandt.

Es ist naheliegend einen solchen Messauslöser als „bedingten Stopp" [2, S. 176] in Kombination mit einem Ringspeicher für die Rohbilder anzuwenden. Ähnlich zu Hochgeschwindigkeitsmessungen würden dann permanent PIV-Aufnahmen erzeugt und in einem Ringspeicher abgelegt bis ein Event abgeschlossen ist.

Da es sich im vorliegenden Fall nicht um eine Hochgeschwindigkeitsmessung handelt, verhindert die Komplikation der sich auf der Heizplatte niederschlagenden Impfpartikel eine Messung mit „bedingten Stopp". Der Grund dafür ist, dass die untersuchte Mischkonvektionsströmung erfordert, dass kontinuierlich neue Impfpartikel in die Strömung eingebracht werden, welche sich bei einer permanenten Messung auch kontinuierlich auf der beheizten Bodenplatte absetzen würden. Bei den hier verwendeten HFSB ist die Ursache des Niederschlags, dass ein Teil der Seifenblasen platzt, bevor sie die Zelle wieder verlassen. Schlussendlich führt dieser Niederschlag dazu, dass sich ein Seifenfilm auf der beheizten Bodenplatte aufbaut. In Vorversuchen wurde festgestellt, dass der nach mehreren Stunden Messzeit vorhandene, ungleichmäßig verteilte Film die Randbedingungen dahingehend verändert, dass keine Rekonfigurationsereignisse mehr auftreten.

Entsprechend ist für die Untersuchung der Rekonfigurationsereignisse ein Auslöseverfahren mit „bedingtem Start" und anschließender fester Messdauer nötig, bei dem neben Beleuchtung und Kameras auch die Erzeugung der Impfpartikel automatisiert gestartet werden kann.

Abbildung 4.8 zeigt die Umsetzung dieses Auslöseverfahrens am vorliegenden Versuchsaufbau als Blockschema. Die Grundlage für die Auslösebedingung stellen dokumentierten Temperaturmessungen (orange) anhand der in Kapitel 3.1.2 beschriebenen Methode dar. Dass Strömungsrekonfigurationen auf diese Weise als Änderungen im Temperaturfeld nachvollzogen werden können, zeigen unter anderem die Untersuchungen von Brown und Ahlers [18] und Schmeling *et al.* [99]. Die Temperaturmessungen werden dafür zusammen mit den Volumenstrommessungen auf dem Computer zur Steuerung des Experiments (orange, rechts) geloggt. Gleichzeitig werden die Temperaturmessungen dort zusätzlich hinsichtlich eines Auslösekriteriums (s.u.) ausgewertet.

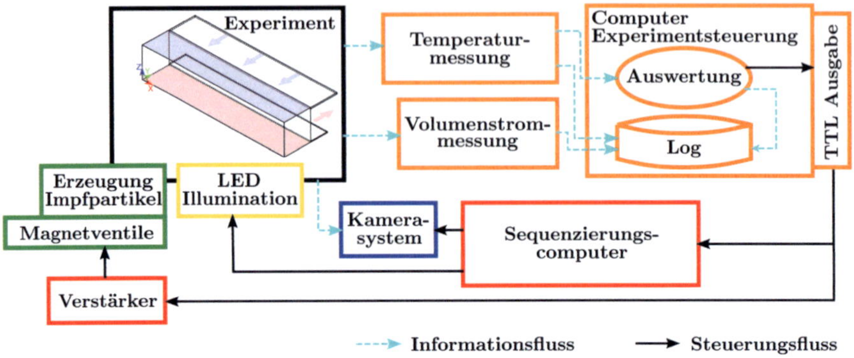

Abbildung 4.8: Blockschema der Informations- und Steuerungsflüsse für einen Versuch mit bedingten Messstart.

Ist dieses Kriterium erfüllt, wird ein Transistor-Transistor-Logik (TTL)-Signal vom Steuerungsrechner ausgegeben, welches die PIV-Systeme aktiviert. Diese umfassen den Sequenzer (rot), welcher die Beleuchtung (gelb) und Kameras (blau) steuert, und die Erzeugung von Impfpartikeln (grün), für die das Auslösesignal anhand von einem Signalverstärker (rot, links) und Magnetventilen (grün) verarbeitet wird. PIV-Systeme mit vergleichbaren Automatisierungen werden zum Beispiel auch bei Michaux *et al.* [65] für roboterunterstützte Windkanalmessungen oder bei Augustsson *et al.* [8] für mikrofluidische Anwendungen eingesetzt.

Als eine mögliche Auslösebedingung kommt im vorliegenden Fall der Vergleich einzelner lokaler Temperaturwerte miteinander oder mit festgelegten Konstanten in Frage. Die dafür geeigneten Sensorzeitreihen wurden anhand von Vorversuchen ausgewählt. Um die Auswahl für die hier untersuchte Strömung zu erläutern, werden ausgewählte Sensorzeitreihen in Abbildung 4.9 dargestellt.

Das Diagramm zeigt einen Zeitabschnitt, der ca. 62×10^3 s umfasst und 3 Rekonfigurationsereignisse beinhaltet. Zunächst kann an ihnen beobachtet werden, dass die Ereignisse, wie auch in Kapitel 4.1.2 gezeigt, einen ähnlichen Ablauf aufweisen. Der Beginn der Ereignisse ist vor allem durch einen Anstieg der Temperatur bei $X = 0{,}425\,L$ und einem gleichzeitigem Abfall bei $X = 0{,}275\,L$ geprägt. Deshalb wurde der Schnittpunkt dieser beiden Zeitreihen als Auslösebedingung genutzt. Mit den vorhandenen zeitlich diskreten Messungen, wurden die Ungleichungen 4.3 als logische Aussage konstruiert, welche für das Auslösen der Messung erfüllt werden muss. Dabei bezeichnen

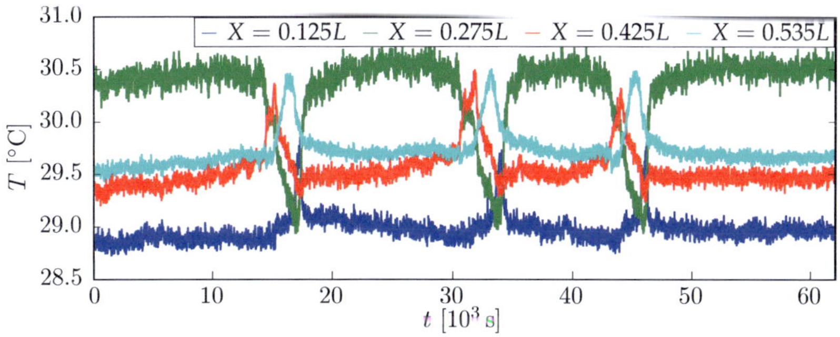

Abbildung 4.9: Temperaturzeitreihen ausgewählter Sensoren für seltene Rekonfigurationsereignisse.

T_t die jüngsten zur Verfügung stehenden Messwerte und $T_{t-\Delta t}$ die jeweils vorausgehenden Werte.

$$\begin{aligned} &\left(T_{t-\Delta t}(X = 0{,}425\,L) < T_{t-\Delta t}(X = 0{,}275\,L)\right) \text{ und} \\ &\quad \left(T_t(X = 0{,}425\,L) \geq T_t(X = 0{,}275\,L)\right) \end{aligned} \tag{4.3}$$

Anhand Abbildung 4.9 lässt sich auch der Kompromiss erläutern, den die oben beschriebene Bedingung darstellt. So würde beispielsweise die Nutzung des Schnittpunktes zwischen den Sensoren $X = 0{,}425\,L$ und $X = 0{,}535\,L$ einen früheren Auslöser und somit eine größere Messabdeckung des Ereignisses ermöglichen. Allerdings sind die Temperaturen an den beiden Stellen im Intervall zwischen den Ereignissen so ähnlich, dass auf Grund der turbulenten Temperaturschwankungen ein verfrühtes Auslösen wahrscheinlich wäre.

4.2.2 *Fall $\mathcal{S}$: Klappmechanismus der LSC*

Der folgende Abschnitt basiert auf dem Zeitschriftenbeitrag "*Reversals of coherent structures in turbulent mixed convection*" von Mommert *et al.* [70].

Zur Akquise der in diesem Kapitel analysierten Geschwindigkeitsfelder wurde das strömungsintrinsische Messauslöseverfahren aus Kapitel 4.2.1 mit der auf ausgewählten Rückwandtemperaturen basierenden Bedingung 4.3 angewendet. Die auswertbare Zeitspanne wurde dabei zusätzlich durch die Verzögerung, die für das Erreichen eine hinreichende Impfpartikeldichte nötig war, begrenzt. Um dies zu verdeutlichen, sind der Auslösezeitpunkt (gelber

Kreis) und die Messzeitspanne (blauer Balken) zusammen mit dem Zeitverlauf der für den Trigger relevanten Temperaturen in Abbildung 4.10 a) dargestellt. Um den Bezug zu den Ergebnissen aus dem Kapitel 4.1 herzustellen, wird in diesem Teil der Abbildung auch die Differenz zwischen den Amplitudenbeträgen $|A_3| - |A_4|$ farbcodiert in Abhängigkeit von der Zeit dargestellt. Die Differenz zeigt durch negative bzw. positive Werte an, zu welchen Zeiten die Temperaturdaten eine 3- bzw. 4-LSC-Struktur anzeigen.

Für ausgewählte Zeitpunkte (I-VI) dieser Zeitreihe werden in Abbildung 4.10 b) Strömungsvisualisierungen dargestellt, anhand derer die Entwicklung der Strömungsstrukturen nachvollzogen werden kann. Sie bestehen aus Geschwindigkeitsvektoren kurzzeitgemittelter (über ca. 10 s) Felder in 3 Querschnitten und Stromlinien in den Bereichen relativ niedriger Geschwindigkeiten ($\|\boldsymbol{u}\|/v_{\text{in}} < 0{,}2$). Beide Visualisierungselemente sind zusätzlich farbcodiert. Für die Vektoren wird dadurch ihre Magnitude quantifiziert, während für die Stromlinien die Y-Koordinate dargestellt wird, um die Lage der Konvektionsrolle nachvollziehen zu können.

Nach dem im Abbildungsteil a) dargestellten Verlauf von $|A_3| - |A_4|$ stellt der erste dargestellte Zustand (I) den Übergang von einem 3-LSC-Zustand mit einem kalten Bereich an der linken Seitenwand zu einem 4-LSC-Zustand mit einer „warmen rechten Seitenwand" dar. Zu diesem Zeitpunkt bilden die Stromlinien eine einzelne Konvektionsrolle, deren Kern diagonal ausgerichtet ist. Im Speziellen ist der Rollenkern zu diesem Zeitpunkt auf der linken Seite nach vorne oben verschoben und auf der rechten Seite der Domäne nach hinten unten. Daher kann dieser Zustand bereits dem einsetzenden 4-LSC-Zustand zugeordnet werden, da die Zustände zu den Zeiten II und III ausgeprägtere Versionen dieser diagonalen Rollenkernausrichtung darstellen.

Zum Zeitpunkt II können ebenfalls die ersten Anzeichen für die Bildung einer Sekundärstruktur beobachtet werden: Bei $X \approx L/8$ zweigt ein weiterer Rollenkern an der Hinterseite der Hauptkonvektionsrolle ab und erstreckt sich von dort ebenfalls in Richtung linker Seitenwand, wo er sich jedoch Y-parallel ausrichtet. Diese Formation hält über das gesamte Intervall der Dominanz von $|A_4|$ an und entsprechend zeigt auch der Zustand zum Zeitpunkt III diese Struktur.

Zum Zeitpunkt IV, welcher das Einsetzen der $|A_3|$-Dominanz markiert, löst sich die Sekundärstruktur auf. Außerdem reduziert sich die diagonale Auslenkung der Hauptkonvektionsrolle, so dass sie als zentral und gerade angesehen werden kann. Mit dem erneuten Dominieren von $|A_4|$ ab dem Zeitpunkt V richtet sich die Hauptkonvektionsrolle entlang der entgegengesetzten Diagonale (links hinten nach rechts oben vorne) und bildet ebenfalls einen sekundären Rollenzweig aus. Bei dieser Ausrichtung zweigt die Sekundär-

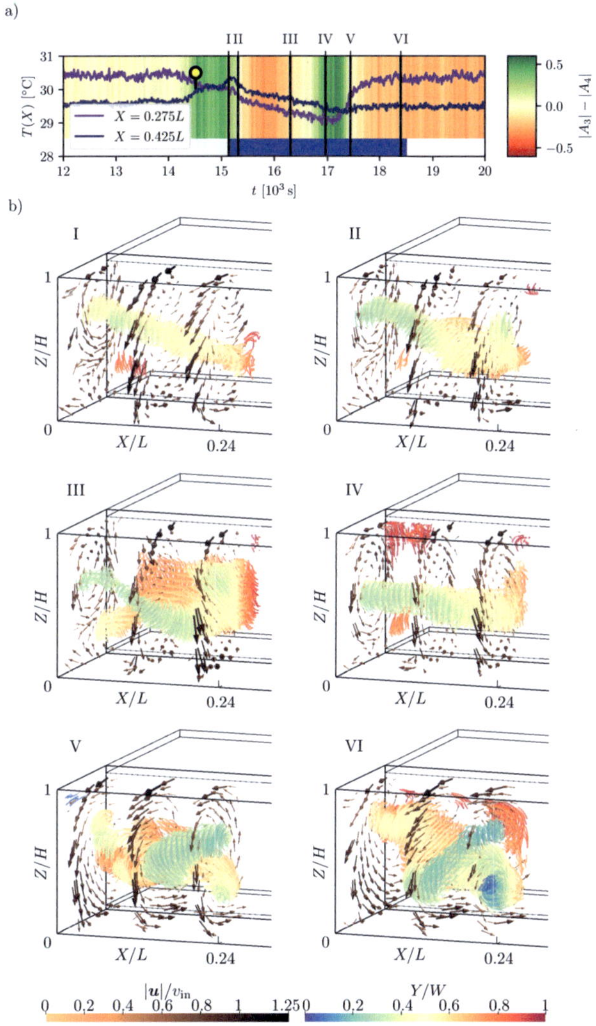

Abbildung 4.10: a) Zeitreihen der ausgewählter Temperaturwerte sowie der Differenz $|A_3| - |A_4|$ der in Kapitel 4.1.2 eingeführten Amplitudenparameter für den Verlauf eines Rekonfigurationsereignisses. Die auswertbare PIV-Zeitspanne ist mit einem blauen Balken markiert. b) Geschwindigkeitsfelder für 6 Zeitpunkte, die in (a) markiert sind. Die Visualisierung umfasst jeweils Geschwindigkeitsvektoren in 3 Querschnitten und den Kern der Konvektionsrolle repräsentierende Stromlinien in Bereichen mit $\|\boldsymbol{u}\|/v_{\text{in}} < 0{,}2$. Die Visualisierungen basieren kurzzeitgemittelten Feldern mit einem Mittelungsintervall von 10 s.

struktur ebenfalls bei $X \approx L/8$ auf der Hinterseite der Hauptkonvektionsrolle ab und erstreckt sich bis $X \approx L/4$, was der Position des warmen Bereichs, gemessen an der Rückwand, entspricht. Dort richtet sich die Sekundärstruktur wiederum Y-parallel aus. Der Zustand zum Zeitpunkt VI zeigt, dass diese Anordnung der Strukturen im 4-LSC-Zustand für den Rest der Messdauer anhält.

Insbesondere das Auftreten eines sekundären Rollenzweigs wirft Fragen hinsichtlich des Einflusses einer solchen Struktur auf die Rekonfigurationsereignisse, ähnlich wie die Eckzirkulationen in RBC [111, 115], auf. Für Mischkonvektionsströmungen haben Kühn *et al.* [60] bereits Y-parallele Wirbelstrukturen beschrieben, die paarweise auftraten und ansonsten ähnlich zu den hier gezeigten Sekundärstrukturen positioniert waren. Daher wird als Extrapolation für die übrige Zelle außerhalb der PIV-Domäne angenommen, dass sich die beobachteten Strukturen jeweils als Spiegelungen an den Ebenen $X = L/4$, $X = L/2$ und $X = 3L/4$ aneinanderreihen.

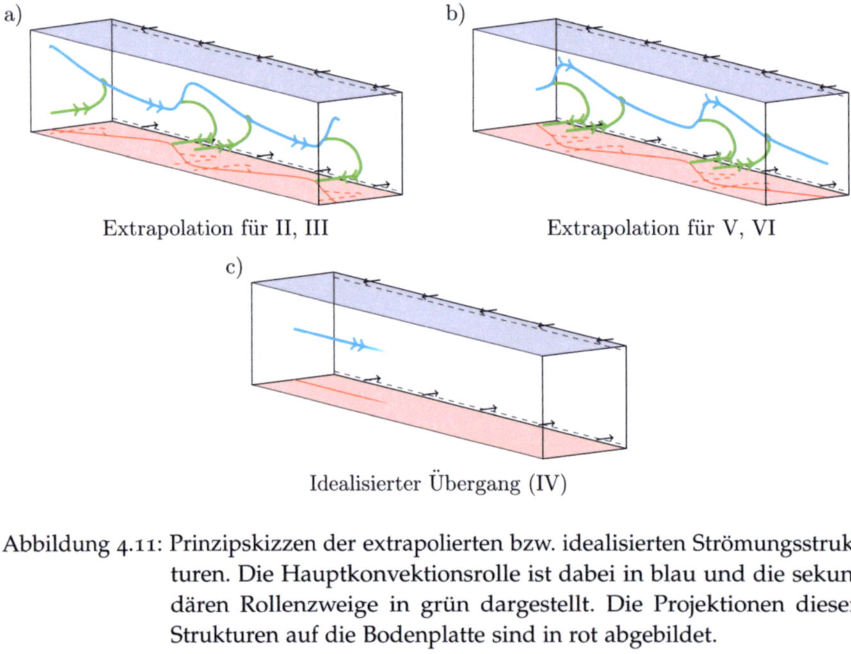

Abbildung 4.11: Prinzipskizzen der extrapolierten bzw. idealisierten Strömungsstrukturen. Die Hauptkonvektionsrolle ist dabei in blau und die sekundären Rollenzweige in grün dargestellt. Die Projektionen dieser Strukturen auf die Bodenplatte sind in rot abgebildet.

Die sich daraus ergebenden Extrapolationen werden als Prinzipskizzen in Abbildung 4.11 dargestellt. Sie zeigen die vereinfachten Ausprägungen der Hauptkonvektionsrolle (blau) sowie der sekundären Rollenzweige als Idealisierung bzw. Extrapolation auf die gesamte Zelle. Die sich dabei ergebende

Zickzack-Form der Hauptkonvektionsrolle mit Auslenkungen in Höhen- und Tiefenrichtung, sowie der paarweise Zusammenschluss der Rollenzweige stimmen außerdem mit dem Ergebnis direkter numerischer Simulationen dieser Strömung bei ähnlichen Kennzahlen von Wetzel [133, S. 103] überein. Hinsichtlich der Dynamik während der Rekonfigurationen verdeutlicht die Darstellung des idealisierten Übergangs, dass sich die beobachteten Rollenzweige als Sekundärstrukturen auflösen. Dies widerspricht einer möglichen Analogie dieser Sekundärstrukturen zu den Eckzirkulationen in quasi-zweidimensionaler RBC, da die Rollenzweige in diesem Fall die Hauptkonvektionsrolle verdrängen müssten.

Um die Informationen aus den Temperaturmessungen mit in die Analyse einzubeziehen, werden nachfolgend die Beobachtungen im Geschwindigkeitsfeld noch einmal in Relation zu den Kosinus-Amplituden A_n gesetzt. Anhand der Temperaturanalyse war zu erwarten, dass sich die diagonalen Rollensegmente während der $|A_3|$-Dominanz strecken, um den Raum entlang der X-Richtung zu füllen. Unter dieser Annahme würden die Sekundärstrukturen über den Verlauf der Rekonfigurationen bestehen bleiben und sich so wie die warmen Bereiche im Temperaturfeld bewegen, siehe Abbildung 4.2. Jedoch zeigen die während der $|A_3|$-Dominanz beobachteten Strömungsfelder keine signifikante diagonale Auslenkung und keine sekundären Rollenzweige (siehe Zustand IV). Während eine Translationsbewegung der Strukturen für zentralere X-Position denkbar bleibt, widersprechen die Beobachtungen im linken Teil der Zelle dieser Modellvorstellung auf Grund der ausbleibenden Translation der Sekundärstruktur jedoch deutlich. Vielmehr kann die Dynamik der linken Rollensegments als ein Umklappen dieser LSC um einen Drehpunkt bei $X \approx L/8$ beschrieben werden.

Um den scheinbaren Widerspruch zwischen den Modellvorstellungen von der Translation und vom Klappen zu erklären, erfolgt eine genauere Betrachtung des Geschwindigkeitsfeldes. Diese zeigt, dass das Temperatursensorarray durch seine Positionierung offenbar auch den Temperatureinfluss lokaler Strömungsstrukturen, die ebenfalls eine Verschiebung zeigen, während der Rekonfigurationsereignisse erfasst. Einen Überblick über diese Untersuchungen liefert Abbildung 4.12.

In Teil a) der Abbildung ist das erweiterte Wirbelsystem aus Abbildung 4.11 a) für den untersuchten Teil der Konvektionszelle dargestellt. Wie in Abbildung 4.11 sind auch hier die Hauptkonvektionsrolle und der sekundäre Rollenzweig in blau und grün abgebildet. Von besonderem Interesse sind hier jedoch Plumes, welche aus dem unteren Vorderkantenwirbel (braun) entspringen. Um die Mechanismen während eines Rekonfigurationsereignisses zu untersuchen, wird die X-Geschwindigkeitskomponente im

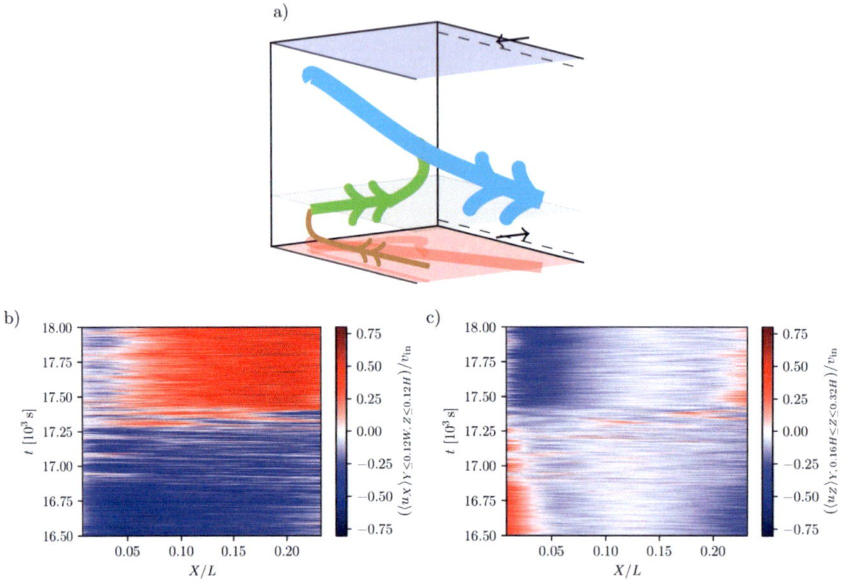

Abbildung 4.12: a) Wirbelsystem in der PIV-Domäne, dargestellt durch Drehimpulspfeile. Blau: Hauptkonvektionsrolle. Grün: Sekundärer Rollenzweig. Braun: Wirbel der unteren Vorderkante. Grau: Kontrollregion zur Analyse von Plumeereignissen. b) Zeitabwicklung der X-Geschwindigkeitskomponente, gemittelt in der Region des unteren Vorderkantenwirbels. c) Zeitabwicklung der Z-Geschwindigkeitskomponente, gemittelt in der grau markierten Kontrollregion.

Bereich des Vorderkantenwirbels ($Y \leq 0{,}12W; Z \leq 0{,}12H$) in Abbildung 4.12 b) in Abhängigkeit von X und t dargestellt. Äquivalent dazu zeigt Teil c) die räumlich gemittelte vertikale Geschwindigkeitskomponente im Bereich, der in Teil a) grau eingezeichnet ist ($0{,}16H \leq Z \leq 0{,}32H$). In Anbetracht der Längsströmung im Vorderkantenwirbel offenbart sich, dass diese Struktur Fluid in Richtung des sekundären Rollenzweigs transportiert. Jedoch ändert dieser Transportmechanismus seine Richtung während sich die Strömung rekonfiguriert ($17{,}0 \times 10^3 \leq t \leq 17{,}5 \times 10^3$). Ähnlich wie in zweidimensionaler RBC (s. Sugiyama *et al.* [115]) ist es nachliegend, dass sich Wärme von der Bodenplatte in dieser Wirbelstruktur akkumulieren kann. Durch die beschränkte Größe des Vorderkantenwirbels hat diese Struktur zudem kaum Möglichkeiten die Wärme an die Umgebung abzuführen. Entsprechend kommt der longitudinalen Konvektion eine entscheidende Rolle zu, was den Abtransport der akkumulierten Wärme betrifft. Offenbar tritt eine Rekonfiguration in Verbindung mit der Umkehr dieses longitudinalen Transports auf, welche wahrscheinlich durch Sättigungseffekte hervorgerufen wird. Gleichzeitig wird durch die Richtungsumkehr nicht mehr ausreichend Wärme abtransportiert, was zum Ausbrechen mehrerer Plumes aus diesem Wirbel führt. Diese Plumes stören die Hauptkonvektionsrolle und fördern so ihre Reorientierung (vgl. Huang und Xia [51]). Belege für derartige Plumeausbrüche liefert die räumlich gemittelte vertikale Geschwindigkeitskomponente (Abbildung 4.12 c)). In dieser Darstellung lassen sich die Spuren der Plumes räumlich und zeitlich genau dort erkennen, wenn sich nach Teil b) die longitudinale Transportrichtung im Vorderkantenwirbel umkehrt. Entsprechend ist die Translationsbewegung der Bereiche unterschiedlicher Rückwandtemperaturen in diesem Teil der Zelle mit lokalen Plumeeruptionsereignissen verbunden.

Gleichzeitig folgt die makroskopische Strömungsstruktur jedoch bestimmten Optimierungsprinzipien. So stellen die beiden diagonalen Ausrichtungen der beobachteten linken LSC potentialminimale Strömungszustände dar, wie sie zum Beispiel auch von Bai *et al.* [9] für RBC beschrieben werden. Während der Reorientierungen zwischen den beiden diagonalen Ausrichtungen muss die entsprechende Potentialbarriere überwunden werden. Diese Barriere ist offensichtlich für die Umsetzung des Translationsmechanismus an der Seitenwand größer, da die Strömung dort den Klappmechanismus vollzieht. Eine denkbare Ursache für die höhere Potentialbarriere für die Translation ist zum Beispiel, dass bei diesem Mechanismus zeitweise sehr kurze diagonale Rollensegmente an den Seitenwänden auftreten würden, welche eine starke Ungleichverteilung der LSCs über die Länge der Zelle bedeuten.

Um einen besseren Einblick in die makroskopischen Prozesse hinter dem Klappen der Rollensegmente zu erhalten, werden die kohärenten Strukturen der Strömung untersucht. Zu diesem Zweck wurde eine POD der instantanen Geschwindigkeitsfelder durchgeführt. In Anlehnung an das Vorgehen von Podvin und Sergent [85] zeigt Abbildung 4.13 die Eigenwertverteilung der ersten 20 Moden (a) sowie die repräsentativen Strukturen (b) für die vier Moden mit den größten Eigenwerten. Zur Verdeutlichung der Strukturen wurden die Vektoren nach ihrer Y-Position eingefärbt. Weiterhin wurden Vektoren kleiner Magnituden ausgeblendet.

Das in Abbildung 4.13 b) dargestellte Vektorfeld für die erste POD-Mode ähnelt der longitudinalen Konvektionsrolle von rein erzwungener Konvektion, die von Kühn *et al.* [60] und Westhoff *et al.* [131] beschrieben wird. Entsprechend kann diese Mode als Repräsentation der Anteile der erzwungenen Konvektion an der untersuchten Mischkonvektionsströmung angesehen wer-

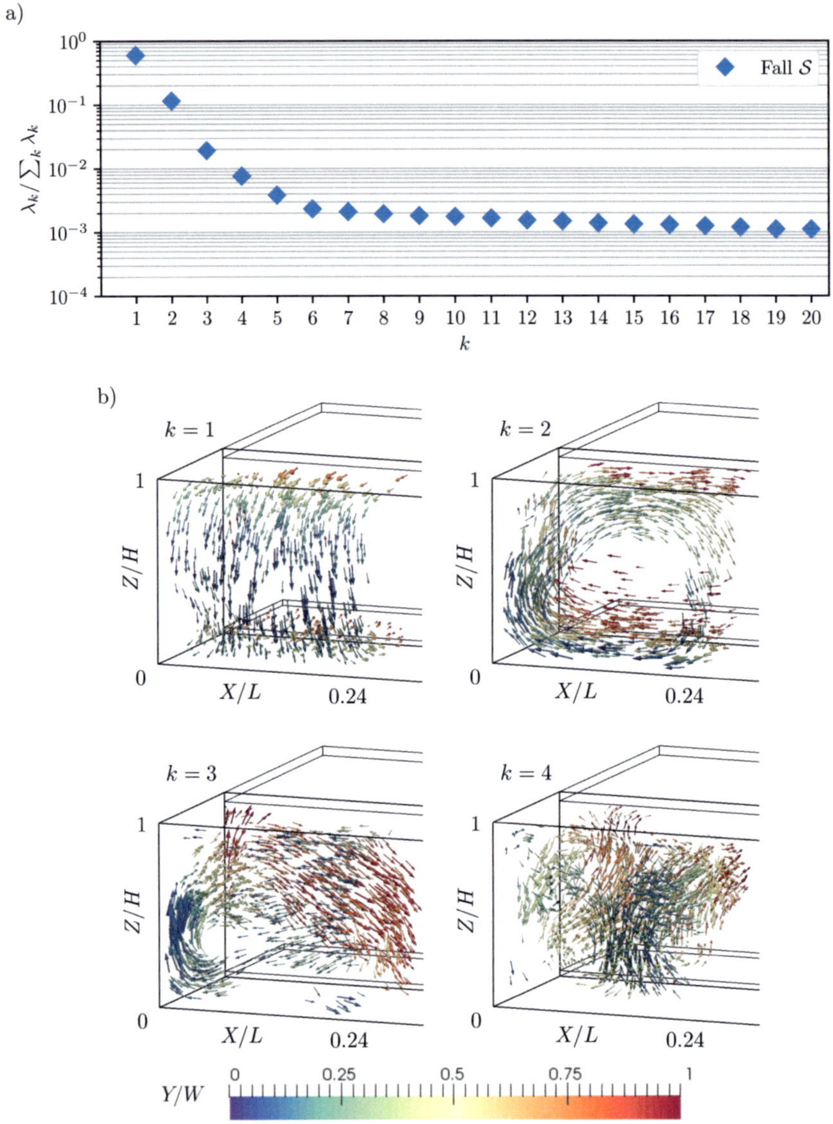

Abbildung 4.13: a) Eigenwertverteilung der POD für den Fall $\mathcal{S}$. b) Struktur der 4 stärksten Moden normalisiert mit der Wurzel des jeweiligen Eigenwerts. Die kleinsten Vektoren wurden ausgeblendet. Die Farbcodierung signalisiert die Tiefenkoordinate der Vektoren.

den. Obwohl die Richardson-Zahl $Ri = 3{,}7$ für diesen Fall impliziert, dass der Einfluss der thermischen Konvektion den der erzwungenen Konvektion überwiegt, gibt der Eigenwert der 1. Mode an, dass sie 60 % der kinetischen Energie abbildet. Trotzdem wird im Verlauf der Analyse gezeigt werden, dass die Dynamik der Strömung im Wesentlichen durch die zweite Mode, welche den Hauptbeitrag der thermischen Konvektion repräsentiert, bestimmt wird. Die Zuordnung dieser Mode zur thermischen Konvektion ist durch die Y-Ausrichtung des Drehimpulses ihrer in Abbildung 4.13 b) gezeigten großskaligen Struktur begründet. Diese Struktur ähnelt außerdem den LSCs, die Kaczorowski und Wagner [55] sowie Podvin und Sergent [84] für rein thermische Konvektion in Zellen mit den gleichen Aspektverhältnissen zeigen. Der Anteil der zweiten Mode an den Eigenwerten beträgt dabei 11,5 %. Da durch die beiden ersten Moden die wesentlichen Drehimpulsanteile in X- und Y-Richtung abgedeckt sind, können mit diesen Moden bereits verschiedene diagonale Ausrichtungen der Konvektionsrolle in der XY-Ebene rekonstruiert werden.

Die Strukturen der folgenden Moden 3 und 4 (s. Abbildung 4.13) stellen den Übergang von großskaligen Beiträgen zu eher lokalen Strukturen dar. Obwohl die Eigenwertanteile dieser Moden lediglich 2 % und 1 % betragen, kann ihr Einfluss auf den Rekonfigurationsprozess nicht vernachlässigt werden. So enthält die dritte Mode zum Beispiel nicht nur eine großskalige Zirkulation mit Z-Drehimpuls, sondern auch einen starken Beitrag zu einer vertikalen Strömung in der Nähe der linken senkrechten Vorderkante der Zelle. Mode 4 stellt mit einer Abwärtsströmung im vorderen Zellteil bei $X \approx 0{,}14L$ als stärksten Beitrag eine noch stärker lokalisierte Struktur dar.

Anhand dieser Ergebnisse kann man, was die Überlegung zur POD hinsichtlich der Abbildung von Translationsbewegungen betrifft, feststellen, dass diese Bewegungsform in diesem Fall nicht vorliegt. Bei einem dominanten Translationsprozess würden sonst die Eigenwerte mit zunehmender Modennummer deutlich langsamer fallen [20, S. 396-397]. Außerdem würden im Fall einer Translation die Moden 3 und 4 fouriermodenähnliche Strukturen mit einem Y-Drehimpuls abbilden, was in Abbildung 4.13 ebenfalls nicht gegeben ist.

Die weiteren Moden können für die Untersuchung der Dynamik großskaliger Strukturen vernachlässigt werden, da ihre Eigenwerte und damit Beiträge zur Strömung immer kleiner ($\lambda_k / \sum_k \lambda_k < 0{,}5\,\%$) werden. Gleichzeitig steigt auch das Rauschen zu höheren Moden hin an, da diese Moden ($k > 4$) zunehmend kleinere Strukturen repräsentieren und dabei sensitiver für das Messrauschen werden. Dieser Trend gilt ebenso für die 4 genauer untersuchten Moden.

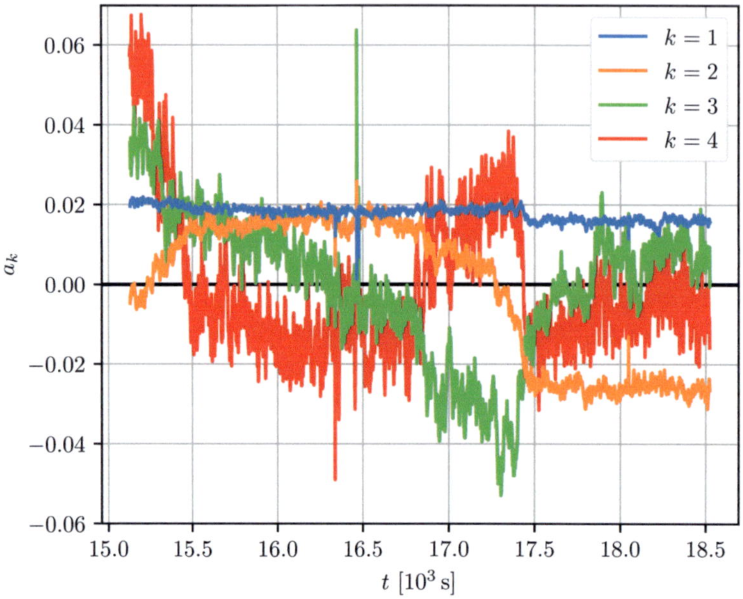

Abbildung 4.14: Zeitentwicklungskoeffizienten für die in Abbildung 4.13 dargestellten ersten vier POD-Moden.

Zur Untersuchung der Dynamik dieser 4 Moden ist der Verlauf ihrer Zeitentwicklungskoeffizienten a_k in Abbildung 4.14 abgebildet. Da das mit steigendem k zunehmende Rauschen bei keiner der dargestellten Zeitentwicklungen überwiegt, können sie wie folgt analysiert werden:

Der Koeffizient der ersten Mode bleibt konstant bis $t \approx 17{,}5 \times 10^3$ s und fällt dann von 0,020 auf 0,016. Dieser Abfall resultiert aus einem Artefakt in der räumlichen Struktur dieser Mode. Im Speziellen ist dies an der Abweichung von einer idealen Längsrolle in der Nähe der linken vertikalen Vorderkante (siehe $k = 1$ in Abbildung 4.13) erkennbar. Die Existenz dieses Artefakts kann dadurch begründet werden, dass die Eingabedaten der POD nicht den kompletten Rekonfigurationsablauf abbilden. Dadurch ist der Zustand mit dem warmen Bereich an der Seitenwand etwas häufiger in den Eingabedaten der POD vertreten, was letztlich zur Ausprägung des Artefakts und der Stufe in der Zeitentwicklung führt. Jedoch ist die Änderung dieses Koeffizienten a_1 klein im Vergleich zur Schwankungsbreite der übrigen Moden. So kann dennoch davon ausgegangen werden, dass die erste Mode den Beitrag zur

Strömung beschreibt, der während des Rekonfigurationsprozesses konstant bleibt.

Der Koeffizient von Mode 2 beginnt im Negativen und übersteigt Null bei $t \approx 15{,}2 \cdot 10^3$ s und steigt daraufhin bis auf 0,02. In diesem Bereich verbleibt der Koeffizient in der Zeitspanne $15{,}75 \cdot 10^3\,\mathrm{s} \leq t \leq 16{,}75 \cdot 10^3\,\mathrm{s}$ bis er zunehmend stark auf einen Wert von $-0{,}025$ sinkt und sich dort für den Rest der Messdauer stabilisiert. Dieser zweifache Vorzeichenwechsel von a_2 (bei $t \approx 15{,}2 \cdot 10^3$ s und $t \approx 17{,}3 \cdot 10^3$ s) bedeutet auf die Strömung bezogen, dass sich die thermisch induzierte kohärente Struktur während eines Rekonfigurationsereignisses zweimal umkehrt. Im Kontext der überlagerten Drehimpulse repräsentiert eine Umkehr der zweiten Mode außerdem die Änderungen der diagonalen Ausrichtung der Hauptkonvektionsrolle (vgl. Soucasse *et al.* [111] und Vasiliev *et al.* [125]).

Dadurch stellt sich die Frage, ob weitere Analogien zum Umkehrverhalten der durch Auftriebskräfte induzierten kohärenten Strukturen (Mode 2) zur RBC vorhanden sind:

Eine Ähnlichkeit zu den Auflösungsereignissen in zylindrischer RBC (Brown und Ahlers [18]) besteht darin, dass auch der Koeffizient der zweiten Mode bei den Vorzeichenwechseln jeweils auf null fällt, was bedeutet die Strukturanteile dieser Mode zu diesem Zeitpunkt nicht existieren. Als Ursache für Auflösungsereignisse wird, wie bei anderen Poisson-verteilt auftretenden Prozessen in kubischer RBC (Bai *et al.* [9]), das Überwinden der Potentialbarriere durch turbulente Schwankungen angegeben. Jedoch widerspricht die Einbeziehung der Moden 3 und 4 der Vorstellung von zufälligen turbulenten Schwankungen als mögliche Ursache für die Rekonfigurationsereignisse im vorliegenden Fall. Der Grund dafür ist, dass die Moden 3 und 4 erhöhte Beträge der Zeitentwicklungskoeffizienten während der Vorzeichenwechsel von Mode 2 und niedrigere Beträge, während Mode 2 konstante Niveaus hält, aufweisen. Das deutet darauf hin, dass ein Impulstransfer zwischen den kohärenten Strukturen von Mode 2 und den darauffolgenden Moden stattfindet. Entsprechend stellen die untersuchten Rekonfigurationen eher einen koordinierten Prozess dar als einen durch zufällige Fluktuationen getriebenen Mechanismus, insbesondere, weil diese Charakteristik bei beiden Nulldurchgängen der zweiten Mode beobachtet wurde.

Die weitere Analyse von Mode 3 in Abbildung 4.14 zeigt, dass sich diese Mode ähnlich wie eine Zeitableitung von Mode 2 verhält. Da Mode 3 durch ihren Z-Drehimpuls mit einer azimutalen Rotation assoziiert ist, stellt sich die Frage, ob ein entsprechender azimutaler Transport die Rekonfigurationen antreibt (vgl. Vasiliev *et al.* [125]). Das Vorzeichen der Koeffizienten a_3 sagt jedoch aus, dass der azimutale Transport der beobachteten Rotation des

Rollensegments entgegengerichtet wäre. Das bedeutet, dass azimutale Strömungen kein wesentliches Merkmal der Rekonfigurationen sind. Vielmehr stellt der Z-Drehimpuls von Mode 3, eine weiteren Drehimpulskomponente zusätzlich zu denen der ersten beiden Moden dar. Damit bildet die 3. Mode in Superposition mit den Beiträgen der anderen Moden vor allem die vertikale Neigung des Konvektionsrollenkerns ab.

Zur Veranschaulichung des Beitrags dieser Mode werden in Abbildung 4.15 die Isoflächen für $v_{\text{in}}/8$ der rekonstruierten Geschwindigkeitsfelder für die ersten 2 (grün) und 3 (blau) POD-Moden im Vergleich zum kurzzeitgemittelten Feld (rot) dargestellt. Sie repräsentieren die Kerne der Hauptkonvektionsrolle und, sofern vorhanden, des sekundären Rollenzweigs. Zum Zeitpunkt II ist dabei die Struktur des Konvektionsrollenkerns für die Rekonstruktion aus den ersten beiden Moden an der Seitenwand weniger stark vertikal ausgelenkt als das kurzzeitgemittelte Feld. Die aus 3 Moden rekonstruierte Struktur stimmt dagegen wesentlich besser mit Struktur des gemittelten Feldes überein. Entgegengesetzt dazu weist für den Zeitpunkt IV der aus lediglich 2 Moden rekonstruierte Rollenkern noch eine vertikale Auslenkung in der Nähe der Seitenwand auf, während der Rollenkern des gemittelten Feldes zentral positioniert ist. Auch für diesen Zeitpunkt wird diese Abweichung der Rekonstruktion durch die Einbeziehung der 3. Mode ausgeglichen, da der Rollenkern für 3 Moden eine ähnlich zentrale Lage wie der des gemittelten Feldes aufweist. Daraus wird ersichtlich, dass die 3. Mode mit der vertikalen Neigung der LSC assoziiert ist.

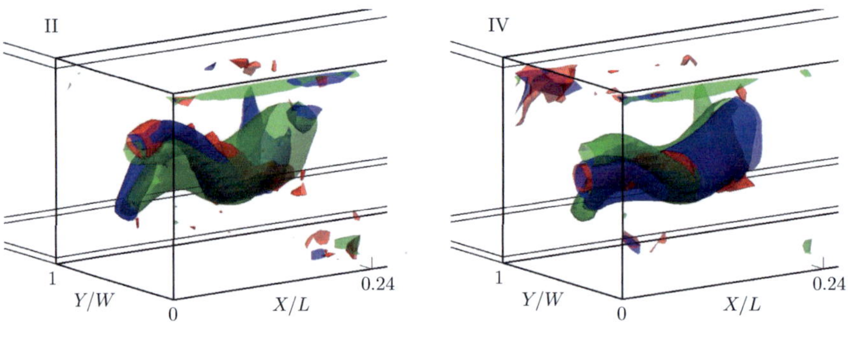

Abbildung 4.15: Repräsentationen des Konvektionsrollenkerns anhand von Isoflächen der Geschwindigkeit $\|\boldsymbol{u}\| = v_{\text{in}}/8$ für die Zeitpunkte II und IV aus 4.10 a). Rot: kurzzeitgemitteltes PIV-Feld. Grün: POD-Rekonstruktion für die Moden $k \leq 2$. Blau: POD-Rekonstruktion für die Moden $k \leq 3$.

Der Zeitentwicklungskoeffizient der 3. Mode hat außerdem die Eigenschaft, in der Zeitspanne von $15{,}75 \cdot 10^3\,\mathrm{s} \leq t \leq 16{,}75 \cdot 10^3\,\mathrm{s}$ mit einer näherungsweise konstanten Rate zu fallen. Dagegen weisen die Geschwindigkeitsfeldern dieser in diesem Zeitraum keine signifikanten Änderungen auf. Dies ist ein weiterer Hinweis darauf, dass für diesen Fall ein Akkumulationsprozess mit einer darauffolgenden Entladung (*accumulation and release* (engl.) vgl. Wang *et al.* [127]) vorliegt. Im Detail ist dies in Abbildung 4.14 zum Zeitpunkt $t \approx 17{,}4 \cdot 10^3\,\mathrm{s}$ erkennbar, an dem sich die kinetische Energie, die sich bis dahin in von Mode 3 akkumuliert hat, entlädt und auf Mode 2 überträgt.

Weitere Hinweise auf einen derartigen Prozess liefert auch der Verlauf des Koeffizienten a_4. Dieser schwankt für die meiste Zeit um einen Wert von $-0{,}01$, zeigt aber erhöhte Werte von $0{,}03$ während sich die großskaligen Strömungsstrukturen umwandeln. Räumlich weist diese Mode, wie in Abbildung 4.13 gezeigt, ihren stärksten Beitrag bei $X \approx 0{,}14L$ auf. Entsprechend steht die dort positionierte Struktur im Zusammenhang mit dem Entladungsmechanismus, welcher das Fortschreiten der Rekonfiguration auslöst.

Weitere Informationen über die Charakteristiken des vorliegenden Rekonfigurationsereignisses können aus seinem Ablauf im Phasenraum der Zeitentwicklungskoeffizienten der Moden 2 und 3 abgeleitet werden, welcher in Abbildung 4.16 dargestellt ist. Der farblich codierte Zeitverlauf dieser Messreihe im a_2-a_3-Phasenraum beschreibt annähernd eine Ellipse. Dass sich diese nicht geschlossene Ellipse über drei Quadranten erstreckt, zeigt, dass die Messreihe in etwa 75 % des Rekonfigurationszyklus abdeckt. Dies deckt sich auch mit dem aus Abbildung 4.10 a) entnommenen Zeitanteil.

Während sich der abgebildete Zyklus nahezu achsensymmetrisch zu $a_3 = 0$ verhält, weist er größere a_2-Beträge im negativen als im positiven Bereich auf. Dies könnte zum einen auf eine ähnliche Ursache wie die der Stufe im Verlauf der Zeitentwicklungskoeffizienten von Mode 1 in Abbildung 4.14 zurückgehen: Da der Zustand mit positiven a_2-Werten länger als der mit negativen Werten in der Messreihe auftritt, können Artefakte der sekundären Rollenstruktur einer bestimmten LSC-Anordnung in der 2. Mode vorhanden sein, welche dann je nach Vorzeichen unterschiedlich stark zum a_2-Betrag beitragen.

Zum anderen ist es möglich, dass dies eine weitere Manifestation des bevorzugten Strömungszustands ist. In Kapitel 4.1.2 wurde dazu bereits festgestellt, dass sich der bevorzugte Strömungszustand im Fall S vor allem durch längere Verweilzeiten ausdrückt, während im Fall C erhöhte Beträge der Kosinus-Amplitudenparameter mit positiven Vorzeichen auf den bevorzugten Zustand hindeuteten. Entsprechend ist es möglich, dass sich der bevorzugte Strö-

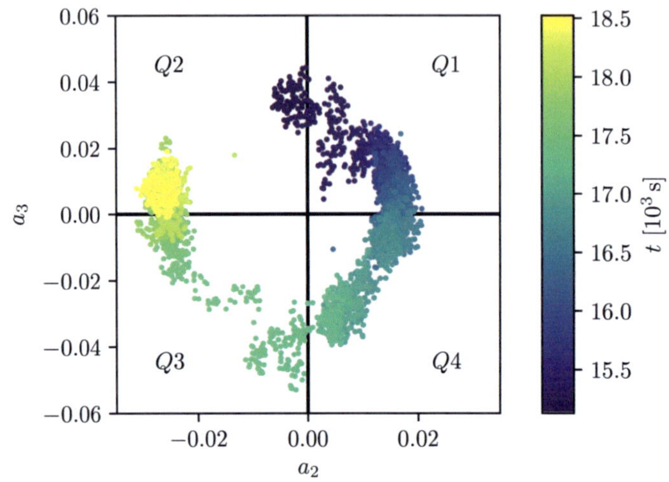

Abbildung 4.16: Phasenraum der Zeitentwicklungskoeffizienten der Moden 2 und 3 während eines Rekonfigurationsereignisses.

mungszustand für den Fall sowohl durch Verweilzeiten als auch durch höhere Beträge der a_2-Werte mit negativen Vorzeichen offenbart.

Neben dieser Asymmetrie hinsichtlich a_2 zeigt die Punktdichte in Kombination mit der Farbcodierung der Zeit an, wie schnell oder langsam bestimmte Bereiche im Phasenraum durchlaufen werden. Diese unterschiedlichen Geschwindigkeiten deuten, wie bereits oben beschrieben, auf einen Akkumulationsmechanismus hin. Typischerweise sind die Phasen der Akkumulation mit langsamen Bewegungen im Phasenraum, siehe bei $a_3 = 0$ und im Quadrant $Q4$, verbunden, während sich die Entladung durch schnelle Änderungen, siehe in den Quadranten $Q1$ und $Q3$, abzeichnet.

Dabei würde ein Übertrag des Verlaufs von $Q4$ auf $Q2$ keinen Widerspruch zu einer punktsymmetrischen Änderungsrate des Prozesses erzeugen. Das heißt, dass beide diagonal ausgerichteten Zustände der Hauptkonvektionsrolle als metastabile Zustände (langsamer Drift in $Q2$ und $Q4$) mit ähnlichen zur Instabilität (schneller Zustandswechsel in $Q1$ und $Q3$) führenden Mechanismen angesehen werden können.

Um den Zusammenhang zwischen den verschiedenen beobachteten Dynamiken im Temperatur- und Geschwindigkeitsfeld zu untersuchen, wurden die Korrelationen zwischen den Kosinuskoeffizienten A_n (Kapitel 4.1.2) und den POD-Koeffizienten a_k ausgewertet. Diese Auswertung erfolgt anhand der Zeitverläufe in den jeweiligen a-A-Phasenräumen, die in Abbildung 4.17

dargestellt sind, sowie der dazugehörigen Korrelationskoeffizienten $\rho_{A_n a_k}$. Die Zeitachse der dargestellten Punktwolken ist analog zu Abbildung 4.16 farblich codiert.

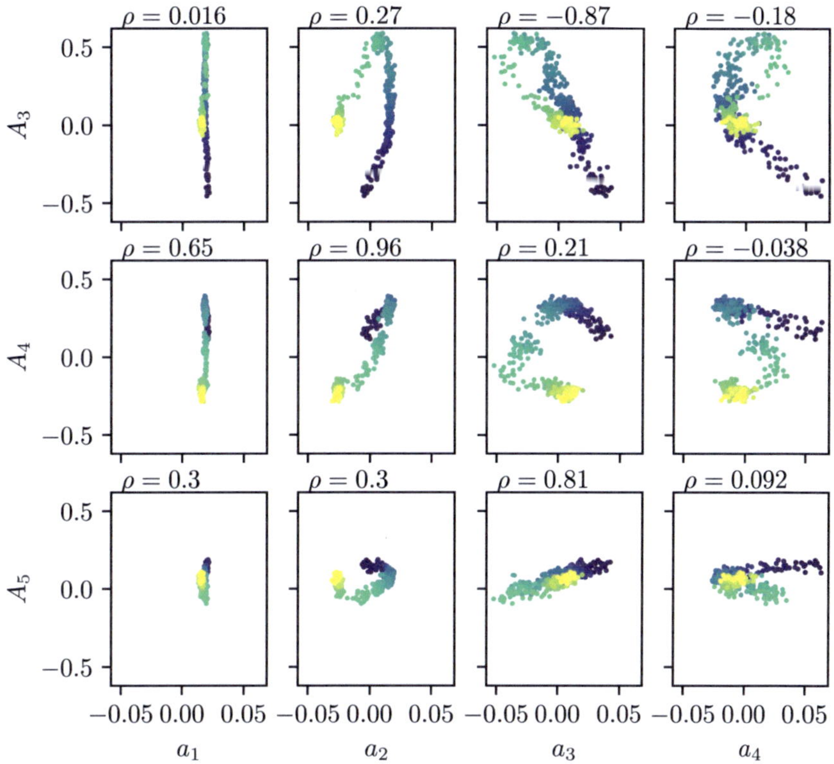

Abbildung 4.17: Korrelationsdiagramme der Kosinus-Koeffizienten A und POD-Koeffizienten a mit den jeweiligen Korrelationskoeffizient ρ für den Fall $\mathcal{S}$.

Die nahezu lineare Anordnung der Punkte im Diagramm für die Koeffizienten A_4 und a_2 sagt dabei aus, dass der temperaturdefinierte 4-LSC-Zustand (A_4) stark mit der 2. POD-Mode (a_2) korreliert ist ($\rho_{A_4 a_2} = 0{,}96$). Für die übrigen Koeffizienten $A_3; A_5$ und $a_3; a_4$ hat die bisherige Analyse ergeben, dass diese vor allem dann hohe Beträge verzeichnen, wenn sich die Strömungsstruktur rekonfiguriert. Jedoch sind mit $|\rho_{A_3 a_3}| = 0{,}87$ und $|\rho_{A_5 a_3}| = 0{,}81$ lediglich für a_3 deutliche Korrelationen mit den Kosinuskoeffizienten vorhanden. Diese Korrelationskoeffizienten sind jedoch niedriger als der Koeffizient für die Kombination A_4-a_2 und müssen nicht zwingend mit einem direktem kausalem Zusammenhang verbunden sein, da die Strömungsstruktur der 3. Mode, wie in Abbildung 4.13 gezeigt, keine deutlich vertikal ausgerichteten Strömungsbereiche an der Rückwand beinhaltet, die sich mit entsprechenden warmen Bereichen der Kosinusfunktionen assoziieren ließen. Da die Kosinus-Fitfunktionen die komplette Zelllänge abdecken, könnten die Verbindungen zwischen den im Temperatur- und Strömungsfeld beobachteten Vorgänge auch außerhalb der PIV-Domäne liegen.

In Paarung mit dem POD-Koeffizienten a_4 konnten im Vergleich zu $\rho_{A_4 a_2}$ nur sehr niedrige Korrelationskoeffizienten festgestellt werden. Allerdings deutet die „<"-Form der Punktverteilungen in den Diagrammen für die Kombinationen von a_4 mit A_3 und A_5 in Abbildung 4.17 darauf hin, dass die Beträge dieser Kosinuskoeffizienten mit a_4 korreliert sind. Das heißt, dass die mit den beiden Übergangszuständen assoziierte POD-Mode 4 mit den Kosinus-Koeffizienten in Verbindung steht, welche zur Beschreibung der Bewegung der warmen Bereiche benötigt werden. Diese Verbindung erklärt auch, warum diese Mode in Abbildung 4.14 bei beiden Umkehrungen von Mode 2 positive Zeitkoeffizienten besitzt, da die Bewegung im Temperaturfeld auch beide Male von links nach rechts abläuft.

Zusammenfassend kann festgehalten werden, dass durch die POD kohärente Strukturen extrahiert wurden, anhand derer eine Modellvorstellung der Rekonfigurationsereignisse erarbeitet wurde. Dieses Modell beinhaltet konstante (Mode 1) und sich umkehrende (Mode 2) Anteile an der Strömungsstruktur. Die Moden 3 und 4, deren Zeitentwicklungskoeffizienten insbesondere während der Rekonfigurationen erhöhte Beträge aufweisen, repräsentieren entsprechend die oben diskutierten Mechanismen, die bei diesen Ereignissen zum Tragen kommen. Ein Unterschied zwischen diesen beiden Moden ist, dass die Wirkung von Mode 3 von der Richtung der Umkehr abhängt, während die Wirkung der 4. Mode unabhängig davon ist. Im Speziellen erlaubte die Analyse der Zeitentwicklungskoeffizienten die Ereignisse als auftriebsinduzierte Strömungsumkehrungen basierend auf eine Akkumulationsprozess zu charakterisieren.

Die Korrelationsdiagramme der beiden Moden 3 und 4 zeigten außerdem, dass eine Korrelation zwischen ihnen und den Kosinus-Parametern, die die Translationsbewegung beschreiben, besteht. Jedoch ist diese Verbindung nicht so offensichtlich, als dass sie aus den kohärenten Strukturen der Moden abgeleitet werden könnte. Aus diesem Grund wird die Verbindung zwischen den Modellvorstellungen der Translation und des Klappens in Kapitel 4.3.2 weiter untersucht.

4.2.3 *Fall C: Dominanz Taylor-Görtler-artiger Wirbel*

Der folgende Abschnitt basiert auf dem Zeitschriftenbeitrag "*Reversals of coherent structures in turbulent mixed convection*" von Mommert *et al.* [70].

Analog zum vorherigen Kapitel werden auch für diesen Fall im ersten Schritt die instantanen Geschwindigkeitsfelder analysiert und dabei auch in Verbindung mit den bereits erfolgten Temperaturanalysen gebracht, um die Mechanismen der Rekonfigurationen zu verstehen. Dazu zeigt Abbildung 4.18 im Teil a) den Verlauf des Kosinus-Koeffizienten A_8, da sich dieser entsprechend der Analyse von Kapitel 4.1.2 als zentraler Koeffizient mit den größten Amplituden am besten eignet, um Geschwindigkeitsfelder zeitlich in den Rekonfigurationszyklus einordnen zu können. Analog zu Abbildung 4.10 signalisiert der blaue Balken in diesem Diagramm die Zeitspanne in der die PIV-Messung durchgeführt wurde. Anhand der Anzahl der lokalen Maxima von A_8 in diesem Intervall ist erkennbar, dass diese Messung ca. 4 Rekonfigurationszyklen abbildet.

Der Teil b) der Abbildung 4.18 zeigt ebenfalls analog zur Abbildung 4.10 sechs Strömungsvisualisierungen für in Teil a) markierte Zeitpunkte, welche sich aus Vektoren in drei Querschnitten sowie Y-farbcodierten Stromlinien für den Rollenkernen zusammensetzen.

Der Zeitpunkt I reflektiert einen Konvektionsrollenkern, welcher im Vergleich zu den verschiedenen diagonalen Ausrichtungen von Fall S gerade ausfällt. Jedoch offenbart die Farbcodierung der Y-Koordinate für die Stromlinien, dass der Rollenkern an den Seiten der Domäne nach hinten und bei $X \approx L/8$ nach vorne ausgelenkt ist. Diese diagonalen Ausrichtungen entsprechen im Vergleich zum Fall S der doppelten Anzahl diagonaler Rollensegmente, was mit den Ergebnissen der Temperaturanalysen aus Kapitel 4.1.2 übereinstimmt.

Zum Zeitpunkt II treten keine signifikanten Auslenkungen des Rollenkerns aus dem Zentrum auf. Dies passt auch zum Verhalten des Koeffizienten A_8, welcher zu diesem Zeitpunkt eine Nullstelle aufweist, während er fällt.

Der nächste Zustand (Zeitpunkt III) ist mit einem Minimum von A_8 verbunden und gibt entsprechend eine diagonale Auslenkung der Konvektionsrollensegmente wieder, welche derjenigen von Zustand I entgegengerichtet ist.

Mit der nächsten Nullstelle im Anstieg von A_8 repräsentiert Zeitpunkt IV den letzten offenen signifikanten Punkt des Rekonfigurationszyklus. In Übereinstimmung mit dem Zustand von II ist auch hier keine Auslenkung der diagonalen Rollensegmente erkennbar.

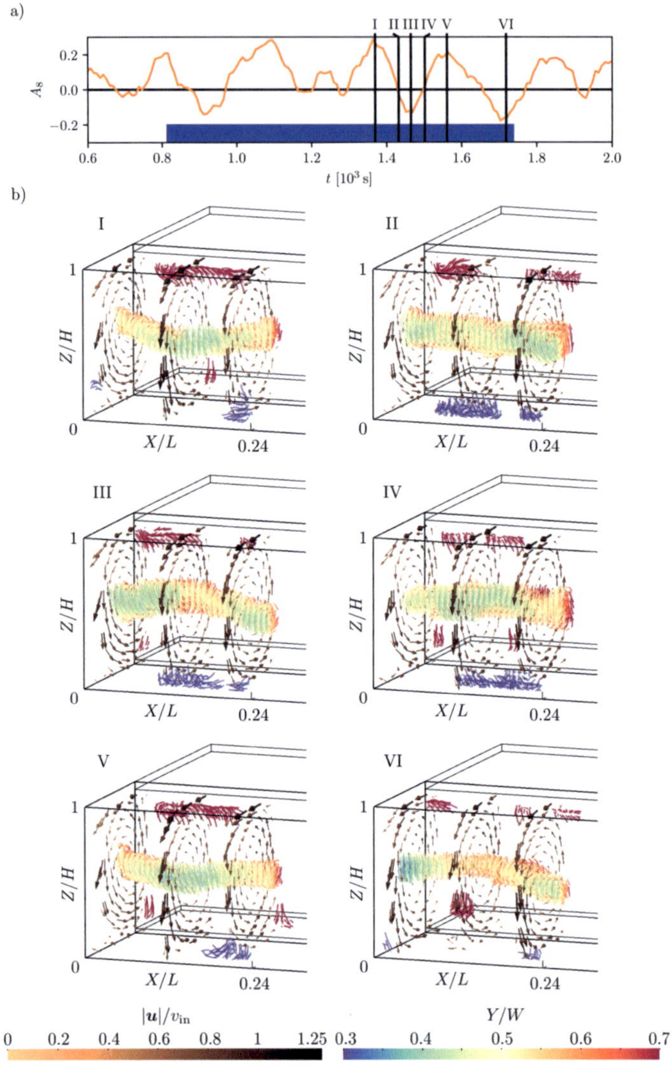

Abbildung 4.18: a) Zeitreihe des Kosinus-Koeffizienten A_8 über den Verlauf kontinuierlicher Rekonfigurationen. Die auswertbare PIV-Zeitspanne ist mit einem blauen Balken markiert. b) Geschwindigkeitsfelder für 6 Zeitpunkte, die in (a) markiert sind. Die Felder werden durch Geschwindigkeitsvektoren in 3 Querschnitten und Stromlinien in Bereichen mit $\|\boldsymbol{u}\|/v_{\text{in}} < 0{,}2$, die den Kern der Konvektionsrolle anzeigen, repräsentiert. Die Visualisierungen basieren auf mit 25 Zeitschritten kurzzeitgemittelten Feldern.

Die Visualisierungen zu den Zeitpunkten V und VI zeigen jeweils ähnliche Rollenausrichtungen wie zu den Zeiten I und III. Dies veranschaulicht, dass die Rekonfigurationen in wiederholbarer Form auftreten, da beide Zustandspaare jeweils ein Maximum und ein Minimum von A_8 repräsentieren.

Wie für den Fall $\mathcal{S}$ deuten diese Beobachtungen auf ein Klappen der Rollensegmente hin, da sonst zu jedem Zeitpunkt voll ausgelenkte diagonale Rollensegmente vorliegen müssten, wenn sich die Translationsbewegung aus den Temperaturmessungen uneingeschränkt auf die Geschwindigkeitsfelder übertragen ließe. Für den Zusammenhang zwischen den Rückwandtemperaturen und Geschwindigkeitsfeldern bestehen jedoch auch ein wesentlicher Unterschied zu Fall $\mathcal{S}$. Dieser Unterschied tritt in der Zuordnung von warmen und kalten Bereichen zu nach vorne oder hinten ausgelenkten Bereichen der Rollensegmente auf. So zeichnen sich beispielsweise die Rückwandtemperaturverteilungen der Zeitpunkte I und V durch einen warmen Bereich direkt an der Seitenwand aus, was durch die Maxima von A_8 repräsentiert wird. Während die Hauptkonvektionsrolle im Fall $\mathcal{S}$ für warme Bereiche nach vorne ausgelenkt war, ist sie hier nach hinten ausgelenkt. Da dieser Unterschied sowohl für warme als auch kalte Bereiche sowie Maxima und Minima von A_8 gilt, lässt sich festhalten, dass für Fall $\mathcal{C}$ eine Zuordnung von warmen und kalten Bereichen an der Rückwand zu den Auslenkungen der Rollensegmente besteht, die dem Fall $\mathcal{S}$ genau entgegengesetzt ist.

Um diese Beobachtung besser zu verstehen, werden die kohärenten Strukturen der Strömung mit Hilfe der POD genauer untersucht. Da die Auslenkungen der Konvektionsrollenkerns von erratischen Fluktuationen überlagert werden, die in diesem Fall eine ähnliche Stärke wie die systematischen Auslenkungen haben, fungiert die POD außerdem als filternde Analysemethode, um die Dynamik der kohärenten Strukturen von den turbulenten Schwankungen zu trennen.

Analog zu dem Vorgehen in Kapitel 4.2.2, werden die Eigenwerte der ersten 20 Moden (a) und die Strukturen der ersten 4 Moden (b) in Abbildung 4.19 dargestellt. Zur Verdeutlichung der Strukturen wurden die Vektoren der Moden auch hier entsprechend ihrer Y-Position eingefärbt und Vektoren kleiner Magnitude ausgeblendet.

Die in Teil a) dargestellte Eigenwertverteilung zeigt, dass die erste Mode ($k = 1$) mit 79 % einen deutlich größeren Energieanteil als ihr Pendant im Fall $\mathcal{S}$ (60 %) beinhaltet. Da somit mehr kinetischen Energie in dieser Mode gebunden ist, entfällt im Vergleich zu Fall $\mathcal{S}$ ein kleinerer Anteil auf die darauffolgenden Moden. Entsprechend ist auch der Energieanteil der zweiten Mode hier bereits kleiner als 1 %. Die Unterschiede in der Energieverteilung korrespondieren mit der kleineren Richardson-Zahl des Falls $\mathcal{C}$, die anzeigt,

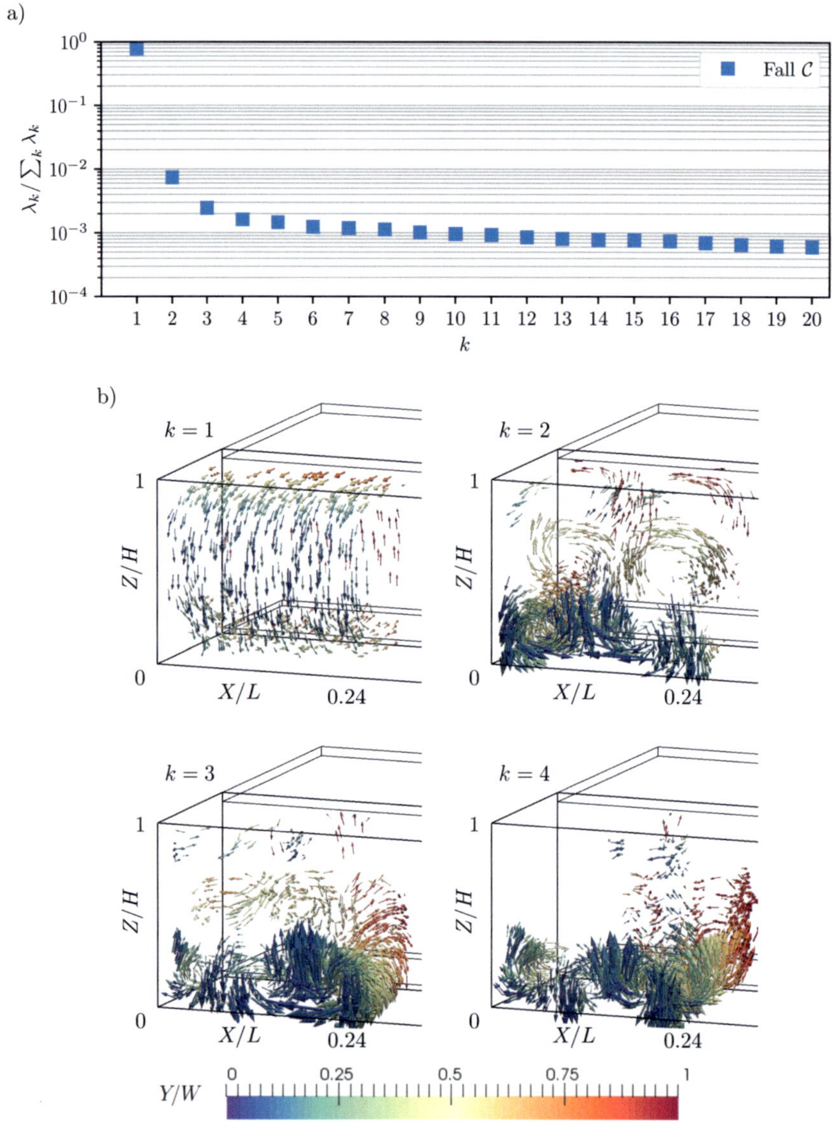

Abbildung 4.19: a) Eigenwertsverteilung der POD für den Fall $\mathcal{C}$. b) Struktur der 4 stärksten Moden normalisiert mit der Wurzel des jeweiligen Eigenwerts. Zur Verdeutlichung der Struktur wurden Vektoren kleiner Magnituden ausgeblendet.

dass der durch die erste Mode dargestellte erzwungene Konvektionsanteil für Fall $\mathcal{C}$ stärker als für Fall $\mathcal{S}$ ist.

Wie für den Fall $\mathcal{S}$ repräsentiert die zweite Mode auch für den hier untersuchten Fall $\mathcal{C}$ kohärente Strukturen mit Y-Drehimpulsen. Der Unterschied zu Fall $\mathcal{S}$ besteht jedoch darin, dass die zweite Mode keine einzelne, sich über die ganze Domäne erstreckende Zirkulation abbildet, sondern aus sechs kleinere Zirkulationen besteht. Letztere sind so angeordnet, dass sich jeweils zwei Rollen über die Längsrichtung der Domäne erstrecken und sich drei dieser Paare in der vertikalen Richtung verteilen. Eine derartige Anordnung wurde auch von Westhoff [130, S. 57-59] gefunden.

Die Moden 3 und 4 bestehen wie Mode 2 aus Wirbelstrukturen mit einem Y-Drehimpuls. Allerdings sind ihre stärksten Beiträge auf den Bereich über der Bodenplatte beschränkt. Hinsichtlich der Erörterungen aus Kapitel 3.3, wie sich Translationsbewegungen in den Strukturen der POD-Moden ausdrücken, deuten die bodennahen Strukturen der Moden 2 bis 4 auf eine Translationsbewegung in diesem Bereich hin. Die ausschlaggebende Eigenschaft ist dabei die mit steigender Modenzahl zunehmende Anzahl an bodennahen Wirbeln [20, S. 396-397]. Offenbar nimmt diese Bewegung aber keinen Einfluss auf den Rollenkern in der Mitte der Zelle, da die Vektoren der Moden 3 und 4 in diesen Bereichen vergleichsweise niedrige Magnituden aufweisen und die Analyse des Rollenkerns für die Zeitreihe der Geschwindigkeitsfelder einen Klappmechanismus ergeben hat.

Die Analyse der Moden 3 und 4 beschränkt sich auf ihre räumliche Struktur, da die Zeitentwicklungskoeffizienten mit den kleiner werdenden Eigenwerten zunehmend verrauschter werden.

Aus diesem Grund werden in Abbildung 4.20 lediglich die Verläufe der Zeitentwicklungskoeffizienten a_k der ersten beiden Moden dargestellt.

Dabei weist die erste Mode wieder einen konstanten Koeffizienten von knapp 0,02 auf, der den konstanten Beitrag der von dieser Mode repräsentierten Längsrollenstruktur zur Strömung abbildet. Dagegen zeigt die zweite Mode Ausschläge mit variierenden Amplituden um die Nulllinie herum. Die damit verbundenen Vorzeichenwechsel zeigen an, dass die kohärenten Strukturen von Mode 2 im Fall $\mathcal{C}$ ebenfalls einen Umkehrprozess durchlaufen. Übertragen auf die eigentliche Strömungsstruktur unterstützt dies die Modellvorstellung des Klappens der Kerne der Rollensegmente, jedoch bei einer doppelten Anzahl von Rollensegmenten im Vergleich zu Fall $\mathcal{S}$.

Konkret kann diese Modellvorstellung wieder durch die Überlagerung der X- und Y-Drehimpulse der ersten beiden Moden nachvollzogen werden. Entsprechend werden die unterschiedlichen diagonalen Ausrichtungen der Rollensegmente durch das Vorzeichen von a_2 signalisiert. Für die Bestim-

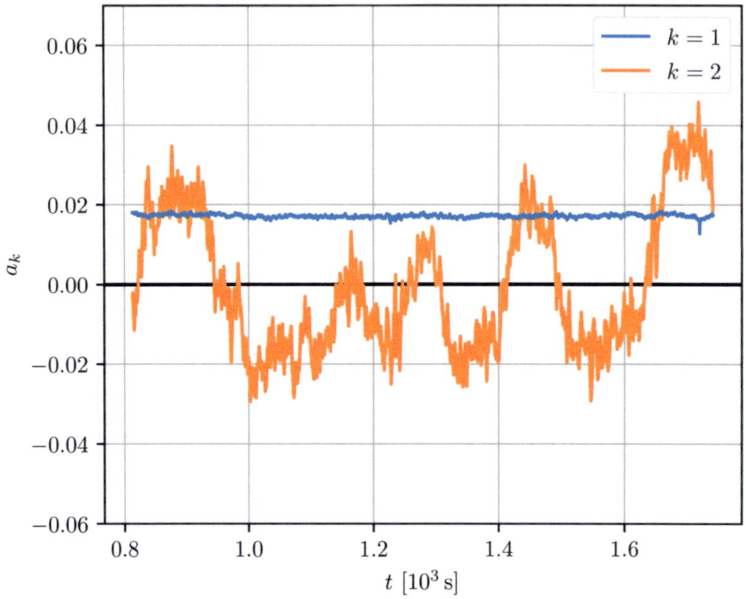

Abbildung 4.20: Zeitentwicklungskoeffizienten für die in Abbildung 4.19 dargestellten ersten beiden POD-Moden.

mung der Ausrichtung der Rollensegmente muss dabei das Wirbelpaar von Mode 2 berücksichtigt werden, was in zentraler Z-Position liegt, da die Längsrollenstruktur aus der dominanten 1. Mode ebenfalls eine zentrale Position einnimmt. Damit lassen sich auch die Unterschiede zwischen den Fällen $\mathcal{C}$ und $\mathcal{S}$ hinsichtlich der Assoziation warmer Bereiche mit der Auslenkung des Konvektionsrollenkerns erklären: Während das mittlere Wirbelpaar Einfluss auf die Ausrichtung des Rollenkerns hat, beeinflusst das entgegengesetzt rotierende untere Wirbelpaar die Luft, die das Temperatursensorarray erreicht.

Um den Zusammenhang zwischen Rückwandtemperaturen und Geschwindigkeitsfeld genauer zu untersuchen, sind in Abbildung 4.21, die verschiedenen Zusammenhänge zwischen Kosinusfunktionen A_n und Zeitentwicklungskoeffizienten der POD a_k in den jeweiligen a-A-Phasenraumdiagrammen dargestellt. Analog zu Abbildung 4.17 werden mit $\rho_{A_n a_k}$ auch die Korrelationskoeffizienten für die Kombinationen angegeben.

Die stärkste Korrelation existiert dabei mit $|\rho_{A_8 a_2}| = 0{,}83$ für Kombination aus dem 8 LSCs anzeigenden Kosinuskoeffizienten A_8 und dem Zeitentwicklungskoeffizienten a_2, der Mode, die extrapoliert auf die gesamte Zelllänge

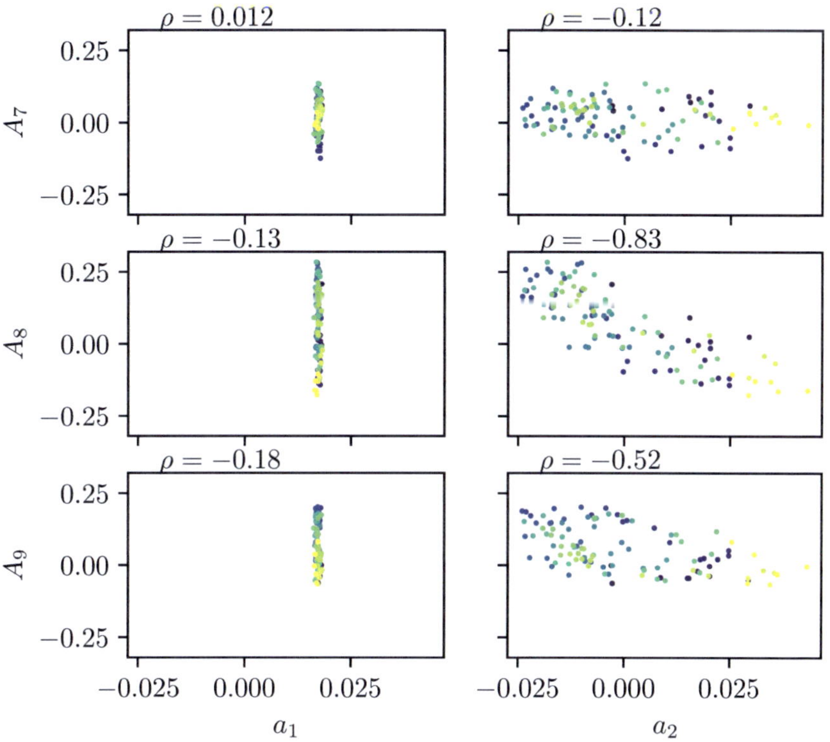

Abbildung 4.21: Korrelationsdiagramme der Kosinus-Koeffizienten A und POD-Koeffizienten a mit den jeweiligen Korrelationskoeffizient ρ für den Fall $\mathcal{C}$.

ebenfalls 8 Wirbelstrukturen in Längsrichtung darstellt. Das negative Vorzeichen von $\rho_{A_8 a_2}$ sagt dabei aus, dass positive Kosinuskoeffizienten A_8, die für einen warmen Bereich an der Seitenwand stehen, mit negativen Zeitentwicklungskoeffizienten a_2 assoziiert sind, welche nach Abbildung 4.19 aufsteigende Luft an der Seitenwand für das untere Wirbelpaar anzeigen. Folglich weist der negative Korrelationskoeffizient darauf hin, dass die bodennahen, Y-parallelen Wirbel von Mode 2 mit der Temperaturverteilung an der Rückwand verknüpft sind. Die übrigen Kombinationen von A_n und a_k weisen keine signifikanten Korrelationskoeffizienten auf, da a_1 konstant verläuft und a_2 lediglich mit A_8 korreliert ist.

Hinsichtlich des Mechanismus der Rekonfigurationen vom Typ $\mathcal{C}$ haben die Charakteristiken der in Kapitel 4.1 untersuchten Kosinus-Fitparameter angezeigt, dass die Rekonfiguration durch die Anteile der erzwungenen Konvektion angetrieben werden. Ein weiterer Hinweis für die Erklärung des Rekonfigurationsmechanismus wird von der Struktur der zweiten Mode geliefert, da das bodennahe Wirbelpaar dieser Mode Taylor-Görtler-artigen Wirbeln ähnelt, wie sie bei Koseff und Street [57] oder Iwatsu *et al.* [53] für verschiedene Hohlraumströmungen beobachtet wurden. Beide Studien zeigen, dass derartige Strukturen mit einer Größe von ca. $H/3$ für Reynolds-Zahlen der gleichen Größenordnung wie in der vorliegenden Untersuchung vorkommen können.

Der Ursprung dieser Strukturen liegt in der zentrifugalen Instabilität, die in Strömungen mit gekrümmten Stromlinien auftreten kann. In der Konvektionszelle existiert eine solche Krümmung beispielsweise in dem Bereich, wo die an der Frontwand nach unten gerichtete Strömung zu einer horizontalen Strömung parallel zur Bodenplatte umgelenkt wird. Entscheidend für die Instabilität ist dabei eine radiale Schichtung von Fluidpaketen, die nach innen steigende Drehimpulse und damit auch steigende Fliehkräfte aufweisen [43, 114, 118]. Sowohl die Görtler-Wirbel in Grenzschichten konkav gekrümmter Oberflächen als auch die Taylorwirbel der Taylor-Couette-Strömung sind prominente Beispiele für kohärente Strukturen, die aus dieser Instabilität entspringen. Entsprechend existieren mit der Taylor- und der Görtler-Zahl auch dimensionslosen Kennzahlen, die eine Aussage über die Relevanz der zentrifugalen Instabilität ermöglichen. Jedoch sind diese Kennzahlen in ihrer Definition stark auf die jeweiligen Strömungen zugeschnitten und somit nicht für die hier untersuchte Strömung geeignet. Daher wird zur genaueren Untersuchung der Strömung das Rayleigh-Kriterium für Stabilität ($\Phi > 0$) von Chandrasekhar [24, S. 273-275] eingesetzt. Um die entscheidenden Unterschiede zwischen den beiden Fällen zu erörtern, werden die Felder der in Kapitel 3.4 angepassten Stabilitätsdiskriminante $\Phi = \frac{1}{r^3}\frac{\partial}{\partial e_r}(r\|\boldsymbol{u}\|)^2$ anhand der Mittelwertsfelder der kompletten Zeitreihen berechnet. Diese Mittelwertsfelder ähneln den jeweiligen ersten POD-Moden und bilden so vor allem die longitudinale Rollenstruktur ab, die den potentiellen Ursprung der Taylor-Görtler-artigen Wirbel darstellt.

Die Abbildung 4.22 zeigt die Φ-Felder der beiden Fälle im repräsentativen Querschnitt $X = L/8$. Zusätzlich wird auch die Isolinie für $\kappa_X = 0$, welche den Umschlag der Krümmung um eine X-parallele Achse und damit die Grenze zwischen der Hauptkonvektionsrolle und anderen Bereichen wie Kantenwirbeln markiert, dargestellt. In beiden Fällen, $\mathcal{S}$ und $\mathcal{C}$, sind Bereiche mit instabiler Drehimpulsschichtung ($\Phi < 0$) nahe der Kantenwirbel, die durch die grünen Konturlinien begrenzt werden, in den oberen und unteren linken Ecken der Querschnitte erkennbar. Der entscheidende Unterschied

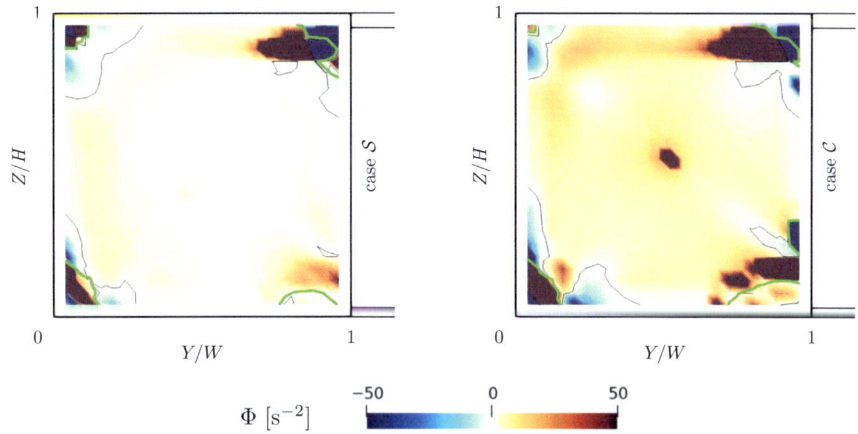

Abbildung 4.22: Die Stabilitätsdiskriminante Φ im Querschnitt $X = L/8$ der mittleren Geschwindigkeitsfelder der beiden Fälle. Die dünne schwarze Isolinie markiert den Vorzeichenwechsel von Φ. Die dicke grüne Isolinie markiert das Ausmaß der Kantenwirbel ($\kappa_X = 0$, vgl. Kapitel 3.4).

zwischen den beiden Fällen ist, dass die instabilen Regionen am unteren Kantenwirbel für Fall $\mathcal{C}$ größer und stärker sind. So beträgt das Integral über die instabilen Bereiche am unteren Kantenwirbel $-0{,}018\,\mathrm{m}^2/\mathrm{s}^2$ für den Fall $\mathcal{S}$ und $-0{,}056\,\mathrm{m}^2/\mathrm{s}^2$ für den Fall $\mathcal{C}$. Das zeigt, dass die Zentrifugalkräfte, welche die Taylor-Görtler-artigen Wirbel induzieren, für den Fall $\mathcal{C}$ mit der niedrigen Richardson-Zahl deutlich stärker sind.

Zusammenfassend können die unterschiedlichen Ausprägungen der kohärenten Strukturen in den beiden Fällen der unterschiedlichen Ausprägungen der longitudinalen Konvektionsrolle zugeschrieben werden. Während die entsprechenden 1. Moden in den Abbildungen 4.13 und 4.19 grundsätzlich ähnlich erscheinen, sorgen die unterschiedlichen Verhältnisse zwischen thermischer und erzwungener Konvektion dafür, dass der Einlassstrahl unterschiedlich von den Vorderkanten der Zelle umgelenkt wird und sich dementsprechend auch unterschiedliche Drehimpulsgradienten in dieser Strömung entwickeln.

Neben der Ähnlichkeit der in Y-Richtung orientierten Wirbelstrukturen bergen Hohlraumströmungen auch mögliche Analogien zur beobachteten Dynamik dieser Strukturen für den Fall $\mathcal{C}$. Douay *et al.* [36] und Picella *et al.* [81] präsentieren Fälle dieser Strömungen, bei denen die Seitenwände zu einer Instabilität der Anordnung der Taylor-Görtler-artigen Wirbel führen. Konkret ist diese Art der Instabilität mit der Bödewadt-Strömung verbunden, welche der Beschreibung nach Schlichting und Gersten [97, S. 329-330] zufolge darauf basiert, dass das Fluid der Konvektionsrolle in Seitenwandnähe durch die Haftbedingung gebremst wird. Auf diese langsameren Fluidpakete wirken folglich auch niedrigere Fliehkräfte, während die Wirkung des radialen Druckgradienten durch die Rotation des weiter von der Wand entfernten Fluids weitestgehend erhalten bleibt. In Folge dieses Ungleichgewichts kommt es zu einer radial nach innen gerichteten Strömung an den Seitenwänden. Auf Grund dieser seitenwandnahen Strömung ins Zentrum der Konvektionsrolle muss Luft aus dem äußeren Bereich der Konvektionsrolle nachströmen, was schließlich eine Längsbewegung innerhalb der Konvektionszelle verursacht.

Jedoch würde diese Art von Strömung allein nur eine Bewegung der Wirbelstrukturen vom Zentrum in Richtungen Seitenwände erklären. Daher hat dieser Mechanismus lediglich das Potential der initialer Auslöser für die beobachtete Translation der im unteren Zelldrittel befindlichen Taylor-Görtler-artigen Wirbel zu sein, welche sich auf Höhe den Konvektionsrollenkerns als ein Klappen widerspiegelt. Da es sich bei der untersuchten Strömung um eine Mischkonvektionsströmung handelt, muss berücksichtigt werden, dass die in der Bodenplattennähe wirkenden Auftriebskräfte ebenfalls einen Einfluss auf die Entwicklung der Taylor-Görtler-artigen Wirbel haben. Deshalb wurden weitere Untersuchungen zu diesen Strukturen hinsichtlich eines möglichen Einflusses von Plumes und ihres Wärmetransports in den Kapiteln 4.3.3.2 und 4.4 durchgeführt.

4.2.4 *Messunsicherheiten der tomografische PIV*

Für die Abschätzungen der Messunsicherheiten der tomografischer PIV wird auf die Untersuchungen von Kühn *et al.* [59] zurückgegriffen, welche mit einen ähnlichen Messsystem am gleichen experimentellen Aufbau durchgeführt wurden. Dort konnte durch den direkten Vergleich mit planaren PIV-Messungen die Unsicherheit der Voxelverschiebungen in guter Übereinstimmung mit ähnlichen Untersuchungen von Elsinga *et al.* [37] auf $\sigma_{\mathrm{vx}} \approx 0{,}2\,\mathrm{vx}$ abgeschätzt werden. Diese Unsicherheit wird wie folgt auf eine Geschwindigkeitsunsicherheit σ_u skaliert:

$$\sigma_u = \frac{s_{\mathrm{vx}}\,\sigma_{\mathrm{vx}}}{\tau} \tag{4.4}$$

Dabei ist s_{vx} die Seitenlänge eines Voxels, welche für die beiden Messreihen $\mathcal{S}$ und $\mathcal{C}$ einheitlich 0,5 mm/vx betrug. Zusammen mit den PIV-Zeitversätzen τ von 12 ms für Fall $\mathcal{S}$ und 10 ms für Fall $\mathcal{C}$ ergeben sich die entsprechenden Unsicherheiten $\sigma_{u_\mathcal{S}} \approx 0{,}008\,\mathrm{m/s}$ und $\sigma_{u_\mathcal{C}} \approx 0{,}010\,\mathrm{m/s}$.

4.3 ZUSAMMENHANG ZWISCHEN GROSSEN UND KLEINEN SKALEN

Die bisherigen Analysen haben gezeigt, dass Rekonfigurationen für den Randbereich der Strömung besser durch die Modellvorstellung eines Klappmechanismus als durch Translation beschrieben werden können. Dies wirft die Frage auf, inwiefern sich diese Modellvorstellung auch auf die Gesamtheit der großskaligen Strukturen übertragen lässt, womit sich Kapitel 4.3.2 befasst.

Eine weitere Fragestellung, die aus den bisherigen Beobachtungen entsteht, ist, welche Funktion die kleineren Strukturen, wie zum Beispiel thermische Plumes, bei den Rekonfigurationsmechanismen der unterschiedlichen Fälle erfüllen. Diese wird in Kapitel 4.3.3 behandelt. Dabei wird der auch der Begriff „Hotspot", der in Kapitel 4.1.2 für die warmen Bereiche der Rückwandtemperaturverteilung eingeführt wurde, wieder aufgegriffen. Wie die vorangegangene Messkampagne gezeigt hat, sind diese Bereiche mit den Bereichen des aufsteigenden Fluids der LSCs verknüpft. Dementsprechend wird der Begriff „Hotspot" in diesem Kapitel auch im Kontext einer geschwindigkeitsbasierten Auswertung genutzt. Äquivalent zum temperaturbasierten Kontext stellen Hotspots dabei die Grenze zwischen zwei LSCs dar. Durch diese Verbindungen zu LSCs beichnen Hotspots hier ebenfalls Bereiche aufsteigender Luft, welche auf längeren Zeitskalen auftreten als beispielsweise Plumes, die einzelne aufsteigende Fluidpakete beschreiben.

Zur Erfassung der Geschwindigkeitsfelder für diese Untersuchungen wurde die stereoskopische PIV genutzt. Deren Applikation sowie die Weiterentwicklung des Startauslösers werden in Kapitel 4.3.1 beschrieben. Die Abschätzung der Messunsicherheiten dieses Systems ist in Kapitel 4.3.4 dokumentiert.

4.3.1 *Stereoskopische PIV mit POD-basiertem Trigger*

ALLGEMEINES Abbildung 4.23 zeigt den Messaufbau, der für die Messung der Strömungsstrukturen über die gesamte Zelllänge eingesetzt wurde. Um eine ausreichende Illumination im sich über die komplette Zelllänge erstreckenden Messbereich zu gewährleisten, wurde ein Innolas Spitlight 600 Laser (A) mit einer Doppelpulsfrequenz von 10 Hz verwendet. Da der Strahldurchmesser von ca. 7 mm der benötigten Lichtschnittdicke entsprach, wurde auf eine Teleskopoptik verzichtet, um die vernachlässigbare Divergenz des Lichtstrahls in Dickenrichtung zu erhalten. Entsprechend wurden lediglich eine Zylinderlinse mit $f_{zyl} = -9{,}7\,\text{mm}$ zur Aufweitung des Strahls sowie 2 Umlenkspiegel, um den Lichtschnitt in den gewünschten Messebenen zu platzieren, in den Strahlengang eingesetzt. Um Reflexionen in der Laborumgebung zu minimieren, wurde ein Passepartoutfenster an der linken Seitenwand

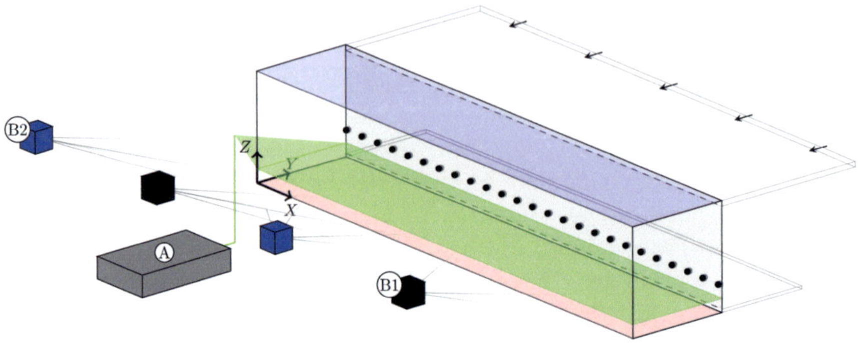

Abbildung 4.23: Skizze des stereoskopischen PIV-Messaufbaus mit Laser-Illumination (A) und zwei Kamerasystemen (B1, B2). Die schwarzen Punkte markieren die Positionen der Temperatursensoren an der Rückwand.

installiert. Weiterhin wurden die Frontwand sowie die rechte Seitenwand auf Lichtschnitthöhe mit schwarz eloxiertem Aluminiumband abgeklebt. Da dort durch die Divergenz des Lichtschnitts ein Großteil des Lichtes absorbiert wurde, sank die Lichtintensität mit steigendem X. Auf den Einsatz von Reflektoren anstelle von Absorbern wurde jedoch zu Gunsten der Bestimmbarkeit der Lichtschnittgeometrie verzichtet.

Auf diese Art wurden Messungen in den horizontalen Schnittebenen $Z1 = 0{,}23H$ und $Z2 = 0{,}125H$ durchgeführt. Diese Ebenen liegen in einem Bereich der Strömung, in dem bodenplattengebundene Strukturen mit den großskalige Zirkulationen interagieren (vgl. Niehaus [72]). $Z1$ wurde dabei bewusst 1 cm unterhalb der Höhe der Temperatursensoren gelegt, um Reflexionen und einen Wärmeeintrag durch die Laserstrahlung zu minimieren.

Bei dieser Messung wurden DEHS-Tröpfchen als Impfpartikel verwendet, welche mittig ($X = L/2$) in die in Kapitel 2 beschriebene Vorkammer eingeleitet wurden, wo sie sich über die gesamte Zelllänge verteilen konnten. Da eine kontinuierliche Impfpartikelgeneration eine zu hohe Partikeldichte zur Folge gehabt hätte, wurde die Erzeugung der Impfpartikel pulsweitenmoduliert mit 0,2 s aktiver Zeit auf 15 s für die Messreihen in der Ebene $Z1$ und 0,2 s auf 20 s für die Messreihen in der Ebene $Z2$ begrenzt.

Um die Impfpartikel abzubilden, wurden 4 pco.edge 5.5 CMOS Kameras eingesetzt, welche paarweise die beiden in Abbildung 4.23 als B1 (schwarz) und B2 (blau) beschrifteten Kamerasysteme bildeten. Die Überlappung der Messbereiche beider Systeme erstreckte sich von $0{,}43L$ bis $0{,}57L$. Die Kameras, deren Positionen in Tabelle 4.3 aufgelistet sind, waren über Scheimpflugadapter mit Zeiss Distagon T* 35 mm $f/1.4$ (linkes System) bzw. Zeiss Milvus

35 mm $f/1.4$ (rechtes System) ausgestattet. Sie wurden offenblendig und auf die jeweilige Messebene fokussiert betrieben. Zusätzlich wurden die Objektive mit linearen Polarisationsfiltern versehen, welche so eingestellt wurden, dass die Intensität der Reflexionen der Rückwand minimiert und damit der Kontrast zu den Impfpartikeln maximiert werden konnte (vgl. Segura *et al.* [104] und Raffel *et al.* [88, S. 42-46]).

	X [mm]	Y [mm]	Z [mm]
Kamera 1.1	820	-2500	1200
Kamera 1.2	2500	-2500	1200
Kamera 2.1	1620	-2500	1200
Kamera 2.2	0	-2500	1200

Tabelle 4.3: Physische Positionen der Kameras für die stereoskopischen PIV Messungen.

Die Doppelbilder wurden mit einem Zeitversatz von 14 ms aufgenommen. Die Auswertung der Partikelbilder zu Geschwindigkeitsvektoren erfolgte mit der Software PIVTEC PIVview 3.60. Dabei wurden die darin implementierten Selbstkalibrierungs- (Wieneke [134]) und Mehrgitterverfahren (PivTec GmbH [83]) genutzt. Die finale Auswertefenstergröße betrug $(29\,\text{mm})^2$ mit einer Überlappung von benachbarten Auswertefenstern von 50 % je Koordinatenrichtung.

Nach der jeweiligen Auswertung wurden die Vektorfelder der beiden Messsysteme zusammengefügt. Dabei wurden die Werte der sich überlappenden Datenpunkte mit linearen Wichtungsfaktoren zwischen den beiden Messsystemen gemittelt. Da sich die Messebenen nicht im direkten Einflussbereich des Einlassstrahls befanden, wurde hier $|\boldsymbol{u}| \geq v_{in}$ als Bedingung für die Ausreißererkennung verwendet. Zusätzlich wurde auch wieder die Ausreißererkennung von Westerweel und Scarano [129] mit anschließender Interpolation angewendet.

POD-BASIERTES AUSLÖSEVERFAHREN Zur Messung der Ereignisse vom Typ $\mathcal{S}$ wurde auch bei dieser Messkampagne ein strömungsintrinsischer Messauslöser genutzt. Das in Kapitel 4.2.1 vorgestellte Verfahren wurde für diese Messkampagne mit dem Ziel weiterentwickelt, das Zeitintervall zwischen dem Start eines Ereignisses und dem Beginn der Messung zu verkürzen.

Zwar besteht weiterhin die Begrenzung, dass jede Charakteristik, durch die der Start eines Ereignisses detektiert werden kann, entsprechend auch wesentlicher Teil des Ereignisses ist. Daraus folgt, dass der Startauslöser nicht vor dem Ereignis liegen kann. Aber da im Fall von PIV-Messungen nach der Detektion weitere Zeit vergeht, in der sich die erzeugten Impfpartikel in der Zelle verteilen müssen, ist es umso wichtiger, vermeidbare Verzögerungen bei der Erkennung von Rekonfigurationen zu minimieren.

Einen aussichtsreichen Ansatz dazu liefert die Studie von Podvin und Sergent [86], in der anhand der POD von numerischen Geschwindigkeits- und Temperaturfeldern eine Präkursor-Mode für Rekonfigurationsereignisse in RBC extrahiert werden konnte. Die Beträge der Zeitentwicklungskoeffizienten dieser Mode zeichnen sich dadurch aus, kurz vor einem Umkehrereignis stark anzusteigen und dann während des Ereignisses wieder auf einen niedrigen Betrag zu fallen. Da ein solches Verhalten sehr gut zur Definition einer Startbedingung geeignet ist, wird im Folgenden untersucht, ob in der vorliegenden Mischkonvektionsströmung eine ähnliche Dynamik existiert und sie durch eine begrenzte Temperatursensoranzahl erfasst werden kann.

Die Herausforderung die POD zur Verbesserung des Auslösesignals zu nutzen, besteht darin, dass für eine aussagekräftige Modenzerlegung bereits eine komplette Zeitreihe samt Rekonfigurationsereignis vorliegen muss. Das heißt, dass es nicht zielführend ist, dass Verfahren in seiner normalen Form mit jedem Zeitschritt neu auf die sich entwickelnde Zeitreihe anzuwenden. Vielmehr muss zunächst die Temperatursignatur von einem oder mehreren Ereignissen der zu untersuchenden Parameterkonfiguration bestimmt werden, um ein etwaiges signifikantes Verhalten der Zeitentwicklungskoeffizienten identifizieren zu können.

Dazu wird das in Kapitel 3.3 beschriebene Verfahren auf die rückwandnahen Temperaturmessungen übertragen. Wie durch Mommert *et al.* [69] beschrieben, können analog zu Gleichung 3.13 auch die Zeitreihen der Temperaturvektoren $\boldsymbol{T}_{t^*}$ als Galerkin-Entwicklung dargestellt werden:

$$\boldsymbol{T}_{t^*} = \sum_k c_{k,t^*} \, \boldsymbol{\psi^*}_k \tag{4.5}$$

Diese besteht aus den räumliche Moden $\boldsymbol{\psi^*}_k$ und den Zeitentwicklungskoeffizienten c_{k,t^*}. Die Zeit t^* bezeichnet dabei die Zeitschritte der Vorversuche $(\cdot^*)$. Weiterhin wird angenommen, dass die aus dem Vorversuch extrahierten Moden $\boldsymbol{\psi^*}_k$ ebenso die Dynamik der in der eigentlichen Messung aufgenommenen Temperaturvektoren $\boldsymbol{T}_t$ abbilden.

Unter dieser Annahme ist es möglich, die aus einem Vorversuch bestimmten Moden $\boldsymbol{\psi^*}_k$ in die Galerkin-Entwicklung für die Messzeitreihe einzufügen. Daraus ergibt sich die folgende Gleichung:

$$\boldsymbol{T}_t = \sum_k b_{k,t}\, \boldsymbol{\psi^*}_k \tag{4.6}$$

Da in dieser Gleichung bereits die Temperatur- sowie Modenvektoren bekannt sind, können die gemessenen Temperaturvektoren zur Bestimmung der Pseudo-Zeitkoeffizienten $b_{k,t}$ auf die Modenbasis projiziert werden (vgl. Gunes und Rist [44]).

$$\begin{bmatrix} | \\ \boldsymbol{T}_t \\ | \end{bmatrix} = \begin{bmatrix} | & | & & | \\ \boldsymbol{\psi^*}_1 & \boldsymbol{\psi^*}_2 & \cdots & \boldsymbol{\psi^*}_K \\ | & | & & | \end{bmatrix} \begin{bmatrix} b_{1,t} \\ b_{2,t} \\ \vdots \\ b_{K,t} \end{bmatrix} \tag{4.7}$$

Da die Modenbasis zur hinreichenden Abbildung der Dynamik auf eine geringe Modenzahl von $K < N_{\text{Sensor}}$ reduziert werden kann, ist das aus Gleichung 4.5 resultierende lineare Gleichungssystem 4.7 in der Regel überbestimmt und kann mit der Methode der kleinsten Quadrate in Sekundenbruchteilen auf Privatanwender-Computerhardware, wie sie für den Computer zur Steuerung des Experiments genutzt wird, gelöst werden.

Durch die Verwendung von dimensionsbehafteten Temperaturen besteht jedoch die Möglichkeit, dass trotz ähnlicher dimensionsloser Kennzahlen während der Vorversuche generell höhere oder niedrigere Temperaturen als bei der eigentlichen Messreihe vorliegen können. Diese unterschiedlichen Temperaturniveaus bei ähnlichen Kennzahlen werden zum Beispiel durch sich ändernde Temperaturen der Laborumgebung verursacht und würden die Übertragbarkeit der Modenbasis der Vorversuche auf die Messzeitreihe einschränken.

Um den Einfluss der unterschiedlichen Temperaturniveaus auf die Auslösebedingung zu eliminieren, wurden Temperaturen für dieses Verfahren verwendet, von denen für jeden Zeitschritt der räumliche Mittelwert $\langle T_{t^*} \rangle_X$ abgezogen wurde, was einer räumlichen Zentrierung der Datenmatrix entspricht:

$$\boldsymbol{T}_{t^*}^{\text{zentriert}} = \begin{bmatrix} T_{t^*}(X = 0{,}0056L) \\ T_{t^*}(X = 0{,}0468L) \\ \vdots \\ T_{t^*}(X = 0{,}9944L) \end{bmatrix} - \langle T_{t^*} \rangle_X \cdot \mathbf{1} \tag{4.8}$$

Zur Berechnung der Moden $\boldsymbol{\psi^*}_k$ wurde eine Vorversuchszeitreihe herangezogen, die $47{,}5 \times 10^3$ s beziehungsweise eineinhalb Rekonfigurationszyklen umfasste (siehe auch Abbildung 4.25 a)). Da die aus den $\boldsymbol{T}_{t^*}^{\text{zentriert}}$ dieser Messreihe gewonnenen Moden als Basis für das oben beschriebene Projektionsverfahren genutzt werden sollen, ist die Rekonstruktionsgenauigkeit dieser Modenbasis von Interesse. Als Maß für diese Genauigkeit, werden hier die mittleren und maximalen Rekonstruktionsresiduen, $\epsilon_T^{\text{mittel}}$ und ϵ_T^{max}, in Abhängigkeit von der bei der Rekonstruktion verwendeten Modenzahl K verwendet:

$$\epsilon_T^{\text{mittel}} = \left\langle \frac{\left\| \left(\sum_{k=1}^{K} c_{k,t^*} \boldsymbol{\psi^*}_k \right) - \boldsymbol{T}_{t^*}^{\text{zentriert}} \right\|_1}{N_{\text{Sensor}}} \right\rangle_{t^*} \tag{4.9}$$

$$\epsilon_T^{\text{max}} = \max_{t^*} \left(\left\| \left(\sum_{k=1}^{K} c_{k,t^*} \boldsymbol{\psi^*}_k \right) - \boldsymbol{T}_{t^*}^{\text{zentriert}} \right\|_\infty \right) \tag{4.10}$$

In Abbildung 4.24 werden die beiden Rekonstruktionsresiduen in Abhängigkeit von der zur Rekonstruktion verwendeten Modenzahl K dargestellt. Die Abbildung zeigt, dass die Rekonstruktionsresiduen mit zunehmender Anzahl der zur Rekonstruktion verwendeten Moden fallen. Auffällig für den Verlauf beider Residuen ist deren starker Abfall mit dem Erreichen der Modenzahl $K = 24$. Dies ist darauf zurückzuführen, dass die aus den Temperaturvektoren bestehende Zustandsmatrix der Dimension $25 \times t^*$ maximal über einen Rang von 25 verfügen kann. Dies ist gleichbedeutend mit maximal 25 linear unabhängigen Komponenten beziehungsweise orthogonalen POD-Moden, anhand derer die Zustandsvektoren beschrieben werden können. Durch die durchgeführte Zentrierung von Gleichung 4.8 verliert die Zustandsmatrix jedoch einen Rang (vgl. Bro und Smilde [17]), was bedeutet, dass bereits 24 Moden die Zeitverläufe der zentrierten Temperaturen vollständig beschreiben können und die Residuen ϵ_T ab dieser Modenzahl die Maschinengenauigkeit widerspiegeln.

Die Residuenverläufe von Abbildung 4.24 liefern außerdem eine mögliche Grundlage, die Anzahl der zur Projektion genutzten Moden festzulegen. So wurde hier eine Anzahl von $K = 5$ Moden gewählt, um die Dynamik der

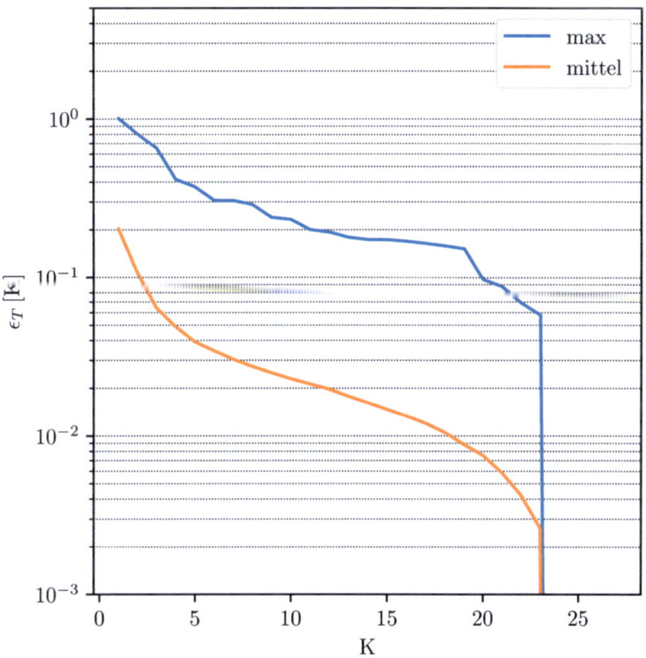

Abbildung 4.24: Temperatur-Rekonstruktionsresiduum für die im Vorversuch gewonnenen POD-Modenbasis.

Temperaturverläufe mit einem Modell reduzierter Ordnung zu beschrieben, da diese Modenanzahl den Übergang zu einem flacheren exponentiellen Abfall des mittleren Residuums markiert. Weiterhin beträgt das maximale Rekonstruktionsresiduum an dieser Stelle $\epsilon_T^{\mathrm{max}} \approx 0{,}4\,\mathrm{K}$, was sich bereits in der Größenordnung der turbulenten Fluktuationen dieser Temperaturen, die bei 0,2 K bis 0,4 K liegen, befindet.

Die Verläufe der Zeitentwicklungskoeffizienten der 5 Moden für die Vorversuchszeitreihe sind in Abbildung 4.25 b) aufgetragen. Zum Vergleich zeigt Teil a) der Abbildung außerdem die Zeitabwicklung der Verteilung der zentrierten Rückwandtemperaturen, welche mehrere Zustandswechsel aufweist. Anhand der warmen und kalten Bereiche in der Temperaturverteilung lassen sich in Übereinstimmung mit der Untersuchung von Schmeling *et al.* [99] Zeitintervalle mit unterschiedlich orientierten 3- und 4-LSC-Zuständen erkennen:

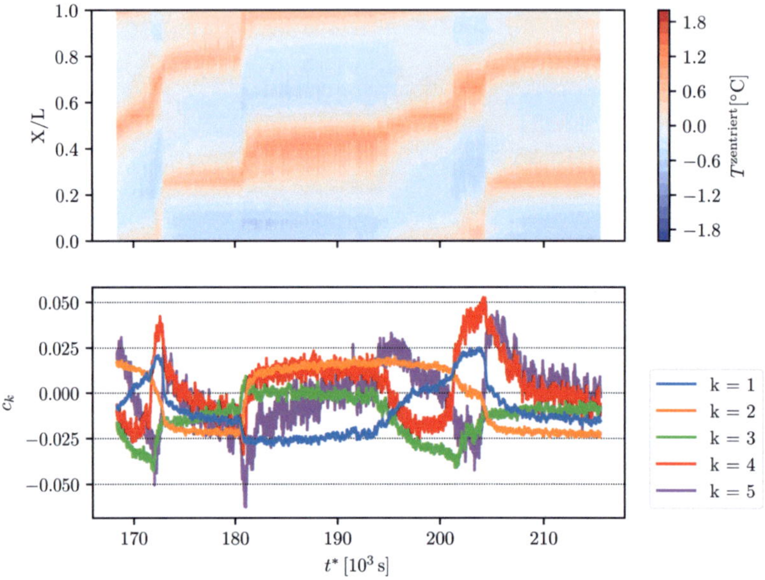

Abbildung 4.25: Oben: Zeitabwicklung der Temperaturverteilung an der Rückwand. Unten: Dazugehörige Zeitentwicklungskoeffizienten der ersten 5 POD-Moden.

So liegt zu Beginn der abgebildeten Messreihe ein 4-LSC-Zustand mit warmen Bereichen an den Seitenwänden vor, welcher bei $t^* \approx 175 \times 10^3$ s mit einer Übergangsphase im 3-LSC-Zustand in den anderen 4-LSC-Zustand übergeht. Dieser entwickelt sich $t^* = 180 \times 10^3$ s in einen 3-LSC-Zustand weiter, bis ab $t^* = 195 \times 10^3$ s wieder 4 LSCs vorliegen. Ein weiterer Wechsel der 4-LSC-Zustände durch einem Übergang 3 LSCs findet dann bei $t^* \approx 205 \times 10^3$ s statt.

Aus dem Vergleich dieser Entwicklungen mit denen der Koeffizienten der POD-Moden aus Abbildung 4.25 b) geht hervor, dass die ersten beiden Moden mit dem 3- bzw. 4-LSC-Zustanden assoziiert sind: Die Mode 1 ist beispielsweise mit dem 3-LSC-Zustand verbunden, da c_1 die größten Beträge aufweist, während die Temperaturverteilungen einen 3-LSC-Zustand darstellen, was zum Beispiel bei $t^* = 190 \times 10^3$ s der Fall ist. Auf eine ähnliche Art ist die 2. Mode mit dem 4-LSC-Zustand verbunden, was zum Beispiel das Intervall ab $t^* = 210 \times 10^3$ s offenbart, in dem c_2 den größten Betrag der Zeitentwicklungskoeffizienten aufweist und die Temperaturkonturen einen 4-LSC-Zustand mit warmen Bereichen bei $L/4$ und $3L/4$ zeigen. Da die Felder von beiden Zuständen, wie zum Beispiel auch Niehaus *et al.* [73] zeigen, zum Teil korreliert[1] sind, ist das Vorliegen eines gewissen Betrags der zugehörigen Zeitentwicklungskoeffizienten jedoch kein hinreichender Indikator für das Vorliegen eines bestimmten Zustands.

Die Zeitentwicklungskoeffizienten der übrigen drei Moden weisen dagegen während der Wechsel der verschiedenen Zustände sowohl negative als auch positive Ausschläge auf. Das zeigt, dass diese Moden die strukturelle Information, die für die Rekonstruktion der Übergangsprozesse nötig ist, enthalten, während die ersten beiden Moden mit den 4- und 3-LSC-Zuständen, die über längere Zeiträume vorliegen, assoziiert sind. Durch den Bezug zu den Übergangsprozessen sind diese Moden folglich besonders geeignet, um anhand ihrer Zeitentwicklungskoeffizienten Rekonfigurationsereignisse zu detektieren.

Um den Rekonfigurationsprozess analog zur tomografische PIV-Messung aufzunehmen, sollte die Messung mit dem Übergang von 4 auf 3 LSCs wie zum Beispiel bei $t^* \approx 181 \times 10^3$ s in Abbildung 4.25 starten. Dieser Zustandsübergang ist insbesondere durch ein Minimum des Zeitentwicklungskoeffizienten der 5. Mode gekennzeichnet. Im davor vorliegenden Intervall des 4-LSC-Zustands weist dieser Koeffizient zunächst einem positiven Wert auf und fällt dann, überlagert vom Rauschen, kontinuierlich. Dabei ist er bereits deutlich vor dem Zustandsübergang bei 181×10^3 s der Koeffizient mit dem niedrigsten Wert.

Diese Eigenschaft wurde für die in Formel 4.11 definierte Auslösebedingung der stereoskopischen PIV-Messung genutzt. So wird, während der 4-LSC-Zustand vorliegt, eine Messung genau dann ausgelöst, wenn der Pseudo-Zeitkoeffizient der 5. Mode zum ersten Mal den kleinsten Wert unter den Koeffizienten der Moden, die für die Projektion genutzten wurden, aufweist:

$$\begin{aligned} &\left(b_{5,t-\Delta t} \geq \min_k \left(b_{k<5,t-\Delta t}\right)\right) \quad \text{und} \\ &\left(b_{5,t} < \min_k (b_{k<5,t})\right) \end{aligned} \tag{4.11}$$

Abbildung 4.26 zeigt, wie dieses Verfahren für die in Kapitel 4.3.2 weiter ausgewertete Messung angewandt wurde. Ähnlich wie in Abbildung 4.25 ist im oberen Teil die Zeitabwicklung der rückwandnahen Temperaturen zur

1 Die POD-Moden selbst sind per Definition unkorreliert, stellen aber trotzdem Näherungen der Zustände beider LSC-Anzahlen dar. Daher ist zum Beispiel der Wert der mit dem 4-LSC-Zustand assoziierten Mode während des 3-LSC-Zustands nicht Null.

Orientierung dargestellt. Im Vorlauf der Messung lag dabei ein Zustand mit 4 LSCs vor. Die Rekonfiguration dieses Zustands startet bei $t \approx 65 \times 10^3\,\mathrm{s}$ mit dem Übergang in einem 3-LSC-Zustand und später ($t \approx 69 \times 10^3\,\mathrm{s}$) einem inversen 4-LSC-Zustand.

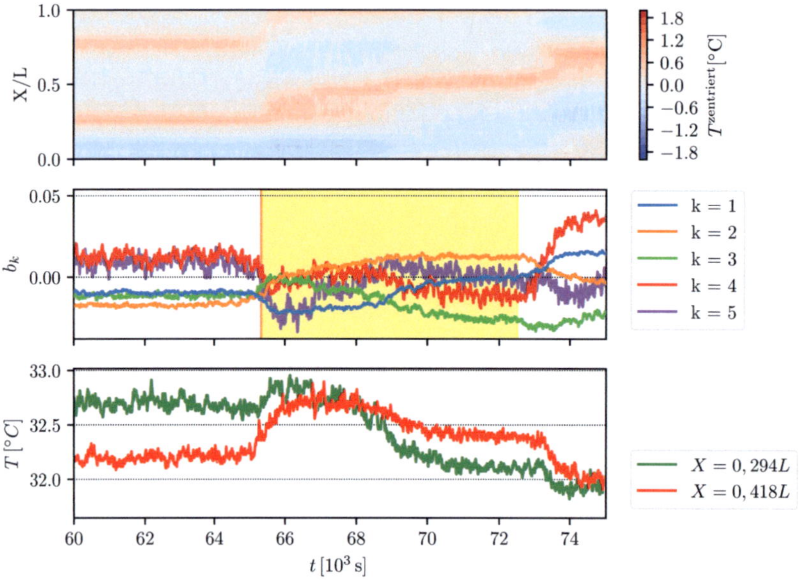

Abbildung 4.26: Oben: Zeitabwicklung der Temperaturverteilung an der Rückwand. Mitte: Dazugehörige Pseudo-Zeitkoeffizienten der Projektion auf die ersten 5 POD-Moden. Unten: Rohtemperatursignale, die denen aus der ursprünglichen Definition der Auslösebedingung entsprechen.

Das mittlere Diagramm von Abbildung 4.26 stellt dazu die aus der Projektion gewonnenen Pseudo-Zeitkoeffizienten dar. Der Vergleich mit dem Verhalten der tatsächlichen Zeitentwicklungskoeffizienten des Vorversuchs in Abbildung 4.25 ergibt, dass die einzelnen Koeffizienten über den Verlauf des Rekonfigurationsereignisses ein qualitativ ähnliches Verhalten zur die Vorversuchszeitreihe zeigen. Allerdings treten offenbar, bedingt durch leicht abweichende Kennzahlen von Vorversuch und Messung, Unterschiede in der Temperaturstruktur an der Rückwand auf, was quantitative Verschiebungen zwischen den Koeffizienten zur Folge hat. So stellt der gemessene Fall gerade einen Grenzfall für die Anwendbarkeit der Bedingung 4.11 dar, da zum

Beispiel der Negativausschlag des Koeffizienten für $k = 5$ deutlich schwächer ausfällt. Durch das Rauschen der Signale ist die Nähe aller Koeffizienten zu Beginn des Ereignisses jedoch ausreichend, dass Bedingung 4.11 in einzelnen Auswertezeitschritten erfüllt und die Messung ausgelöst wurde. Die Messdauer wird im Diagramm durch die farbigen Hintergründe signalisiert. Der schmale rote Bereich im mittleren Teil von Abbildung 4.26 kennzeichnet die Zeitspanne, in der die Messung durch die Auslösebedingung (4.11) gestartet wurde, aber sich noch nicht genug Impfpartikel für eine erfolgreiche PIV-Auswertung im Messvolumen akkumuliert haben. Dies ist dann im darauffolgenden gelbe Zeitintervall der Fall, welches die auswertbare Messdauer illustriert.

Die im unteren Teil der Abbildung dargestellten Temperaturverläufe der Sensoren des neuen Arrays, die denen aus Bedingung 4.3 entsprechen, ermöglichen außerdem den Vergleich zur bisherigen Methode. Wie dieser Abbildungsteil zeigt, wäre die alte Bedingung erst bei $t \approx 66 \times 10^3$ s, am ersten Schnittpunkt der beiden Kurven, erfüllt gewesen. Für diesen konkreten Fall wurden durch den Einsatz der neuen Bedingung also ca. 660 s Messzeit am Beginn des Rekonfigurationsereignisses gewonnen, was eine deutliche Verbesserung bedeutet.

Dabei ist jedoch zu betonen, dass durch dieses POD-basierte Verfahren keine neuen Informationen aus den Temperaturen erzeugt werden und durch eine geschickte Wahl einer Linearkombination von Temperatursignalen eine ähnlich gute Bedingung definiert werden könnte. Das Verfahren unterstützt aber eben jene Wahl maßgeblich, da durch die POD eben jene optimalen Linearkombinationen zur Abbildung der Dynamik über die Messreihe extrahiert werden.

4.3.2 *Makroskopische Rekonfigurationsmechanismen*

Durch die mit dem POD-basierten Auslöseverfahren gestarteten Messungen wurden Geschwindigkeitsfelder für die komplette Länge der Zelle während Rekonfigurationsereignissen erfasst. Im Folgenden werden diese Ergebnisse hinsichtlich der Charakteristiken der unterschiedlichen Modellvorstellungen für Rekonfigurationsmechanismen, Klappen (Kapitel 4.2.2) und Translation (Kapitel 4.1), untersucht. Dadurch soll die Fragestellung geklärt werden, ob beide Modellvorstellungen vereinbar sind. Das dies eine spezifische Fragestellung für den Rekonfigurationstyp $\mathcal{S}$ ist, wird in diesem Unterkapitel auch ausschließlich dieser Fall in Betracht gezogen.

Als Nachweis für die Vergleichbarkeit der Messreihen mit der Messung aus Kapitel 4.2.2 werden die zweidimensionalen Geschwindigkeitsfelder ähnlich wie in Gleichung 4.7 im jeweiligen Schnittbereich ($^{\boxtimes}$) auf die Moden der dreidimensionalen Messung projiziert.

$$\begin{bmatrix} | \\ \boldsymbol{u}_t^{\boxtimes} \\ | \end{bmatrix} = \begin{bmatrix} | & | & | & | \\ \boldsymbol{\phi}_1^{\boxtimes} & \boldsymbol{\phi}_2^{\boxtimes} & \boldsymbol{\phi}_3^{\boxtimes} & \boldsymbol{\phi}_4^{\boxtimes} \\ | & | & | & | \end{bmatrix} \begin{bmatrix} d_{1,t} \\ d_{2,t} \\ d_{3,t} \\ d_{4,t} \end{bmatrix} \tag{4.12}$$

Als Geschwindigkeitsdaten $\boldsymbol{u}^{\boxtimes}$ für die Projektion, die im oben dargestellten Gleichungssystem 4.12 dargestellt ist, wurden dabei die kurzzeitgemittelten Felder aus dem Bereich bis $X \leq 0{,}24L$ genutzt. In Abbildung 4.27 sind die sich aus der Projektion ergebenden Pseudo-Zeitkoeffizienten d_k (oben) zusammen mit den dazugehörigen mittleren Rekonstruktionsresiduen (unten) als Zeitverläufe dargestellt. Die Abbildung teilt sich so in vier Diagramme auf, von denen sich die linke Seite auf die Messebene Z1 und die rechte Seite auf Z2 bezieht.

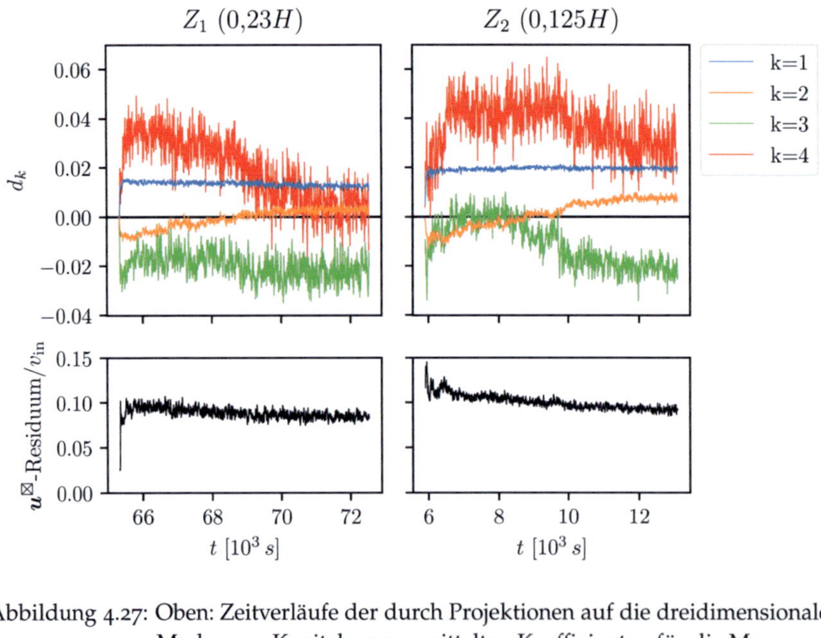

Abbildung 4.27: Oben: Zeitverläufe der durch Projektionen auf die dreidimensionalen Moden aus Kapitel 4.2.2 ermittelten Koeffizienten für die Messungen auf den Ebene Z1 (links) und Z2 (rechts) für den Fall $\mathcal{S}$. Unten: Zugehörige Rekonstruktionsresiduen.

Für beide Messungen zeichnen sich ähnliche Verläufe von d_k wie für a_k in Abbildung 4.14 ab. Dabei bleibt der Beitrag der 1. Mode (d_1) konstant, während der Koeffizient der 2. Mode (d_2) von negativen auf positive Werte wechselt. Entsprechend der Erkenntnisse aus Kapitel 4.2.2 umfassen die beiden Messreihen jeweils ca. 50 % des dort beschriebenen Rekonfigurationszyklus. Auch die Koeffizienten der Moden 3 und 4 weisen mit erhöhten Werten während des Anstiegs von d_2 qualitativ die zu erwartende Signatur für dieses Intervall auf. Jedoch sind sie in Bezug auf die Referenzsignatur von Fall $\mathcal{S}_{3D}$ gegenüber der Nulllinie verschoben. Derartige Abweichungen sind jedoch dadurch erklärbar, dass die Projektion (Gleichung 4.12) nur in einem kleinen Ausschnitt, in dem sich das Messvolumen von $\mathcal{S}_{3D}$ und die Messebenen von $\mathcal{S}_{Z1}$ und $\mathcal{S}_{Z2}$ überlappen, durchgeführt wird. Weiter repräsentieren die Moden 3 und 4 auch kleinere Strömungsstrukturen, welche möglicherweise nicht vollständig im Überlappungsbereich enthalten sind. Dies ist auch ein möglicher Grund, weshalb Abweichungen zwischen den gemessenen Feldern und ihrer Rekonstruktion durch das auf 4 Moden reduzierte Modell auftreten. Diese Abweichungen werden als Zeitverläufe der räumlich gemittelten Residuen des Gleichungssystems 4.12 im unteren Teil der Abbildung 4.27 dargestellt. Für beide Fälle betragen die Abweichungen zwischen Messergebnis und Rekonstruktion durch die Moden im Mittel ca. $0{,}1 v_{\mathrm{in}}$.

Da die aufgenommenen Messreihen den Ergebnissen der Projektion zur Folge den Übergang von einem 4-LSC-Zustand in den entgegengesetzten 4-LSC-Zustand zeigen, wird nachfolgend untersucht, ob der Übergang, wie durch die Temperaturmessungen (Kapitel 4.1) angedeutet, über einen 3-LSC-Zustand erfolgt oder ob lediglich eine Längsrolle vorliegt, was der Extrapolation der Ergebnisse am linken Rand aus Kapitel 4.2.2 entspricht. Um dies anhand der vorliegenden Geschwindigkeitsfelder in den horizontalen Schnittebenen zu bestimmen, werden zwei räumlich gemittelte Größen, $\langle u_Z \rangle_{0{,}08W \leq Y \leq 0{,}34W}$ und $\langle u_X \rangle_Y$, über den Zeitverlauf betrachtet.

Um die Aussagekraft dieser beiden Größen zu erläutern, zeigt Abbildung 4.28 drei kurzzeitgemittelte Geschwindigkeitsfelder des Falls $\mathcal{S}_{Z1}$. Sie repräsentieren von oben nach unten die Strömung im späten 4-LSC-Zustand, gefolgt vom 3-LSC-Zustand und dem umgekehrten 4-LSC-Zustand. Dabei sind die planaren Geschwindigkeitskomponenten in Vektorform dargestellt und die Z-Komponente durch deren Einfärbung.

Um die Lage und Ausprägung der LSCs einschätzen zu können, werden die X-Bereiche mit starken Aufwärtsströmungen herangezogen. Diese befinden sich bei $L/4$ und $3L/4$ (oben), $L/3$ und L (mittig) sowie $0L$, $L/2$ und L (unten). Sie zeichnen sich dadurch aus, dass die Bereiche mit aufsteigender Luft sich weiter bzw. komplett bis zur Frontwand ($Y = 0$) erstrecken. Diese

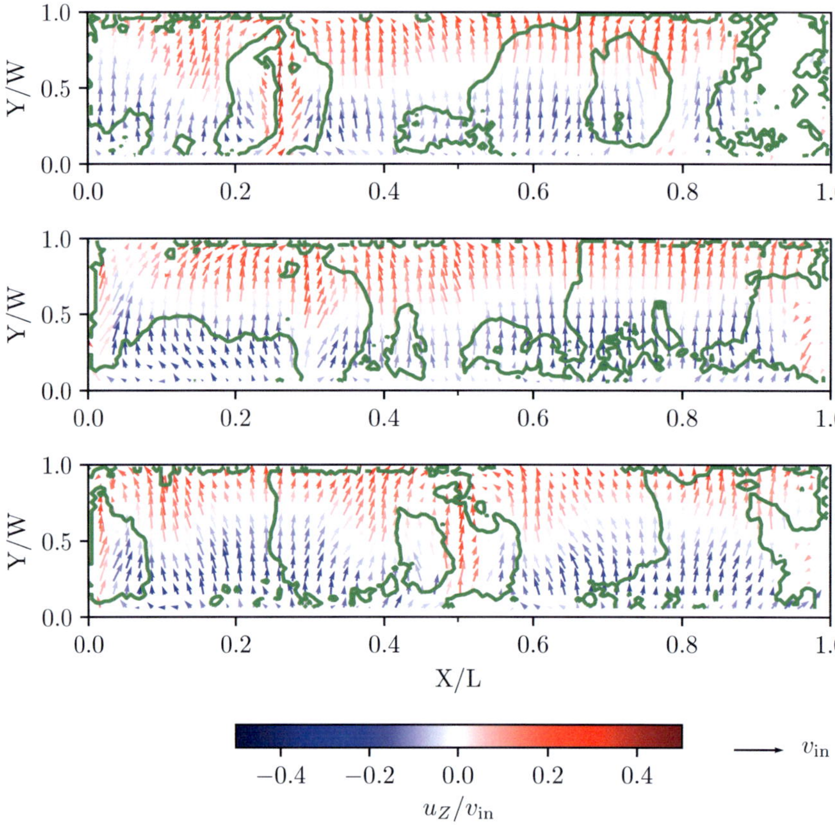

Abbildung 4.28: Exemplarische, kurzzeitgemittelte Geschwindigkeitsfelder für den Fall $\mathcal{S}_{Z1}$. Die planaren Geschwindigkeitskomponenten sind als Vektoren dargestellt. Die vertikale Geschwindigkeitskomponente wird durch deren Einfärbung dargestellt. Die grüne Isolinie $u_X = 0$ kennzeichnet Vorzeichenwechsel der Längskomponente.

Ausbreitung des aufströmenden Fluids ist ein Fußabdruck der sekundären Rollenzweige, welche in Kapitel 4.2.2 näher vorgestellt wurden. Sofern diese Rollenzweige nicht an eine Seitenwand gebunden sind, bilden jeweils zwei solcher Rollenzweige ein Y-paralleles Wirbelpaar (vgl. Abbildung 4.11 oder Kühn *et al.* [60]), welches in der Lage ist, auch im vorderen Bereich der Zelle, der üblicherweise von der Abströmung durch die erzwungene Konvektion dominiert ist, Luft nach oben zu transportieren. Um diese Strukturen im Zeitverlauf zu untersuchen, wird deshalb mit $\langle u_Z \rangle_{0{,}08W \leq Y \leq 0{,}34W}$ insbesondere über den vorderen Bereich der Zelle gemittelt, um einen deutlichen Kontrast zu den umgebenden Bereichen zu erzielen.

Da durch die Betrachtung der Vertikalgeschwindigkeiten lediglich die Grenze zwischen zwei LSCs hervorgehoben wird, an der sich ein Hotspot befindet, wird als weiterer Indikator für die Anzahl und Positionierung der LSC die longitudinale Geschwindigkeitskomponente im räumlichen Mittel über die komplette Zelltiefe $\langle u_X \rangle_Y$ herangezogen. Da durch die diagonale Ausrichtung der Rollensegmente in den beobachteten Ebenen jeweils eine Strömung nach links oder rechts zum Hotspot hin auftritt, zeichnen sich die LSC-Grenzen bei dieser Größe als Vorzeichenwechsel von u_X ab. Um diese Eigenschaft besser nachvollziehen zu können, sind diese Vorzeichenwechsel durch grüne Isolinien ($u_X = 0$) in Abbildung 4.28 dargestellt. Die Einschränkungen der Kontrastierung der LSC-Grenzen mit dieser Methode besteht jedoch darin, dass abhängig von der Lage der Schnittebene, weitere Vorzeichenwechsel, beim Schneiden des Wirbelpaares der sekundären Rollenzweige auftreten können. Da diese aber durch die Betrachtung der Vertikalgeschwindigkeiten lokalisiert werden können, ermöglicht die Kombination von $\langle u_Z \rangle_{0{,}08W \leq Y \leq 0{,}34W}$ und $\langle u_X \rangle_Y$ eine zuverlässige Analyse der Lage einzelner LSC.

Die Abwicklung der beiden Größen in der Zeit und entlang X wird in Abbildung 4.29 für die Messebene Z1 dargestellt. Der obere Teil dieser Darstellung zeigt den Überblick über die gesamte Messreihe, während in den unteren Diagrammen das Intervall direkt nach dem Messstart detaillierter abgebildet wird.

In diesen Detaildarstellungen für u_X und u_Z ist die Ausgangssituation mit der Lage der Hotspot-Strukturen bei $L/4$ und $3L/4$ erkennbar. Die Darstellung für u_X deutet zudem auf eine weitere LSC-Grenze bei $L/2$ hin. Da die Messungen durch das Ereignis ausgelöst wurden und sich in den ersten 200 s nach der Messauslösung die Impfpartikel noch in der Zelle verteilen mussten, sind die Ergebnisse vor allem am linken Zellrand z.T. noch von Rauschen überlagert. So lässt sich anhand der vorhandenen Entwicklung nur vermuten, dass der Hotspot bei $3L/4$ eine neue Position bei $X = L$ einnimmt. Entspre-

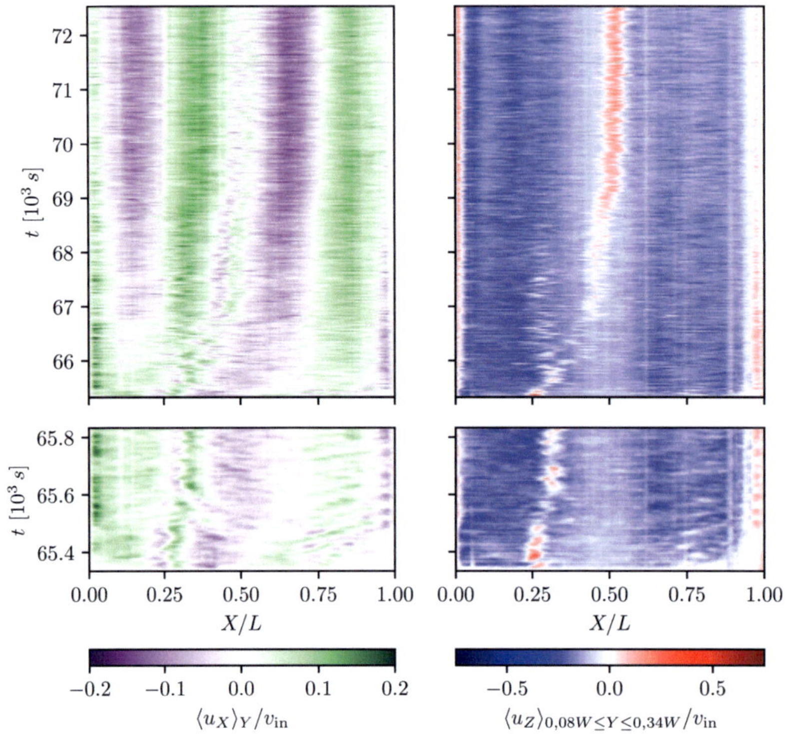

Abbildung 4.29: Zeitabwicklungen der in Y gemittelter Geschwindigkeitskomponenten für Fall $\mathcal{S}$ in der Ebene $Z1$. Links: u_X über die komplette Tiefe Y gemittelt. Rechts: u_Z gemittelt über einen Y-Bereich, der dem vorderen Zelldrittel entspricht.

chend könnten auch keine genaueren Aussagen über diesen Teil des Prozesses getroffen werden.

Aus diesem Grund wird die Entwicklung der Struktur bei $L/4$ genauer untersucht: Sie ist zu Beginn der in Abbildung 4.29 dargestellten Messreihe durch aufsteigende Vertikalkomponenten u_Z gekennzeichnet und weist in der u_X-Komponente drei in kurzen X-Schritten aufeinander folgende Vorzeichenwechsel auf, was auf den oben beschriebenen Schnitt durch das Y-parallele Wirbelpaar zurückzuführen ist. Die Struktur verschiebt sich in dem Zeitintervall von Messbeginn bis ca. $t = 69 \times 10^3\,\text{s}$ auf die neue Position $L/2$. Die Verschiebungstrajektorie der erhöhten Vertikalgeschwindigkeiten $\langle u_Z \rangle_{0{,}08W \leq Y \leq 0{,}34W}$ in der X-t-Ebene von $L/2$ nach $L/4$ weist jedoch Unterbrechungen auf. Besonders im Intervall zwischen 66×10^3 s und 67×10^3 s treten kaum positive Vertikalgeschwindigkeiten $\langle u_Z \rangle_{0{,}08W \leq Y \leq 0{,}34W}$ auf. Direkt im Anschluss sind die positiven $\langle u_Z \rangle_{0{,}08W \leq Y \leq 0{,}34W}$-Werte auch noch deutlich abgeschwächt, bevor sie ab 69×10^3 s wieder ihren vollen Betrag erreichen. Dies bestätigt die Ergebnisse aus Kapitel 4.2.2, die zeigten, dass die Sekundärstruktur im 3-LSC-Zustand beziehungsweise der Übergangsphase zwischen den 4-LSC-Zuständen an Stärke verlieren oder zusammenbrechen kann. Die Verläufe zeigen außerdem, dass in dieser Phase immer wieder kurze Ereignisse auftreten, bei denen aufsteigende Luft an Positionen links und rechts neben der im $\langle u_X \rangle_Y$-Diagramm erkennbaren Verschiebungstrajektorie auftreten. Dies bestätigt noch einmal, dass sich der 3-LSC-Zustand wesentlich erratischer als die quasi-stabilen 4-LSC Zustände verhält, was ihn deutlich als Übergangszustand charakterisiert.

Abbildung 4.30 zeigt analog zur vorherigen Darstellung die Zeitentwicklung von $\langle u_X \rangle_Y$ und $\langle u_Z \rangle_{0{,}08W \leq Y \leq 0{,}34W}$ in der Ebene $Z2 = H/8$. Ähnlich wie die Darstellung für $Z1$ wir dabei der Übergang von 4 über 3 zu 4 LSCs abgebildet, bei dem sich insbesondere der Hotspot von $L/4$ auf $L/2$ verschiebt. Trotz dieser grundsätzlichen Gemeinsamkeit weist die Analyse Unterschiede zwischen den Ebenen auf: So sind zum Beispiel die zeitlichen Unterbrechungen der Hotspotstruktur in der Darstellung von $\langle u_Z \rangle_{0{,}08W \leq Y \leq 0{,}34W}$ für $Z2$ deutlich kürzer. Gleichzeitig treten aber im Übergang zwischen den beiden 4-LSC-Zuständen mehrere solcher Strukturen in der Region um $L/4$ auf, welche parallel existieren und ihre Position entlang der X-Achse mit zeitlichen Unterbrechungen ändern. Diese Beobachtungen werden im folgenden Kapitel 4.3.3 genauer diskutiert.

Hinsichtlich $\langle u_X \rangle_Y$ besteht zwischen den beiden Ebenen der Unterschied, dass für $Z2$ der Bereich am linken Zellrand, der ursprünglich positive $\langle u_X \rangle_Y$-Werte aufwies, mit der Rekonfiguration vollständig durch einen Bereich mit negativen Werten verdrängt wird, während für $Z1$ ein schmaler Bereich positiver $\langle u_X \rangle_Y$ direkt an der linken Seitenwand bestehen bleibt. Dies ist auf den sich dort bildenden Hotspot und die damit verbundene Sekundärstruktur zurückzuführen (vgl. Abbildung 4.10 b)). Auf Grund der unterschiedlichen Schnitthöhen wird diese in $Z2$ nicht erfasst, was sich auch beim von $L/4$ nach $L/2$ wandernden Hotspot beobachten lässt.

Was die Fragestellung der Übertragbarkeit der Klappmechanismus-Modellvorstellung betrifft, lassen sich diese Beobachtungen jedoch soweit zusammenfassen, dass sich dieser Mechanismus für das Verhalten von LSCs an den Seitenwänden nicht vollständig auf die übrige Zelllänge übertragen lässt. Dies wird darin deutlich, dass für den $L/4$-Hotspot in allen Darstellungen eine Translationsbewegung nach $L/2$ nachvollzogen werden kann. Da der

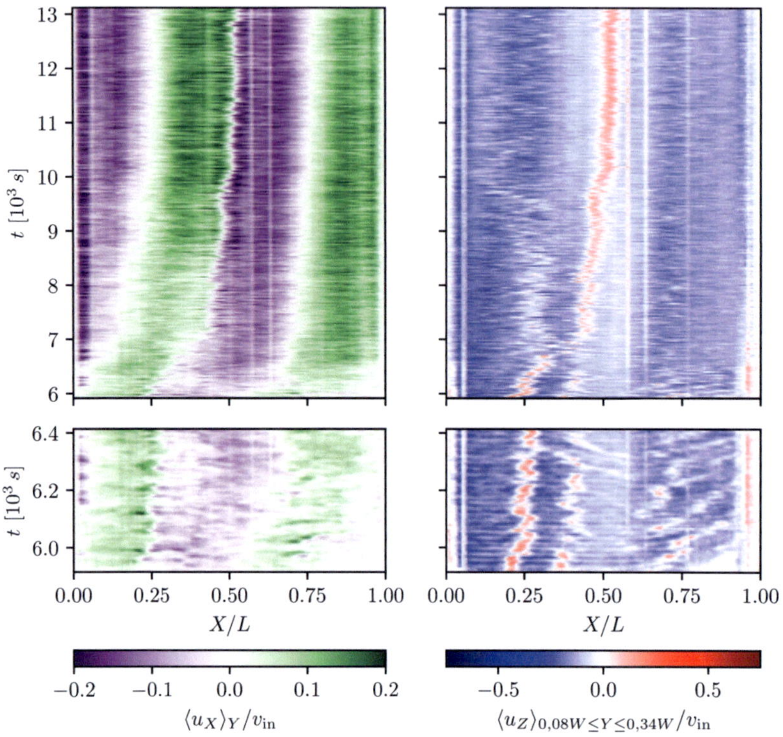

Abbildung 4.30: Zeitabwicklungen der in Y gemittelter Geschwindigkeitskomponenten für Fall $\mathcal{S}$ in der Ebene $Z2$. Links: u_X über die komplette Tiefe Y gemittelt. Rechts: u_Z gemittelt über einen Y-Bereich, der dem vorderen Zelldrittel entspricht.

Übergangszustand beim Klappmechanismus eine gerade Konvektionsrolle in Längsrichtung darstellt, wären in diesem Fall für den Übergangszustand zwischen den beiden 4-LSC-Zuständen keine Beträge von $\langle u_X \rangle_Y$ und auch keine Hotspot-Strukturen in der $\langle u_Z \rangle_{0{,}08W \leq Y \leq 0{,}34W}$-Darstellung sichtbar gewesen.

Dennoch deuten die Ergebnisse darauf hin, dass gewisse Charakteristiken des Klappmechanismus für die Dynamik der LSCs auf die komplette Länge der Zelle übertragbar sind. Dies zeigt sich darin, dass Hotspot-Strukturen während des Übergangs zwischen den 4-LSC-Zuständen, das heißt im 3-LSC-Zustand, zeitweise auflösen oder erratisch ihre Position ändern. Gleichzeitig sind die Beträge der dargestellten Längskomponenten in diesen Zeitspannen

(Z1: $65 \times 10^3\,\mathrm{s} \leq t \leq 69 \times 10^3\,\mathrm{s}$ und Z2: $6 \times 10^3\,\mathrm{s} \leq t \leq 9 \times 10^3\,\mathrm{s}$) deutlich schwächer als im jeweils danach vorliegenden quasistabilen 4-LSC-Zustand.

4.3.3 *Wechselwirkung zwischen großskaligen und kleineren Strukturen*

Das vorangegangene Kapitel hat gezeigt, dass sich neben Charakteristiken der Modellvorstellung des Translationsmechanismus auch Charakteristiken des Klappmechanismus in der Untersuchung der zeitlichen Entwicklung der LSCs wiederfinden. Dies zeigt, dass es diese Modellvorstellungen ermöglichen, das dynamische Verhalten der Strömung jeweils vereinfacht zu beschreiben. Jedoch wurde auch deutlich, dass beide Modellvorstellungen zu grob sind, um alle während den Rekonfigurationen ablaufenden Mechanismen vollständig zu beschreiben. Aus diesem Grund werden in diesem Kapitel kleinerskalige Strukturen genauer untersucht, um die Abläufe während der Rekonfigurationen und damit auch ihre Ursachen besser zu verstehen.

Durch den Beitrag der thermischen Konvektion zur untersuchten Strömung ist der Einfluss von lokal aufsteigenden Strukturen wie Plumes von besonderem Interesse. Insbesondere zeigen Untersuchungen wie zum Beispiel von Wang *et al.* [127], dass Rekonfigurationsereignisse in thermischer Konvektion bei bestimmten Randbedingungen auf die Eruption vereinzelter starker Plumes zurückgehen können.

Zur Erkennung von Plumes wird bei Untersuchungen in RBC üblicherweise die Fluidtemperatur verwendet, so zum Beispiel bei Shishkina und Wagner [107] sowie Zhou *et al.* [143]. Da die Temperatur bei dieser Messkampagne nicht als Feldgröße zur Verfügung steht, konnten lediglich die Strömungsgeschwindigkeiten zur Detektion von Plumes genutzt werden. Aufbauend auf die klassische Form eines thermisches Plumes, bestehend aus Wurzel, Stamm und Kopf, können unterschiedliche Charakteristiken für die Erkennung genutzt werden. Für Mischkonvektionsströmungen wird dafür zum Beispiel von Shevkar *et al.* [106] die planare Geschwindigkeitsdivergenz in einer horizontalen Ebene genutzt, was dem Erkennen der konvergenten Strömung im Bereich der Plumewurzel dient. Dieses Kriterium ist jedoch speziell auf wandnahe Messebenen zugeschnitten. Da hier auch die Interaktion von Plumes mit der Hauptkonvektionsrolle untersucht werden soll, wurden jedoch höher gelegene Messebenen gewählt, welche für eine derartige Detektion nicht geeignet sind. Als Erkennungskriterium wurde daher die erhöhte Vertikalgeschwindigkeit im Stamm des Plumes (siehe zum Beipsiel Cagney *et al.* [21]) genutzt. Die wird durch die Ergebnisse von Pirozzoli *et al.* [82] unterstützt, die zeigen, dass Vertikalgeschwindigkeit und Fluidtemperatur auch in Mischkonvektion korreliert sind.

Für die Untersuchung von Mischkonvektion muss dennoch auch ein möglicher Einfluss der erzwungenen Konvektion berücksichtigt werden. So können, wie in Kapitel 4.2.3 gezeigt, beispielsweise auch Taylor-Görtler-artigen Wirbel erhöhte Vertikalgeschwindigkeiten auf kleineren Skalen verursachen. Die sich deutlich unterscheidenden Rekonfigurationsdynamiken der Fälle $\mathcal{S}$ und $\mathcal{C}$ weisen jedoch darauf hin, dass die unterschiedlichen Strukturtypen anhand ihrer zeitlichen Entwicklungen differenzierbar sind.

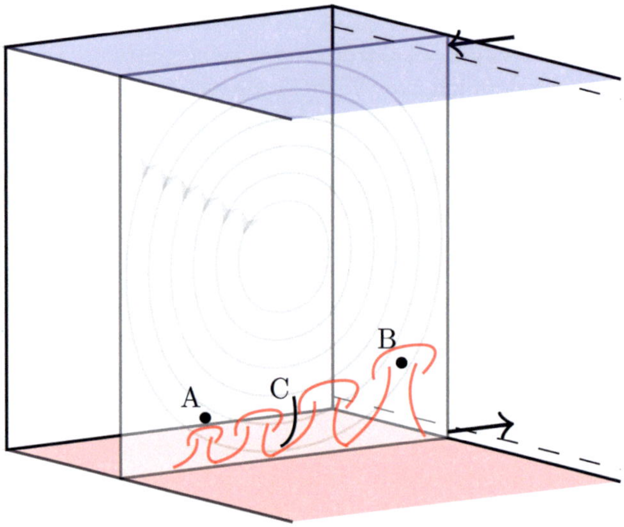

Abbildung 4.31: Prinzipskizze möglicher Plumes in einer YZ-Ebene. Grau dargestellt ist die durch die erzwungene Konvektion geprägte longitudinale Konvektionsrolle. Rot abgebildet sind mögliche Plumes, die mit der longitudinalen Rolle interagieren. Die Beschreibung der Interaktion in den Bereichen A, B und C erfolgt im Text.

Um festzulegen, welche auf die Vertikalgeschwindigkeit bezogene Größe zur Detektion von Plumes in Frage kommt, werden anhand von Abbildung 4.31 die dafür grundlegenden Annahmen erörtert. Diese Darstellung zeigt schematisch einen vertikalen Schnitt durch den experimentellen Aufbau und die erzwungene Konvektionsrolle, die durch graue Pfeile repräsentiert wird. Zusätzlich sind in rot mehrere aus der Heizplattengrenzschicht emittierte Plumes dargestellt. Dabei ist die Anordnung dieser Plumes generisch und stellt nicht miteinander interagierende Plumes oder einen Zeitverlauf dar.

Die Abbildung illustriert, dass sich der Wirkbereich der erzwungenen Konvektionsrolle und der Plumes im Höhenbereich der Messebenen überlagern und folglich eine Interaktion stattfinden muss. Entsprechend werden nachfolgend die zu erwartenden Wechselwirkungen als Aspekte für eine Detektionskriterium für die markierten Bereiche A-C diskutiert. Im markierten Bereich A wirkt beispielsweise die Auftriebskomponente der erzwungenen Zirkulation entgegen. Dort würde durch ein Grenzwertkriterium basierend auf Vorzeichenwechseln der instantanen Geschwindigkeit u_Z kein Plume detektiert werden, da die Strömung in diesem Bereich noch von der erzwungenen Konvektion dominiert wird. Dennoch würde an dieser Stelle bereits eine schwächere negative Vertikalgeschwindigkeit auftreten, da der unter dem Beobachtungspunkt liegende Plume bereits eine Stauwirkung erzeugt. Um aufsteigende Strukturen bereits anhand dieser Stauwirkung detektieren zu können, kann jedoch eine Schwankungsgeschwindigkeit wie folgt definiert werden:

$$\boldsymbol{u}'(\boldsymbol{X},t) = \boldsymbol{u}(\boldsymbol{X},t) - \langle \boldsymbol{u} \rangle_{t,X}(Y) \tag{4.13}$$

Da das über Zeit t und entlang X gemittelte Feld $\langle \boldsymbol{u} \rangle_{t,X}(Y)$ näherungsweise die erzwungene Konvektionsrolle abbildet, können so Abweichungen von dieser Idealvorstellung ermittelt werden. Dabei verhindert die zusätzliche Mittelung über X, dass sich die Hotspotstrukturen des über ein längere Zeitintervall vorliegenden 4-LSC-Zustands auf die Mittelwerts- und Schwankungsfelder übertragen. Anhand der Betrachtung dieser Schwankungsgröße würden auch im Bereich B nur Plumes identifiziert, wenn der dort bereits durch die erzwungene Konvektion zu erwartende positive Wert der Vertikalgeschwindigkeit durch eine zusätzliche Auftriebswirkung überschritten wird.

Diese Methode birgt jedoch den entscheidenden Nachteil, dass ein scherinduzierter Ursprung für die Schwankungen nicht von einem thermischen Ursprung trennbar ist. So könnten zum Beispiel positive u'_Z im Bereich A durch den Staueffekt darunterliegender Plumes, aber auch durch scherinduzierte Schwankungen in der erzwungenen Konvektionsrolle hervorgerufen werden.

Dagegen können bei hohen Werten der instantanen Vertikalgeschwindigkeit Schwankungen durch Schereffekte zu einem Großteil als Ursache ausgeschlossen werden. Deshalb wird die folgende Grenzwertbedingung zur Identifikation von Plumes genutzt:

$$u_Z(\boldsymbol{X},t) > \sigma_{t,\boldsymbol{X}}(u_Z) \tag{4.14}$$

Sie basiert auf den instantanen Vertikalgeschwindigkeitswerten $u_Z(\boldsymbol{X}, t)$, welche mit der Standardabweichung dieser Komponente über die Zeit sowie den kompletten Messbereich $\sigma_{t,\boldsymbol{X}}(u_Z)$ verglichen werden.

Damit werden im vorderen Zellbereich lediglich Bereiche Plumes zugeordnet, die tatsächlich aufsteigendes Fluid aufweisen. Gleichzeitig ist dieser Grenzwert trotzdem noch hoch genug ist, um auch im hinteren Zellbereich signifikant schnellere Strukturen von der übrigen Strömung zu unterscheiden.

Ein weiterer wesentlicher Aspekt der Interaktion von Plumes mit der Hauptkonvektionsrolle kann anhand der in Abbildung 4.31 mit C markierten Region erklärt werden. Entlang der dort markierten Flanke eines Plumes wird die Strömung der erzwungenen Konvektionsrolle durch das aufsteigende Fluid des Plumes gestört. In diesem Bereich können zwei unterschiedliche Mechanismen zu tragen kommen. Einerseits kann das aufsteigende Fluid die Y-Bewegung des umliegenden Fluids abbremsen, da die Plumes aus ursprünglich bodenplattennahem Fluid bestehen, welches zunächst kaum Y-Impuls besitzt. Andererseits ist es möglich, dass die Auftriebskräfte das Plumefluid weniger stark in die vertikale Richtung beschleunigen und es so bereits in niedrigeren Schichten den Y-Impuls übertragen bekommt. In diesem Fall würde der genau umgekehrte Effekt eintreten, welcher bedeutet, dass die Plumes in Y-Richtung schnelleres Fluid aus den äußeren Schichten der Konvektionsrolle (vgl. Schmeling *et al.* [103]) in die langsameren inneren Bereiche transportieren.

Um zu klären, welcher der beiden Mechanismen vorliegt, wird in den folgenden Unterkapiteln auch die Korrelation zwischen den Geschwindigkeitskomponenten in Tiefen- und Höhenrichtung der Zelle untersucht. Um die Felder des Korrelationsmaßes $u'_Y u'_Z$ zu berechnen, wurde auf die Definition der Schwankungsgrößen von Gleichung 4.13 zurückgegriffen.

Die Informationen über die zeitlich-räumliche Verteilung der Plumes sowie deren Korrelationscharakteristik werden anschließend genutzt, um den Ablauf der Rekonfigurationen genauer zu untersuchen. Diese Untersuchungen erfolgen in den anschließenden Unterkapiteln separiert nach den Fällen $\mathcal{S}$ und $\mathcal{C}$.

4.3.3.1 *Fall $\mathcal{S}$: Gliederung der Superstrukturen*

Wie in Kapitel 4.3.3 beschrieben, zeichnen sich Plumestrukturen durch eine auftriebsbedingt erhöhte Vertikalgeschwindigkeit aus. Deshalb werden als erster Schritt die Häufigkeitsverteilungen der instantanen Geschwindigkeitskomponenten untersucht, um zu überprüfen, ob Strukturen wie Plumes darin bereits einen statistischen Fußabdruck, wie zum Beispiel ein lokales Maximum, hinterlassen.

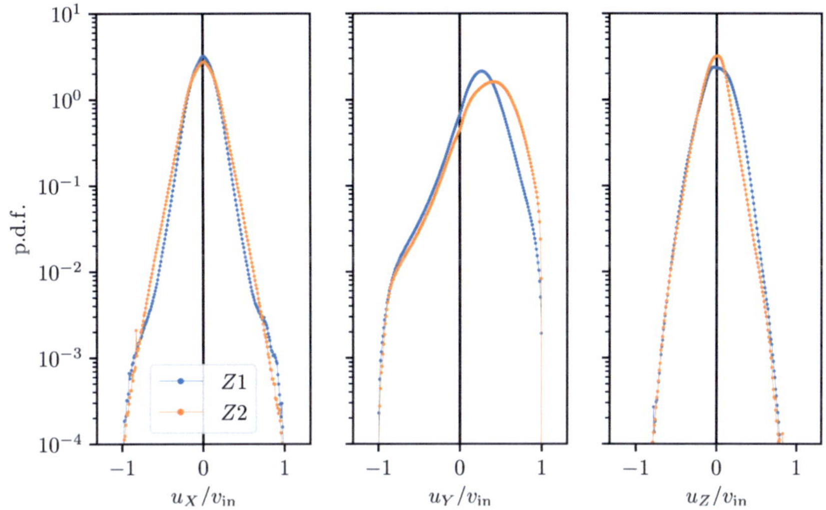

Abbildung 4.32: Relative Häufigkeitsverteilungen der einzelnen instantanen Geschwindigkeitskomponenten für Fall $\mathcal{S}$ in den beiden Messebenen $Z1$ $(H/4)$ und $Z2$ $(H/8)$.

Abbildung 4.32 stellt die unterschiedlichen Häufigkeitsverteilungen der einzelnen Komponenten u_X, u_Y und u_Z normiert auf v_{in} für die beiden Messebenen $Z1$ und $Z2$ dar. Die Geschwindigkeiten der X-Komponente sind dabei in beiden Ebenen nahezu symmetrisch um den Nullwert verteilt. Allerdings ist die Verteilung in der oberen Ebene $Z1$ spitzer. Das bedeutet, dass die mit den thermischen Strömungsanteil assoziierten Längsbewegungen mit zunehmender Nähe zur beheizten Bodenplatte stärker werden.

u_Y zeigt in beiden Ebenen zu positiven Werten hin verschobene asymmetrische Häufigkeitsverteilungen mit einer Linksschiefe. Die Verschiebung der Maxima hin zu positiven Werten stimmt damit überein, dass durch die Lage der Hauptkonvektionsrolle eine positive Geschwindigkeitskomponente u_Y in der unteren Zellhälfte vorherrschend ist. Im Vergleich der beiden Ebenen zeigt sich, dass der Höhenbereich $H/8 \leq Z \leq H/4$ sich noch im Einflussbereich der Festkörperrotation - als Modellvorstellung für die Hauptkonvektionsrolle - befindet, da die mittlere Y-Geschwindigkeit in der tiefer gelegenen Ebene $Z2$ größer ist.

Hinsichtlich der Z-Komponenten liegen die Maxima der Häufigkeitsverteilung wieder beim Nullwert. Die Verteilung ist dabei für die Ebene $Z1$

weniger spitz, da die Hauptkonvektionsrolle zur mittleren Höhe $Z \approx H/2$ hin die größten Vertikalgeschwindigkeitsbeträge aufweist. Außerdem fallen die Häufigkeiten in der unteren Ebene $Z2$ zu positiven u_Z schneller als zur negativen Seite. Diese leichte Asymmetrie der Verteilung geht darauf zurück, dass der rückwandnahe Bereich dieser Messebene, in dem auf Grund der Hauptkonvektionsrolle die größten Vertikalgeschwindigkeiten zu erwarten sind, auch nah an der Auslassöffnung liegt. Da ein Teil der Luft dort die Konvektionszelle verlässt statt nach oben zu strömen, treten in der Statistik weniger positive als negative u_Z auf.

Zur Untersuchung des statistischen Fußabdrucks von Plumes müssen in Bodenplattennähe die rechten Flanken von der u_Z-Verteilungen, d.h. die größten positiven Vertikalgeschwindigkeiten, betrachtet werden. Dabei fällt für die tiefere Ebene ($Z1$) die positive Flanke langsamer als die von $Z2$ ab. An beiden rechten Flanken der Verteilungen beider Ebenen zeichnen sich jedoch weder ein lokales Maximum noch eine deutliche Schulter ab, die Plumes repräsentieren würden. Da sich so aus dem Histogramm kein Grenzwert zur Detektion von Plumes anhand der Vertikalgeschwindigkeiten ergibt, wurde die in Kapitel 4.3.3 vorgestellte Grenzwertbedingung 4.14 genutzt.

In diesem Zusammenhang zeigt Abbildung 4.33 im oberen Teil u_Z-Geschwindigkeiten in der Y-t-Ebene für $X = 0{,}12L$. Für diese instantanen Vertikalgeschwindigkeiten findet der Vorzeichenwechsel zwischen sinkendem und steigendem Fluid bei $Y \approx 0{,}5W$ statt, was zunächst die longitudinale Rollenstruktur abbildet. Zusätzlich sind aber bereits in diesem Feld kleinere Strukturen in Form lokal erhöhten oder gesenkter Werten erkennbar, welche eine diagonale Ausrichtung besitzen, die ihre Fortbewegungsgeschwindigkeit widerspiegelt. Anhand ihres Diagonalenanstiegs in der Y-t-Ebene und des Maßstabsbalkens für die Zeitskala einen Rollenumlaufs $t_{\mathrm{Rot}} = \pi H / v_{\mathrm{in}}$ lässt sich abschätzen, dass für das Durchqueren der kompletten Zelltiefe W in etwa ein halber Rollenumlauf benötigt wird. Tendenziell unterschätzt t_{Rot} jedoch die tatsächliche Umlaufdauer der LSC, da der Einlassstrahl in der Regel höhere Geschwindigkeiten als die reine Rotation der LSC aufweist [103]. Deshalb kann angenommen werden, dass die Geschwindigkeit der Strukturen, die durch deren diagonale Ausrichtung in der Y-t-Ebene abgebildet wird,

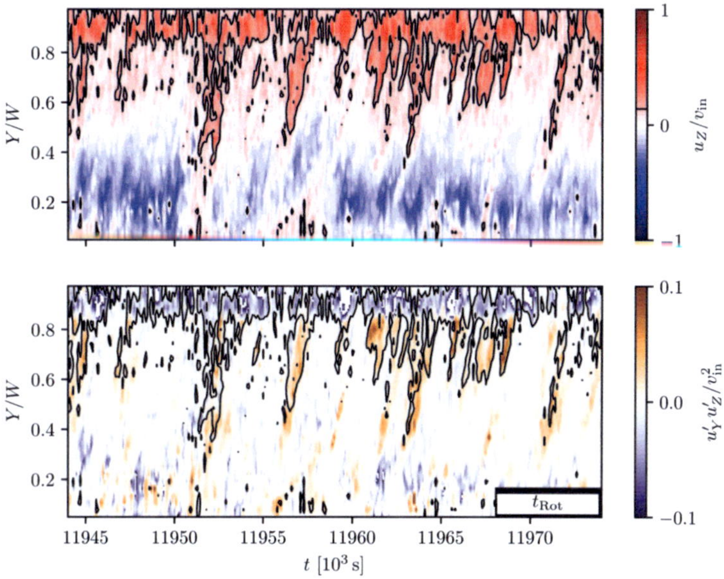

Abbildung 4.33: Strömungsstrukturen in der Y-t-Ebene bei $X = 0{,}12L$ und $Z2 = H/8$, dargestellt durch verschiedene auf die Einströmgeschwindigkeit v_{in} normierte Größen. Oben: Vertikalgeschwindigkeit u_Z. Unten: Korrelation zwischen den Schwankungsgrößen der Y und Z-Komponenten. In beiden Darstellungen ist der Grenzwert für die Vertikalgeschwindigkeit (s. Gleichung 4.14) als schwarze Isolinie dargestellt.

im Wesentlichen der vorliegenden Strömungsgeschwindigkeit in Y-Richtung entspricht[2].

Des Weiteren entspringen diese Strukturen, wie beispielsweise bei $t \approx 11950\,\mathrm{s}$, zum Teil bereits in unmittelbarer Nähe zur Frontwand ($Y = 0$). Dies

2 Anhand der vorhandenen sich in X, Y und t erstreckenden Daten ist die Fortbewegungsgeschwindigkeit v von Strukturen einer beliebigen Feldgröße $\xi(\boldsymbol{X}, t)$ zum Beispiel in die Koordinatenrichtung Y mit $v_{Y_\xi} = -\frac{\partial\xi/\partial t}{\partial\xi/\partial Y}$ zwar theoretisch bestimmbar, jedoch müssen dabei die partiellen Ableitungen anhand von Diskretisierungen bestimmt werden. Unabhängig davon, wie diese gewählt werden, besitzen die partiellen Ableitungen von Geschwindigkeiten bei der vorliegenden Auflösung der stereoskopische PIV einen zusätzlichen Weichzeichnungseffekt, wodurch v_Y auch bei reiner Advektion tendenziell etwas geringere Beträge als die tatsächliche Strömungsgeschwindigkeit u_Y aufweisen wird. Entsprechend wäre auch mit dieser Methode keine genauere Aussage als $v_Y \approx u_Y$ möglich.

deutet darauf hin, dass der Ursprung einiger Plumes mit dem Längswirbel an der Unterkante der Frontwand verbunden ist, was sich mit den Beobachtungen aus Kapitel 4.2.2 deckt.

Um die Interaktion dieser Strukturen mit der Hauptkonvektionsrolle besser zu verstehen, wird die Korrelation der Schwankungsgrößen $u'_Y u'_Z$ untersucht. Das Feld von $u'_Y u'_Z$ ist im unteren Teil der Abbildung 4.33 dargestellt. Bis auf einen schmalen Bereich nahe der Rückwand, weisen dabei alle Bereiche stark aufsteigender Luft, die durch die Isolinie für $u_Z(\boldsymbol{X}, t) = \sigma_{t,\boldsymbol{X}}(u_Z)$ begrenzt werden, ein positives Korrelationsmaß $u'_Y u'_Z$ auf. Dies bedeutet, dass mit der Vertikalbewegung schnelleres Fluid aus den äußeren Bereichen der Konvektionsrolle in ihr Inneres transportiert wird und ein Impulstransfer der Hauptkonvektionsrolle zu den Plumes bereits in Schichten näher an der Bodenplatte stattfindet. Auch wenn nach oben transportiertes schnelleres Fluid prinzipiell eine Störung der Hauptkonvektionsrolle darstellen kann, erscheinen diese Störungen nicht so stark, dass durch sie die Strömung der Hauptkonvektionsrolle unterbrochen werden könnte (vgl. Wang *et al.* [127]). Verdeutlicht wird dies durch die Beobachtung, dass aufsteigenden Fuidpakete weitestgehend mit der Hauptströmung mitschwimmen. Aus diesem Grund wird im nächsten Schritt die Verteilung der Plumes während des Ablaufs von Rekonfigurationen untersucht.

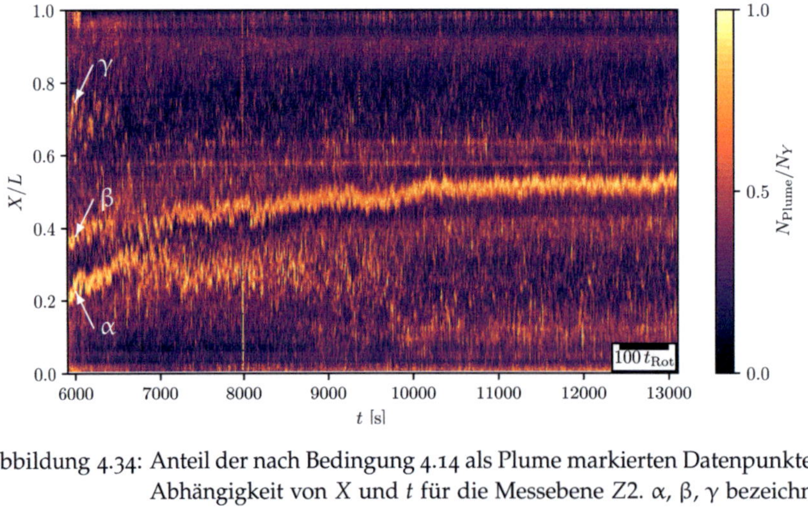

Abbildung 4.34: Anteil der nach Bedingung 4.14 als Plume markierten Datenpunkte in Abhängigkeit von X und t für die Messebene Z2. α, β, γ bezeichnen die zu Beginn der Messreihe erkennbaren Hotspots.

Um zu verstehen, wie diese Strukturen mit den Rekonfigurationen der LSCs in Verbindung stehen, zeigt Abbildung 4.34 das Verhältnis N_{Plume}/N_Y in Abhängigkeit von der X-Position und der Zeit t zuerst für die tiefere Messebene Z2. Dabei zählt N_{Plume} die durch die Bedingung 4.14 als Plume markierten Datenpunkte entlang der Tiefenrichtung, deren mögliche Gesamtzahl N_Y beträgt. Zum Anfang der Messreihe markieren α ($X = 0{,}2L$), β ($X = 0{,}35L$) und γ ($X = 0{,}7L$) die zu diesem Zeitpunkt erkennbaren Hotspots, deren Entwicklung nachfolgend beschreiben wird.

Zunächst lässt sich der Messzeitraum, wie in Kapitel 4.3.2 beschrieben, in drei Phasen unterteilen. Die Datenreihe startet mit dem Übergang des 4-LSC-Zustands in den 3-LSC-Zustand. Letzterer liegt dann bis $t \approx 10000$ s vor, bevor sich der umgekehrte 4-LSC-Zustand einstellt.

Zusätzlich ist es nötig die verschiedenen Skalen der hier dargestellten Strukturen aufsteigender Luft zu betrachten. In dieser Übersichtsdarstellung von Abbildung 4.34 sind dabei zunächst die großskaligen Entwicklungen erkennbar, welche sich in Größenordnungen von mehreren hundert LSC-Umläufen abspielen. Im weiteren Verlauf der Analyse werden zusätzlich noch mesoskalige Entwicklungen, welche sich über zweistellige LSC-Umlaufzahlen erstrecken, sowie Strukturen auf einer Zeitskala weniger LSC-Umläufe betrachtet.

Bezüglich der großskaligen Entwicklungen lässt sich für den Übergangsbereich von 3- zum 4-LSC-Zustand beobachten, dass sich neben der für 4 LSCs typischen Hotspotposition bei $0{,}25L$ (α) bereits ein weiterer Hotspot bei $0{,}4L$ (β) formiert hat. Entsprechend der Erweiterung des Begriffs „Hotspot" in Kapitel 4.3 ist er hier konkret mit großen Anteilen erhöhter Z-Geschwindigkeiten (N_{Plume}/N_Y) über lange Zeitskalen verknüpft. Dabei können Hotspots räumlich scharf abgegrenzt oder diffus und flächig sein. Ein Beispiel für letzteres ist der Hotspot bei $0{,}75L$ (γ), welcher sich zum Beginn der Messreihe bereits bis zur rechten Seitenwand ($Y = L$) aufgeweitet hat.

Im weiteren Übergang zum 3-LSC-Zustand bewegen sich der α- und β-Hotspot zunächst beide nach rechts. Dabei erscheinen sie in der Zeitspanne zwischen 6500 s und 7200 s auch diffuser und verschmelzen fast mit einander. Danach divergieren ihre Positionen jedoch wieder und β nimmt wieder eine abgegrenzte Form an und bewegt sich in Richtung Zentrum. Dagegen verbleibt α diffus in einer Position bei $0{,}3L$. In dieser Zeit nimmt der γ-Hotspot bereits seine Position am rechten Zellrand ein[3], welche über den weiteren Verlauf

3 Aufgrund des Abfalls der Lichtintensität zur rechten Seitenwand hin sinkt in diesem Bereich aus die PIV-Messqualität, weshalb der Hotspot in diesem Bereich nicht durch hohe N_{Plume}/N_Y-Werte erkennbar ist. Die Untersuchungen von Kapitel 4.3.2 bestätigen jedoch diese Hotspotposition.

der Messreihe unverändert bleibt, da sie sowohl für den auftretenden 3- und 4-LSC-Zustand typisch ist.

Über die 3-LSC-Zeitspanne zwischen 6500 s und 10000 s verharrt der α-Hotspot an seiner Position und verliert jedoch an Stärke. In dieser Zeit verschiebt sich β weiter von $0{,}4L$ nach $0{,}5L$ und behält dabei seine Stärke und bleibt räumlich abgrenzbar.

Bei $t \approx 10000$ s erfolgt dann der Übergang in den umgekehrten 4-LSC-Zustand mit dessen typischen Hotspotpositionen bei $0L$, $0{,}5L$ und $1L$. Während die Hotspots β und γ diese Positionen bereits vorangegangen Verlauf erreicht haben, ist dabei die Bewegung der Überreste von α hin zur linken Zellwand ausschlaggebend für den Zustandswechsel. Dies stellt praktisch den Gegenpart zur in Abbildung 4.12 beobachteten Verschiebung dar.

Die Tatsache, dass die hier beobachteten Entwicklungen von beiden bisher beschriebenen Modellvorstellung zur Beschreibung von Rekonfigurationen - Translation und Klappen - abweichen, zeigt, dass die Entwicklung der Strömung komplexer verläuft, als es die Beschreibung anhand dieser Modelle zulässt. Diese zusätzliche Komplexität ermöglicht es wiederum, die Diskrepanzen zwischen den jeweiligen Vereinfachungen zu erklären. So wird der 3-LSC-Zustand hauptsächlich deshalb als solcher klassifiziert, weil die entsprechenden Kosinusfits aus Kapitel 4.1 die beste Näherung darstellen in der die beiden Hotspots α und β als ein einzelner zusammengefasst werden. Die Modellvorstellung des Klappmechanismus aus Kapitel 4.2.2 fängt vor allem die Entwicklungen am linken Zellrand ein und die Bewegung der Hotspots zeigt, dass diese Vorstellung nicht unmittelbar auf die komplette Zelllänge übertragbar ist. Jedoch unterstützt sie den Aspekt, dass der 3-LSC-Zustand in erster Linie ein Übergangszustand ist. Dies lässt sich in Abbildung 4.34 daran erkennen, dass das diffuse Erscheinungsbild des α-Hotspots auf ein Fehlen der persistenten sekundären Rollenzweige hinweist. Dagegen zeigen die deutlich niedrigeren Werte von N_{Plume}/N_Y rechts und links neben dem β-Hotspot an, dass sich die mit dem Hotspot assoziierten Sekundärstrukturen bereits relativ früh in dem, hier noch als 3-LSC-Zustand bezeichneten, Intervall mit einer β-Position von $0{,}4L$ ausbilden.

Nachfolgendend wird die Bedeutung der mesoskaligen Strukturen, deren Größe zwischen Plumes und Hotspots liegt, untersucht. Dazu zeigt Abbildung 4.35 eine Detaildarstellung für die zeitlich-räumliche Verteilung von N_{Plume}/N_Y für den Start der Messreihe. Auf dieser Zeitskala sind im Zeitbereich ab $t \approx 6400$ s einzelne diagonal dicht aneinander gereihte Streifen erhöhtenr N_{Plume}/N_Y im Bereich von α und β sichtbar, welche zuvor als diffus bezeichnet wurden. Diese Streifen erstrecken sich zum Teil über mehr als 10 LSC-Umläufe und bewegen sich in Abgleich mit Abbildung 4.30 gleichge-

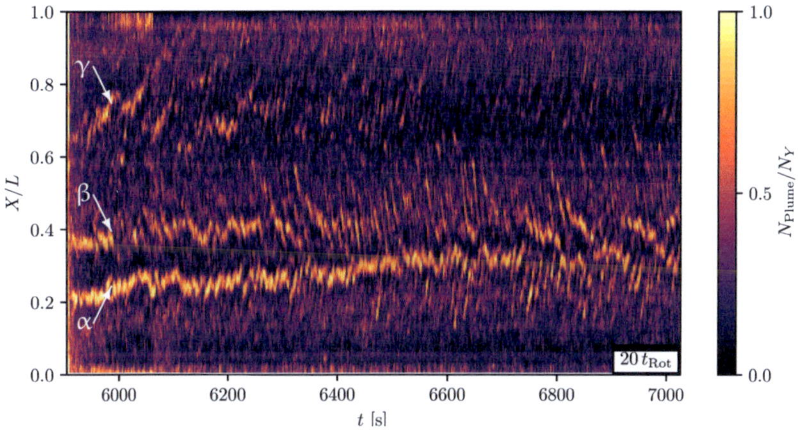

Abbildung 4.35: Anteil der nach Bedingung 4.14 als Plume markierten Datenpunkte in Abhängigkeit von X und t für die Messebene Z2. Details-Zeitausschnitt zu Abbildung 4.34 zum Start der Messreihe.

richtet zur lokal vorherrschenden X-Geschwindigkeitskomponente, jedoch deutlich langsamer (ca. $0{,}02 v_{\mathrm{in}}$).

Weiterhin stellen diese Bewegungen nicht unmittelbar die Bewegung des Hotspots dar. Vielmehr setzten sich diese als Superstrukturen aus den sich wiederholenden Streifenstrukturen zusammen und weisen einem zusätzlichen Drift auf. Das bedeutet, dass Merkmale innerhalb der Strömung, wie möglicherweise Störungen der Bodenplattengrenzschicht, existieren müssen, welche von der vorliegenden Strömung verschoben werden. Diese Merkmale sind dabei auch gleichzeitig Ursprung für eine lokal erhöhte Emission von Plumes.

Letztere stellen die kleinsten in dieser Darstellungsform beobachtbaren Strukturen dar. Beispiele für diese Strukturen finden sich in Abbildung 4.35 unter anderem bei $0{,}4L$ bei einer Zeit von $t \approx 6500\,\mathrm{s}$.

Um ein genaueres Bild der Eigenschaften dieser Strukturen zu erhalten, zeigt Abbildung 4.36 eine nochmals detailliertere Zeitskala. Das abgebildete Zeitintervall umfasst das in Abbildung 4.34 nachvollziehbare Auflösen der diffusen Überreste des α-Hotspots. Dieser ist auf der detaillierten Zeitskala jedoch nicht mehr erkennbar, was offenbart, dass sich ein diffuser Hotspot vor der Auflösung lediglich noch durch erhöhte Plumehäufigkeiten auszeichnet. Wesentlich deutlicher ist auf dieser Zeitskala jedoch die Bewegung der Plumes in Richtung des Hotspots β bei $0{,}5L$. In der dargestellten X-t-Ebene zeichnet sich dies in der diagonalen Orientierung der Bereiche erhöhter N_{Plume}/N_Y-

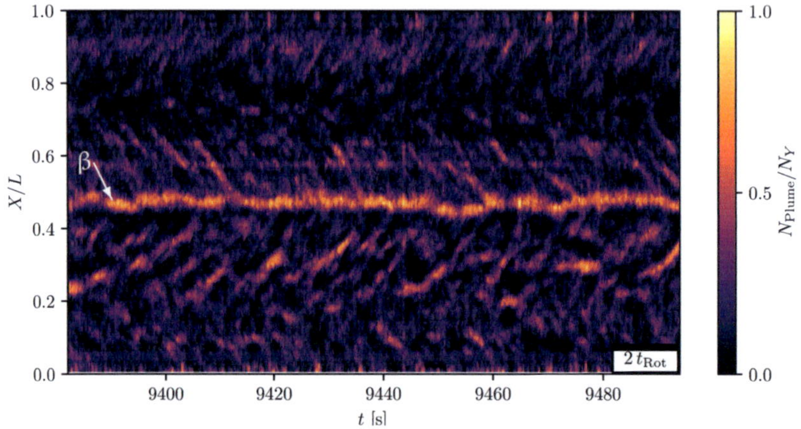

Abbildung 4.36: Anteil der nach Bedingung 4.14 als Plume markierten Datenpunkte in Abhängigkeit von X und t für die Messebene $Z2$. Details-Zeitausschnitt zu Abbildung 4.34 zum Ende des 3 LSC-Zustands.

Werte ab. Der Anstieg dieser Diagonalen liegt bei ca. $0{,}1v_{\text{in}}$, was, anders als bei den mesoskaligen Strukturen, den in der Messebene vorherrschenden X-Geschwindigkeiten entspricht. Dass sich die Plumes auch in X-Richtung mit der vorherrschenden Strömung mitbewegen, zeigt, dass derartige Strukturen trotz ihrer oben gezeigten Wechselwirkung mit der großskalige Strömung diese nicht so stark stören, um als Auslöser für Rekonfigurationen fungieren zu können.

Jedoch ist die Modellvorstellung, dass Plumestrukturen von der großskaligen Strömung mittransportiert werden, nicht hinreichend, da diese Strukturen in der X-t-Ebene typische Dauern von einer bis zu mehreren LSC-Umläufen aufweisen. Da es sich um eine planare Messung handelt, wäre es also nicht möglich, eine ausschließlich mit der Strömung schwimmende Struktur über so eine Zeitspanne unterbrechungsfrei abzubilden, wenn es sich dabei um einzelne Fluidpakete handeln würde. Im Umkehrschluss deutet die Dauer, über die diese Strukturen beobachtbar sind, darauf hin, dass sich die fortwährende Emission von Plumes über mehrere LSC-Umläufe strecken kann und sich dabei die Quellposition durch die vorherrschende großskalige Strömung verschiebt.

Um zu überprüfen, ob diese unterschiedlich großen Strukturen auch in der höher gelegenen Messebene $Z1$ auftreten, zeigt Abbildung 4.37 die entsprechenden Ergebnisse äquivalent zur Abbildung 4.34 von $Z2$. Da es sich

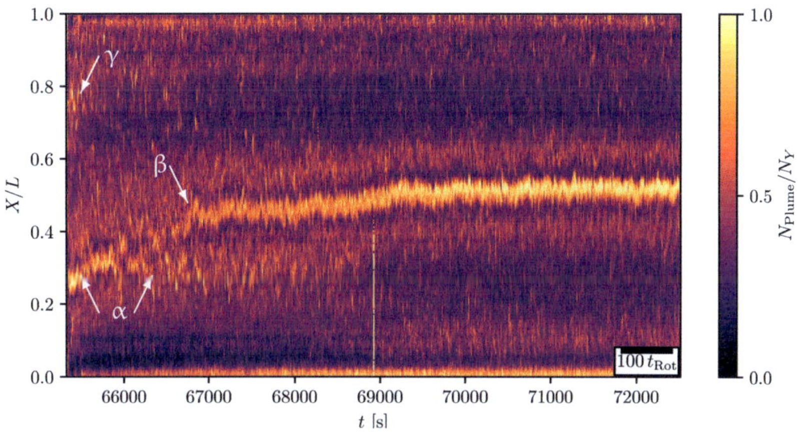

Abbildung 4.37: Anteil der nach Bedingung 4.14 als Plume markierten Datenpunkte in Abhängigkeit von X und t für die Messebene $Z1$. α, β, γ bezeichnen die erkennbaren Hotspots.

bei den dargestellten Rekonfigurationen der beiden Ebenen um separate Zeitreihen handelt, zeigt die Ähnlichkeit zu Abbildung 4.34 auch, dass die Rekonfigurationen trotz der durchaus chaotische erscheinenden Vorgänge einer bestimmten Ordnung folgen. So kann hier für $Z1$ wie auch in Ebene $Z2$ beobachten werden, dass sich die Hotspots α und γ mit dem Übergang vom 4- zum 3-LSC-Zustand von $0{,}25L$ und $0{,}75L$ nach $0{,}3L$ und $1L$ bewegen. Beim hier vorliegenden Ereignis entwickelt sich das Äquivalent zu dem für $Z2$ beschriebenen β-Hotspot bei einer Zeit von ca. 66000 s aus dem α-Hotspot. Auch die Verschiebung der Überreste des α-Hotspots hin zur linken Seitenwand ($X = 0$) kann in dieser Messebene bei $t \approx 69000\,\mathrm{s}$ beobachtet werden. Hinsichtlich der verschiedenskaligen Strukturen wird bereits auf der Zeitskala dieser Abbildung sichtbar, dass sich die diffusen Hotspots auch in dieser Messebene aus mesoskaligen Strukturen zusammensetzen.

Aus diesem Grund ist Abbildung 4.38 eine Detaildarstellung dieser Messreihe im Intervall $68660\,\mathrm{s} \leq t \leq 68770\,\mathrm{s}$, welche die Zeitskala der einzelnen Plumes darstellt. Bei diesem Zeitintervall handelt es sich um das Ende des Übergangs vom 3-LSC- zum 4-LSC-Zustand. Der Übergang des in diesem Intervall nur noch diffus vorliegenden Hotspots α zu linken Seitenwand ist auf dieser Zeitskala jedoch nicht mehr erkennbar. Deutlich ausgeprägt ist dagegen der bei $0{,}5L$ befindliche β-Hotspot. Insofern ähneln die Ergebnisse dieser Messebene den in Abbildung 4.36 dargestellten Ergebnissen für die

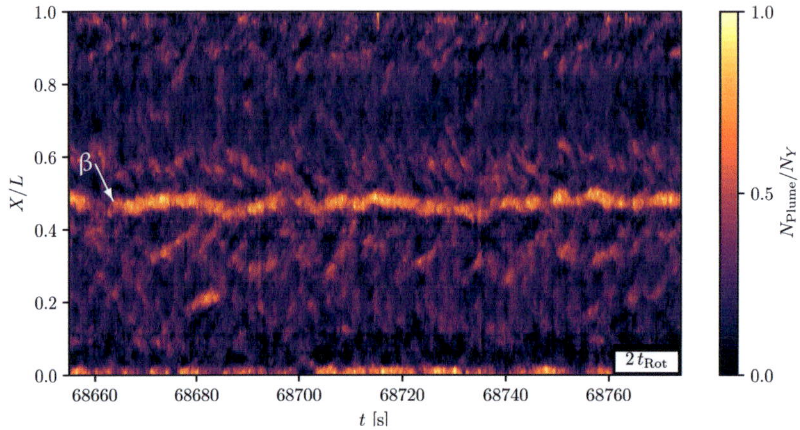

Abbildung 4.38: Anteil der nach Bedingung 4.14 als Plume markierten Datenpunkte in Abhängigkeit von X und t für die Messebene $Z1$. Details-Zeitausschnitt zu Abbildung 4.37 zum Ende des 3 LSC-Zustands.

Messebene $Z2$. Im Unterschied zur Messebene $Z2$ sind hier jedoch deutlich weniger Einzelplumestrukturen abseits des β-Hotspots erkennbar. Weiterhin erstrecken sich diese Strukturen über deutlich kürzere Zeiträume, so dass auch keine eindeutige diagonale Ausrichtung in der X-t-Ebene vorliegt und somit auch keine damit verbundenen Geschwindigkeiten bestimmbar sind.

Die Begründung dafür ist, dass die Plumes in dieser Ebene bereits über eine größere Distanz mit der großskaligen Strömung interagieren konnten und sich die Vertikalgeschwindigkeiten in vielen Fällen bereits angepasst haben. Hinzu kommt, dass selbst Plumes, die sich in der Nähe der Frontwand gebildet haben, aufgrund der höheren Lage der Ebene $Z1$ bereits weiter Richtung Rückwand ($Y > 0{,}5W$) transportiert wurden, ehe sie die Messebene durchstoßen und den N_{Plume}/N_Y-Wert beeinflussen können. Dennoch lässt sich die Gliederung der Superstrukturen über mehrere Skalen hinweg zu einzelnen Plumestrukturen auch in dieser höheren Messebene nachvollziehen, auch wenn letztere bereits deutlich abgeschwächt auftreten.

Zusammenfassend lässt sich festhalten, dass Plumes eine entscheidende Rolle für die Rekonfigurationen spielen, da sich die Verschiebung der Hotspots über mehrere Skalenebenen aus der Bewegung einzelner Plumestrukturen zusammensetzt. Da diese sich in den beobachteten Messebenen jedoch entsprechend der vorherrschenden großskaligen Strömung bewegen, zeigen sie nicht das Potential eine Rekonfiguration auszulösen. Vielmehr ist die Änderung der räumlichen Verteilung des Auftretens von Plumes eine weitere Eigenschaft für Rekonfigurationsereignisse. Da gezeigt wurde, dass die Plumes mit der Hauptströmung transportiert werden, sind mögliche Ursachen für die Veränderung der ihrer Verteilung sowohl die Änderung ihrer Quellpositionen als auch eine veränderte Hauptströmung. Ausschlaggebend sind davon vor allem die Änderungen der Quellpositionen, da die Hauptströmung letztendlich auch durch die Lage der Hotspots bestimmt wird, welche wiederum von den Quellpositionen der Plumes abhängig ist. Hinsichtlich der Ursache der Rekonfiguration unterstützen diese Ergebnisse also den Mechanismus zur Änderung der Plume-Quellpositionen, der in Kapitel 4.2.2 im Zusammenhang mit Abbildung 4.12 erörtert wurde.

4.3.3.2 *Fall $\mathcal{C}$: Analogien zu Taylor-Couette-Strömungen*

Für den Fall $\mathcal{C}$ haben die Untersuchungen von Kapitel 4.2.3 gezeigt, dass in einer von Taylor-Görtler-artigen Wirbeln beeinflussten Strömung vollkommen unterschiedliche Mechanismen für die Dynamik der großskaligen Strukturen verantwortlich sind. Um zu überprüfen, ob diese Mechanismen sich in der statistischen Verteilung der Geschwindigkeitskomponenten widerspiegeln, werden wie beim Vorgehen in Kapitel 4.3.3.1 zunächst die in der Abbildung 4.39 gezeigten Histogramme untersucht. Darin sind analog zu Abbildung 4.32 die relativen Häufigkeitsverteilungen der instantanen Geschwindigkeitskomponenten unterschieden nach den Messebenen dargestellt.

Wie die Abbildungen zeigen, gelten auf beiden Messebenen die grundlegenden Charakteristiken, die auch in Kapitel 4.3.3.1 festgestellt wurden: Die Verteilungen der instantanen Geschwindigkeiten weist für die X- und Z-Komponente die höchsten Häufigkeiten um den Nullwert herum auf, während die Y-Komponente mit einem Maximum im positiven Bereich in beiden Ebenen eine auf die Hauptkonvektionsrolle zurückzuführende Vorzugsrichtung aufweist.

Die fallspezifischen Unterschiede zeigen sich darin, dass die Verteilungen der normierten X-Komponenten für den hier gezeigten Fall $\mathcal{C}$ deutlich schmaler sind, was die größere Dominanz der Y-Komponenten und damit auch die in Kapitel 4.2.3 gezeigte, schwächere diagonale Ausrichtung der LSCs abbildet. Während für Fall $\mathcal{S}$ die Verteilung von u_X für die untere Messebene deutlich breiter war, existieren für diesen Fall lediglich Abweichungen zwischen den Messebenen, die bei sehr geringen Häufigkeiten und hohen Geschwindigkeitsbeträgen auftreten und damit eventuell auch messtechnischen Artefakten zuzuordnen sind. Das Fehlen einer Tendenz zu einer breiteren u_X-Verteilung in Richtung beheizte Bodenplatte bestätigt, dass der wesentliche Antrieb

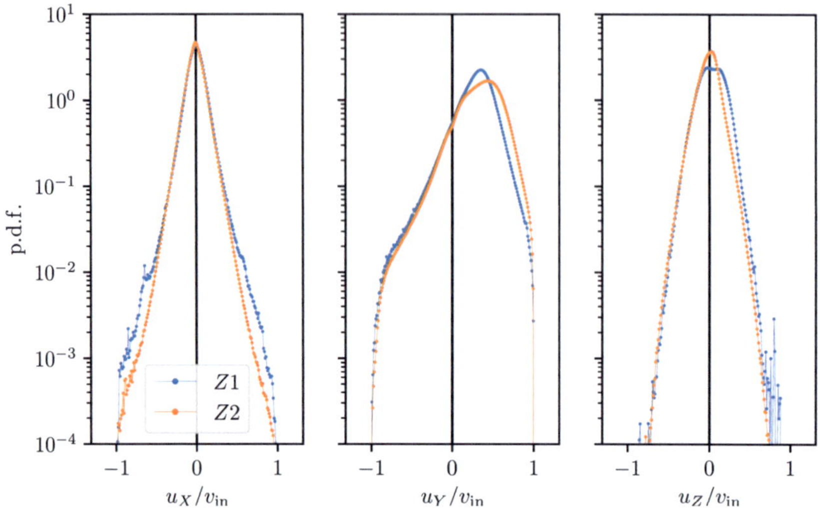

Abbildung 4.39: Relative Häufigkeitsverteilungen der einzelnen instantanen Geschwindigkeitskomponenten für Fall $\mathcal{C}$ in den beiden Messebenen $Z1$ ($H/4$) und $Z2$ ($H/8$).

des dynamischen Verhaltens in diesem Fall nicht die von der Bodenplatte induzierten thermischen Strukturen sind.

Die Y- und Z-Komponenten weisen in diesem Fall keine qualitativen Unterschiede im Vergleich zu Fall $\mathcal{S}$ in ihrer Relation zueinander auf, da sie ebenfalls hauptsächlich die Charakteristiken der Hauptkonvektionsrolle abbilden und kleinere Strukturen dabei keinen hervorstechenden Fußabdruck hinterlassen.

Um diese Strukturen dennoch zu untersuchen, werden wiederum die Grenzwertbedingung 4.14 sowie die Korrelationsgröße der Schwankungsgeschwindigkeiten $u'_Y u'_Z$ ausgewertet. Daher sind in Abbildung 4.40, analog zum Vorgehen im vorherigen Kapitel, im oberen Teil zunächst u_Z-Strukturen in der Y-t-Ebene bei einer X-Position, die ein Konvektionsrollensegment in etwa mittig schneidet ($X = 0{,}25L$) dargestellt. Die Lage von Regionen, die den Grenzwert $\sigma_{t,\mathbf{X}}(u_Z)$ überschreiten, ist zusätzlich durch schwarze Isolinien markiert, welche in das untere Diagramm übertragen werden. Dort ist wiederum für denselben Bereich das Feld der Korrelationsgröße $u'_Y u'_Z$ dargestellt.

Für beide Felder zeichnen in den Farbkonturen der dargestellten Größen Strukturen mit einer diagonalen Ausrichtung ab. Der positive Anstieg die-

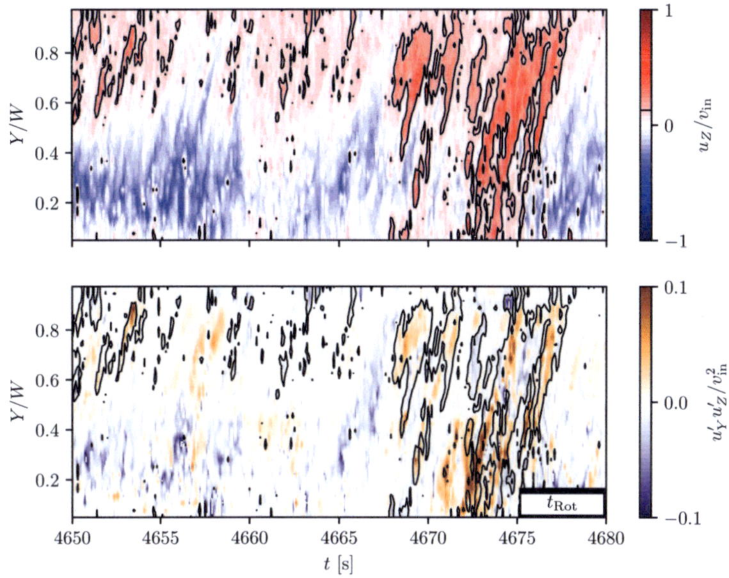

Abbildung 4.40: Strömungsstrukturen in der in der Y-t-Ebene bei $X = 0{,}25L$ und $Z2 = H/8$, dargestellt durch verschiedene Größen. Oben: Vertikalgeschwindigkeit u_Z. Unten: Korrelation zwischen den Schwankungsgrößen der Y- und Z-Komponenten. In beiden Darstellungen ist der Grenzwert für die Vertikalgeschwindigkeit (s. Bedingung 4.14) als schwarze Isolinie dargestellt.

ser Diagonalen in der Y-t-Ebene sagt aus, dass sich die Strukturen von der Frontwand weg in Richtung Rückwand durch die Konvektionszelle bewegen. Wie für den Fall $\mathcal{S}$ beträgt die Dauer für das Durchqueren der kompletten Zelltiefe in etwa $t_{\text{Rot}}/2$. Das bedeutet, dass auch für Fall $\mathcal{C}$ kleinere Strukturen im Wesentlichen von der Hauptkonvektionsrolle mittransportiert werden. Die vorliegende Verteilung der Bereiche, die den u_Z-Grenzwert überschreiten, unterscheidet sich jedoch wie folgt von der des Falls $\mathcal{S}$: Dort liegen die Bereiche von $u_Z(\mathbf{X}, t) > \sigma_{t,\mathbf{X}}(u_Z)$ hauptsächlich in Rückwandnähe und erstrecken sich unregelmäßig aber häufig auch in vordere Zellbereiche. In dem hier gezeigten, für den Fall $\mathcal{C}$ repräsentativen Zeitintervall treten diese Bereiche in Rückwandnähe deutlich seltener auf. Dieser Unterschied zum Fall $\mathcal{S}$ ist auf das abweichende Verhältnis der Einflüsse von Trägheits- und Auftriebskräften zurückzuführen. Dies unterstützt, dass Strukturen, die im Fall $\mathcal{S}$ die häufigeren Grenzwertüberscheitung verursacht haben, auftriebsinduziert sind.

Dafür treten für Fall $\mathcal{C}$ vereinzelt Bereiche wie der in Abbildung 4.40 bei $t \approx 4675$ s enthaltene auf, in denen sich aufsteigende Luft, die den u_Z-Grenzwert überschreitet, für mehrere Sekunden über die gesamte Zelltiefe erstreckt. Dass dieser Strukturtyp mit etwa 5 s deutlich länger existiert als die Bereiche aufsteigender Luft in Frontwandnähe im Fall $\mathcal{S}$, deutet darauf hin, dass die aufsteigende Luft durch eine Strömungsstruktur wie ein Taylor-Görtler-artiges Wirbelpaar verursacht wird, welche beständiger als ein einzelner Plume ist. Die durch den Grenzwert markierten Flächen zeigen dabei überwiegend eine positive $u'_Y u'_Z$-Korrelation, was zeigt, dass auch im Fall $\mathcal{C}$ das aufsteigende Fluid den Impuls schneller strömender, tiefer gelegener Fluidschichten trägt.

Zusammenfassend bestätigt dies für Fall $\mathcal{C}$, dass der Einfluss von Plumes bei diesem Rekonfigurationstyp schwächer ist und dafür Taylor-Görtler-artigen Wirbel zum vertikalen Transport beitragen. Um zu untersuchen, ob diese Strukturen im vorliegenden Fall eine ähnliche Funktion für die Rekonfiguration wie die Plumes beim Fall $\mathcal{S}$ haben, werden nachfolgend auch die X-t-Abwicklungen des Anteils N_{Plume}/N_Y der Werte mit überschrittenen Grenzwert $\sigma_{t,\mathbf{X}}(u_Z)$ herangezogen[4].

Abbildung 4.41 zeigt das Feld des Verhältnisses N_{Plume}/N_Y für die Messebene Z2 in einem Detail-Zeitausschnitt mit einer Rekonfiguration der LSCs bei $t \approx 4900$ s. Zu Beginn des abgebildeten Zeitintervalls befinden sich bei $0{,}2L$, $0{,}4L$ und $0{,}7L$ Hotspots, die erhöhte N_{Plume}/N_Y-Werte aufweisen. Weiterhin ist zu berücksichtigen, dass, wie bereits für Fall $\mathcal{S}$ erörtert, in dieser Form der Darstellung Hotspots an den Seitenwänden nicht abgebildet werden. So ist es auf Grund der Abstände der sichtbaren Hotspots zu einander naheliegend, dass auch an den Seitenwandpositionen $X = 0$ und $X = L$ Hotspots vorliegen. Da jeweils zwei LSCs entlang der X-Achse von Hotspots eingeschlossen werden, geben ihre Positionen am Anfang des Zeitausschnitts einen 8-LSC-Zustand wieder.

Das in diesem Zeitausschnitt gezeigte Rekonfigurationsereignis ist jedoch nicht Teil eines kontinuierlichen Rekonfigurationsprozesses, der die gesamte Zelllänge erfasst, wie er zum Beispiel in Abbildung 4.2 gezeigt wird. Vielmehr bewegt sich der ursprünglich bei $0{,}7L$ befindende Hotspot zu größeren X hin, bevor er sich bei $t \approx 4950$ s auflöst. Zeitgleich entsteht bei $0{,}5L$ ein

4 Auch wenn aus der Diskussion zu Abbildung 4.40 folgt, dass nicht zwingend Plumes für die Überschreitung des Grenzwertes der Vertikalgeschwindigkeit verantwortlich sein müssen, wird an der Bezeichnung N_{Plume} festgehalten, da hier die gleiche Systematik wie auch in Kapitel 4.3.3.1 angewendet wird.
Ebenso wird auch „Hotspot“ weiterverwendet, da Kapitel 4.2.3 gezeigt hat, dass auch im Fall $\mathcal{C}$ die warmen Bereiche an der Rückwand mit aufsteigendem Fluid verknüpft sind.

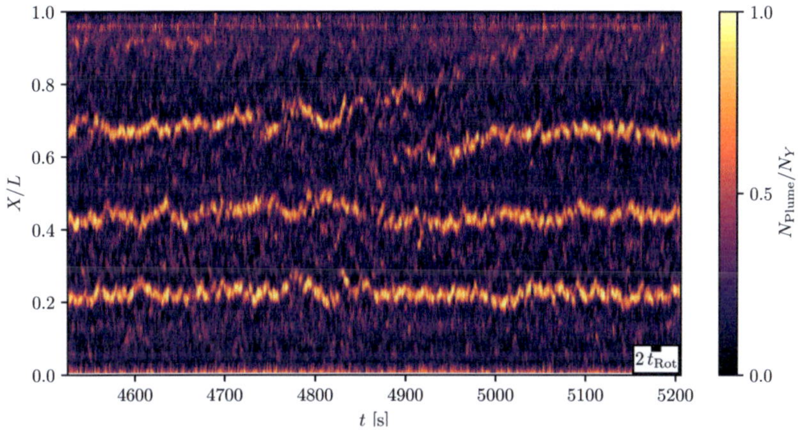

Abbildung 4.41: Anteil der nach Bedingung 4.14 als Plume markierten Datenpunkte in Abhängigkeit von X und t für die Messebene Z2. Der Zeitausschnitt zeigt ein Rekonfigurationsereignis dieser Messreihe.

neuer Hotspot, welcher zunächst auch den Hotspot bei $0{,}4L$ in Richtung linke Seitenwand ($0L$) verdrängt. Der neu entstandene Hotspot bewegt sich zeitgleich bis $X = 0{,}6L$ in Richtung rechte Seitenwand, so dass bei $t \approx 5000\,\mathrm{s}$ wieder die gleiche Hotspotkonfiguration wie zu Beginn des in Abbildung 4.41 dargestellten Zeitausschnitts vorliegt.

Die Ursache dafür, dass die Rekonfigurationen in der vorliegenden Messreihe wie oben beschrieben nicht kontinuierlich auftreten, kann anhand der Verwandtheit der Taylor-Görtler-artigen Wirbel zu den Taylorwirbeln in Taylor-Couette-Strömungen mit einer Analogie zu dieser Strömungsform erklärt werden.

Zur Verdeutlichung dieser Analogie zeigt Abbildung 4.42 im oberen Teil den prinzipiellen Aufbau des Taylor-Couette-Experiments, für das in einem radialen Schnitt Taylorwirbel eingezeichnet sind. Entsprechend der Beschreibung der Entwicklung des spiralförmigen Strömungszustandes nach Andereck *et al.* [3] zeigt das Z-t-Diagramm die zeitliche Entwicklung der Positionen nach innen strömender Fluidbereiche der Taylorwirbel, die in der Skizze durch orangefarbene Pfeile markiert sind: Ausgehend von einfachen Taylorwirbeln kommt es zur Neubildung von nach innen strömenden Bereichen innerhalb der bestehenden Anordnung von Taylorwirbeln. Diese hat zur Folge, dass sich die übrigen Strukturen entlang Z verschieben, wobei sich die Richtung der

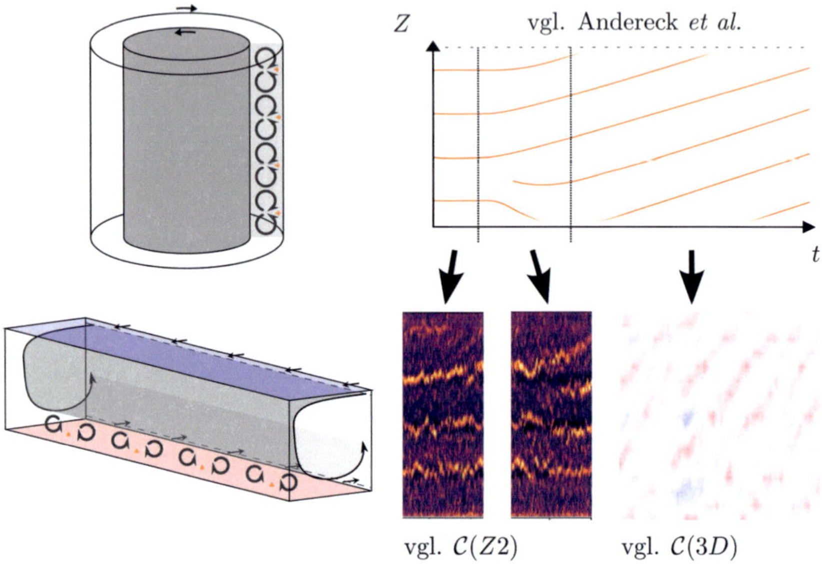

Abbildung 4.42: Vergleich der Strömungszustände von Taylor-Couette-Strömungen und er hier untersuchten Mischkonvektionsströmung. Oben: Skizze des Aufbaus eines Taylor-Couette-Experiments. In einem radialen Schnitt sind Taylorwirbel abgebildet, deren nach innen strömenden Bereiche mit orangen Pfeilen markiert sind. Dazu ist die Zeitliche Entwicklung der Position dieser Bereiche für den Übergang von einfachen Taylorwirbeln zu einer spiralförmigen Struktur (vgl. Andereck *et al.* [3]) dargestellt. Unten: Skizze der Strömung in der Mischkonvektionszelle mit Taylor-Görtler-artigen Wirbeln, deren aufströmende Bereiche orange markiert sind. Dazu sind beispielhafte Zeitentwicklungen der Strömungsstrukturen aus den Abbildungen 4.41 und 4.2 dargestellt.

Verschiebung in unterschiedlichen Höhen Z unterscheiden oder sich über den Zeitverlauf verändern kann (vgl. auch Ramesh *et al.* [89]).

Im unteren Teil von Abbildung 4.42 ist für den Vergleich eine Skizze der Strömung in der Mischkonvektionszelle mit acht Taylor-Görtler-artigen Wirbeln abgebildet. Während für die Taylor-Couette-Strömung die nach innen strömenden Bereiche mit orangen Pfeilen markiert sind, sind dies für die Mischkonvektionsströmung die aufströmenden Bereiche.

Die dazu dargestellten Beispielzeitintervalle aus Abbildung 4.41 zeigen die vorliegende Analogie hinsichtlich der Neubildung von Taylor-Görtler-artigen Wirbeln und Verdrängung der umliegenden Strukturen auf. Das beobachtete

Einzelereignis der Messreihe $\mathcal{C}(Z2)$ löst jedoch anders als bei Andereck *et al.* [3] keine kontinuierliche Bewegung der Strukturen aus, wie sie zum Beispiel bei der in Abbildung 4.2 gezeigten Messreihe $\mathcal{C}(3D)$ vorkam. Vielmehr kehrt die Strömung in einen Zustand stationärer Taylor-Görtler-artiger Wirbel zurück. Ein solches Verhalten existiert nach Andereck *et al.* [3] sowie Ramesh *et al.* [89] ebenfalls in Taylor-Couette-Strömungen, in denen bestimmte Strukturen, wie zum Beispiel Spiralen, nur intermittierend oder in Teilen der Zylinderrings auftreten, wenn die dimensionslosen Kennzahlen im Randbereich der jeweiligen Regionen im Parameterraum liegen. Entsprechend stellen die hier beobachteten Einzelereignisse eine Parameterkonfiguration im Randbereich des Typs $\mathcal{C}$ dar.

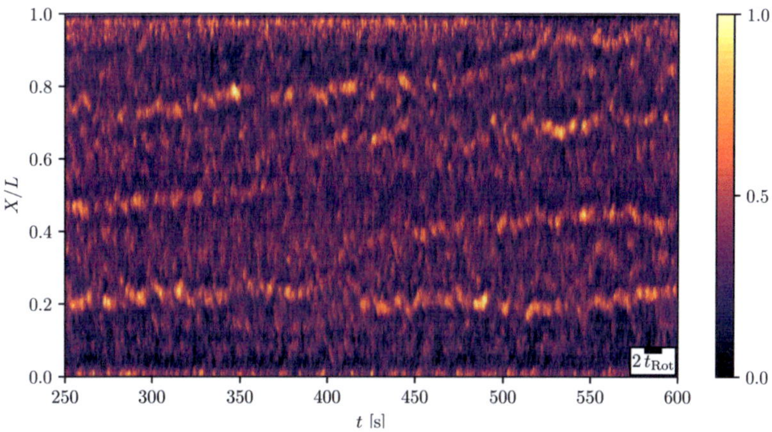

Abbildung 4.43: Anteil der nach Bedingung 4.14 als Plume markierten Datenpunkte in Abhängigkeit von X und t für die Messebene Z1. Der Zeitausschnitt zeigt ein Rekonfigurationsereignis dieser Messreihe.

Abbildung 4.43 zeigt die Entwicklung des Verhältnisses N_{Plume}/N_Y in der X-t-Ebene für die höhere Messebene Z1 als ein weiteres Beispiel für das Auftreten einzelner Rekonfigurationen vom Typ $\mathcal{C}$. Ähnlich wie Abbildung 4.41 für die Z2-Ebene gibt sie einen Detail-Zeitausschnitt wieder, welcher eine solche Rekonfiguration beinhaltet. Im Vergleich zur Ebene Z2 weisen die Hotspots hier jedoch niedrigere N_{Plume}/N_Y-Werte auf und zeichnen sich in der Folge auch weniger stark von den übrigen Bereichen der Strömung ab. Dies ist auf die Lage der Messebene Z1 zurückzuführen. Mit einer Höhe von annähernd $H/4$ befindet sich diese in einem Bereich, in dem die etwa $H/3$-hohen Taylor-Görtler-artigen Wirbel nicht ihre maximalen Vertikalgeschwindigkeiten besitzen. Diese treten vielmehr auf der mittleren Höhe der Taylor-Görtler-artigen Wirbel auf, welche näher an der Höhe der anderen Messebene ($Z2$) auf $H/8$ liegt.

Zu Beginn des in Abbildung 4.43 dargestellten Zeitintervalls besteht jedoch ähnlich wie für die Ebene $Z2$ ein 8-LSC-Zustand mit sichtbaren Hotspots bei $0{,}2L$, $0{,}5L$ und $0{,}7L$. Ab $t \approx 375\,\mathrm{s}$ findet dann eine Rekonfiguration statt, bei der sich der Hotspot bei $0{,}5L$ in Richtung $0{,}7L$ verschiebt und den dort bestehenden Hotspot zur rechten Seitenwand ($X = L$) hin verdrängt. Gleichzeitig bildet sich bei $0{,}3L$ ein neuer Hotspot, welcher sich ebenfalls zur rechten Seitenwand bewegt und die mittige X-Position einnimmt. Dadurch, dass alle Hotspotstrukturen in diesem Prozess zum Teil unterbrochen auftreten, ist die Interpretation, dass der Hotspot $0{,}3L$ aus einer Teilung der ursprünglich bei $0{,}2L$ liegenden Struktur hervorgeht, ebenfalls möglich.

Zusammenfassend zeigt dieses Beispiel jedoch, wie die Änderungen der Position einzelner Hotspotstrukturen jeweils auch Auswirkungen auf die Lage der umliegenden Strukturen haben und so weitere Positionsänderungen bis hin zu kontinuierlichen Rekonfigurationen nach sich ziehen können. Dies unterstützt die Hypothese der Analogie zu Taylor-Couette-Strömungen, nach der die hier beobachteten Rekonfigurationen im Rand- oder Übergangsbereich des Parameterbereichs des Typs $\mathcal{C}$ liegen.

In den beiden gezeigten Beispielen ging der Rekonfigurationsprozess dabei von den Hotspotstrukturen selbst aus und Plumestrukturen, wie sie für Fall $\mathcal{S}$ in den X-t-Ebenen beobachtet wurden, traten dabei nicht auf. Dies unterstützt die Schlussfolgerung von Kapitel 4.2.3, dass die Rekonfigurationen analog zu den spiralförmigen Strukturen in Taylor-Couette-Strömungen durch eine weitere Instabilität, wie zum Beispiel die der Bödewadt-Strömung, ausgelöst werden.

4.3.4 *Messunsicherheiten der stereoskopischen PIV*

Um die Unsicherheiten der stereoskopische PIV zu quantifizieren, wird die Unsicherheitsfortpflanzung nach dem Schema von Bhattacharya *et al.* [11] vollzogen. Da hier jedoch - im Vergleich zu den dort verwendeten expliziten Funktionen - überbestimmte Gleichungssysteme zur Kalibrierung der Kamerapositionen und Rekonstruktion der Geschwindigkeitskomponenten gelöst wurden, wird die Berechnung der Unsicherheiten entsprechend angepasst.

Der Fokus liegt dabei auf den Einflüssen der Geometrie der Kamerasysteme sowie der Stärke der vertikalen Geschwindigkeitskomponente, die senkrecht zur Lichtschnittebene orientiert ist. Im ersten Schritt wird dafür die Unsicherheit der Kamerapositionen bestimmt, welche anhand der Abbildung von

Kalibriermarken bekannter Positionen mit dem Kameramodell von Tsai [123] berechnet wurden.

Das zu diesem Kameramodell gehörende Kalibrierverfahren basiert auf einer iterativen Optimierung der Kalibrierparameter. Um den kompletten Kalibrieralgorithmus ausschließlich anhand des Ergebnisses dieser Optimierung rückwirkend nachvollziehen zu können, wird das Kalibrierverfahren mit generierten Markerpositionen nachgestellt.

Die generierten Markerpositionen X_{Marker_i} bilden dabei ein sich über den Messbereich in der Lichtschnittebene erstreckendes Gitter von 31×11 Punkten, was der Markeranordnung bei der tatsächlichen Kalibrierung entspricht. Anhand der vorliegenden Kalibrierparameter, $\mathbf{R}$ (Rotationsmatrix), V (Translationsvektor), κ_1, κ_2 (Verzerrungsparameter) und f (Fokusweite), werden zunächst die Bildpositionen x_{Marker_i} der jeweiligen Markerpositionen X_{Marker_i} anhand der Projektionsfunktion $\mathbf{f}_{\text{Proj}}$ des Kameramodells generiert.

$$x_{\text{Marker}_i} = \mathbf{f}_{\text{Proj}}(\mathbf{R}; V; \kappa_1; \kappa_2; f; X_{\text{Marker}_i}) \tag{4.15}$$

Anhand der Positionstupel $(X_{\text{Marker}_i}, x_{\text{Marker}_i})$ ist es nun möglich den Kalibrieralgorithmus nach Tsai [123] als implizite Kalibrierfunktion $\mathbf{f}_{\text{Kal}}$ zu definieren, deren Ausgabe die bekannten Kalibrierparameter sind:

$$\mathbf{R}, V, \kappa_1, \kappa_2, f = \mathbf{f}_{\text{Kal}}(X_{\text{Marker}_i}; x_{\text{Marker}_i}) \tag{4.16}$$

Die Kalibrierparameter $\mathbf{R}$ und V können außerdem genutzt werden, um mit der Konversionsfunktion $\mathbf{f}_{\text{Konv}}$ des Kameramodells die Kameraposition X_{Kamera} zu berechnen.

$$X_{\text{Kamera}} = \mathbf{f}_{\text{Konv}}(\mathbf{R}; V) \tag{4.17}$$

Durch das Verbinden der beiden Funktionen kann folglich die Kamerapositionsfunktion $\mathbf{f}_{\text{Pos}}$ definiert werden, welche die Kamerapositionen in Abhängigkeit der Positionen der Marker und ihrer Abbildungen ausgibt.

$$\begin{aligned} X_{\text{Kamera}} &= \mathbf{f}_{\text{Pos}}(X_{\text{Marker}_i}; x_{\text{Marker}_i}) \\ &= \mathbf{f}_{\text{Konv}}(\mathbf{f}_{\text{Kal}}(X_{\text{Marker}_i}; x_{\text{Marker}_i})) \end{aligned} \tag{4.18}$$

Dabei handelt es sich ebenfalls um eine implizite Funktion, was bedeutet, dass sie auf Grund der in ihr enthalten Algorithmen nicht zwingend für alle

Kombinationen aus Marker- und deren Abbildungspositionen definiert ist. Dennoch kann für diese Funktion eine Jacobi-Matrix an der „Stelle" der zuvor generierten $\boldsymbol{X}_{\text{Marker}_i}$ und berechneten $\boldsymbol{x}_{\text{Marker}_i}$ numerisch bestimmt werden. Die Elemente der Jacobi-Matrix können anschließend zur Berechnung der Fortpflanzung der Unsicherheit der Markerpositionen auf die Kamerapositionen genutzt werden. Dies ist nachfolgend für das Beispiel für die X-Komponente der Kamerapositionsunsicherheit $\sigma_{X_{\text{Kamera}}}$ notiert:

$$\begin{aligned}\sigma^2_{X_{\text{Kamera}}} = &\sum_{j=0}^{N}\left(\left(\frac{\partial \mathrm{f}_{\text{Pos}_X}}{\partial X_{\text{Marker}_j}}(\boldsymbol{X}_{\text{Marker}_i};\boldsymbol{x}_{\text{Marker}_i})\right)^2\sigma^2_{X_{\text{Marker}_j}}\right)\\ &+\sum_{j=0}^{N}\left(\left(\frac{\partial \mathrm{f}_{\text{Pos}_X}}{\partial Y_{\text{Marker}_j}}(\boldsymbol{X}_{\text{Marker}_i};\boldsymbol{x}_{\text{Marker}_i})\right)^2\sigma^2_{Y_{\text{Marker}_j}}\right)\\ &+\sum_{j=0}^{N}\left(\left(\frac{\partial \mathrm{f}_{\text{Pos}_X}}{\partial Z_{\text{Marker}_j}}(\boldsymbol{X}_{\text{Marker}_i};\boldsymbol{x}_{\text{Marker}_i})\right)^2\sigma^2_{Z_{\text{Marker}_j}}\right)\\ &+\sum_{j=0}^{N}\left(\left(\frac{\partial \mathrm{f}_{\text{Pos}_X}}{\partial x_{\text{Marker}_j}}(\boldsymbol{X}_{\text{Marker}_i};\boldsymbol{x}_{\text{Marker}_i})\right)^2\sigma^2_{x_{\text{Marker}_j}}\right)\\ &+\sum_{j=0}^{N}\left(\left(\frac{\partial \mathrm{f}_{\text{Pos}_X}}{\partial y_{\text{Marker}_j}}(\boldsymbol{X}_{\text{Marker}_i};\boldsymbol{x}_{\text{Marker}_i})\right)^2\sigma^2_{y_{\text{Marker}_j}}\right)\end{aligned}\tag{4.19}$$

Für die $n = 31 \times 11$ Marker wurden jeweils Unsicherheiten von $\sigma_{X_{\text{Marker}}} = \sigma_{Y_{\text{Marker}}} = \sigma_{Z_{\text{Marker}}} = 1\,\text{mm}$ und $\sigma_{x_{\text{Marker}}} = \sigma_{y_{\text{Marker}}} = 1\,\text{px}$ angenommen. Im Fall von $\sigma_{X_{\text{Marker}}}$ entspricht dies der Ablesegenauigkeit der Messmittel, die für die Bestimmung der Markerpositionen genutzt wurden, und $\sigma_{x_{\text{Marker}}}$ repräsentiert die Auflösung mit der die Markerpositionen abgebildet werden.

Die am Beispiel der Messebene Z1 errechneten Unsicherheiten $\sigma_{X_{\text{Kamera}}}$ sind mit den anhand der Funktion $\mathbf{f}_{\text{Konv}}$ bestimmten Kamerapositionen[5] $\boldsymbol{X}_{\text{Kamera}}$ in Tabelle 4.4 zusammengefasst.

Für die in dieser Arbeit gezeigten Messreihen wurde die stereoskopische Rekonstruktion durch das Lösen des überbestimmten Gleichungssystems 3.7 durchgeführt. Ähnlich wie bei dem Kameramodell werden anhand dieses Gleichungssystems die planaren Geschwindigkeitskomponenten $(u_{x,1};u_{y,1};u_{x,2};u_{y,2})$ aus den dreidimensionalen Geschwindigkeitsvektoren

5 Die verwendeten Kamerapositionen wurden durch das Kameramodell aus den Markerpositionen bestimmt. Abweichungen zu den gemessenen Positionen aus Tabelle 4.3 sind dadurch zu erklären, dass die berechneten Positionen die virtuelle Position der Kameras abbilden, welche zum Beispiel auch die doppelwandige Einhausung der Konvektionszelle berücksichtigen.

KAMERA	X_{Kamera} [mm]	$\sigma_{X_{\text{Kamera}}}$ [mm]
1.1	$(855; -2535; 1091)$	$(10; 30; 11)$
1.2	$(2451; -2605; 1097)$	$(4; 20; 6)$
2.1	$(1515; -2313; 999)$	$(3; 10; 5)$
2.2	$(67; -2260; 987)$	$(6; 17; 10)$

Tabelle 4.4: Kamerapositionen $\sigma_{X_{\text{Kamera}}}$ und ihre Unsicherheiten $\sigma_{X_{\text{Kamera}}}$ für die stereoskopische PIV, basierend auf der Kalibrierung für die Messebene Z1.

wiederhergestellt. Dies ist erforderlich, weil sie ein Zwischenergebnis der PIV-Auswertung sind, das für die Berechnung der Unsicherheiten benötigt wird.

Anschließend kann wieder eine implizite Funktion $\mathbf{f}_{\text{SPIV}}$ definiert werden, welche die Lösung des Gleichungssystems 3.7 durch die Methode der kleinsten Quadrate beinhaltet.

$$\boldsymbol{u} = \mathbf{f}_{\text{SPIV}}(\boldsymbol{X}_{\text{Kamera1}}; \boldsymbol{X}_{\text{Kamera2}}; u_{x,1}; u_{y,1}; u_{x,2}; u_{y,2}) \tag{4.20}$$

Für diese Funktion kann für jede Position des Messbereichs an der „Stelle" der vorliegenden Ergebnisse erneut die Jacobi-Matrix numerisch berechnet werden. Aus ihren Elementen ergibt sich die Berechnung der Unsicherheiten der dreidimensionalen Geschwindigkeitskomponenten, deren Formel nachfolgend für das Beispiel der Komponente u_X gezeigt wird:

$$\begin{aligned}\sigma_{u_X}^2 = & \left(\frac{\partial f_{\text{SPIV}_X}}{\partial X_{\text{Kamera1}}}\right)^2 \sigma_{X_{\text{Kamera1}}}^2 + \left(\frac{\partial f_{\text{SPIV}_X}}{\partial Y_{\text{Kamera1}}}\right)^2 \sigma_{Y_{\text{Kamera1}}}^2 \\ & + \left(\frac{\partial f_{\text{SPIV}_X}}{\partial Z_{\text{Kamera1}}}\right)^2 \sigma_{Z_{\text{Kamera1}}}^2 + \left(\frac{\partial f_{\text{SPIV}_X}}{\partial X_{\text{Kamera2}}}\right)^2 \sigma_{X_{\text{Kamera2}}}^2 \\ & + \left(\frac{\partial f_{\text{SPIV}_X}}{\partial Y_{\text{Kamera2}}}\right)^2 \sigma_{Y_{\text{Kamera2}}}^2 + \left(\frac{\partial f_{\text{SPIV}_X}}{\partial Z_{\text{Kamera2}}}\right)^2 \sigma_{Z_{\text{Kamera2}}}^2 \\ & + \left(\frac{\partial f_{\text{SPIV}_X}}{\partial u_{x,1}}\right)^2 \sigma_{u_{x,1}}^2 + \left(\frac{\partial f_{\text{SPIV}_X}}{\partial u_{y,1}}\right)^2 \sigma_{u_{y,1}}^2 \\ & + \left(\frac{\partial f_{\text{SPIV}_X}}{\partial u_{x,2}}\right)^2 \sigma_{u_{x,2}}^2 + \left(\frac{\partial f_{\text{SPIV}_X}}{\partial u_{y,2}}\right)^2 \sigma_{u_{y,2}}^2\end{aligned} \tag{4.21}$$

Für die Genauigkeit der planaren Komponenten $u_{x,1}; u_{x,2}; u_{y,1}; u_{y,2}$ wurde dabei eine Messunsicherheit angenommen, welche sich aus einer üblichen Kreuzkorrelationsgenauigkeit von 0,1 px (vgl. Wieneke [136]), skaliert mit dem Abbildungsmaßstab und dem Zeitversatz zwischen den Doppelbildern ($\tau = 14\,\text{ms}$), ergibt.

In einem letzten Schritt wird die Unsicherheitsfortpflanzung für die lineare Interpolation im überlappenden Bereich der beiden Messsysteme durchgeführt. Die Wichtungsfaktoren ($w_{\text{Sys1}}; w_{\text{Sys2}}$) der Interpolation gehen dabei zusammen mit den Unsicherheiten den Geschwindigkeiten der beiden PIV-Systeme ($\sigma_{\boldsymbol{u}_{\text{Sys1}}}; \sigma_{\boldsymbol{u}_{\text{Sys2}}}$) wie nachfolgend für die X-Komponente formuliert in die Berechnung ein:

$$\sigma_{u_X}^2 = w_{\text{Sys1}}^2\, \sigma_{u_{\text{Sys1}_X}}^2 + w_{\text{Sys2}}^2\, \sigma_{u_{\text{Sys2}_X}}^2 \tag{4.22}$$

Für Bereiche außerhalb des überlappenden Bereichs sind die Geschwindigkeiten $\boldsymbol{u}$ sowie die zugehörigen Unsicherheiten gleich den Werten des jeweiligen Messsystems. Zur Berechnung der Messunsicherheiten für das Beispiel der Messebene Z1 wurde das zeitlich gemittelte Geschwindigkeitsfeld der Messreihe $\mathcal{S}_{Z1}$ für $Ri = 2{,}8$ herangezogen, um $u_{x,1}; u_{x,2}; u_{y,1}; u_{y,2}$ als Funktionsargumente für Gleichung 4.20 anhand des Gleichungssystems 3.7 zu rekonstruieren. Die Unsicherheiten der einzelnen Komponenten sind als Felder in Abbildung 4.44 dargestellt.

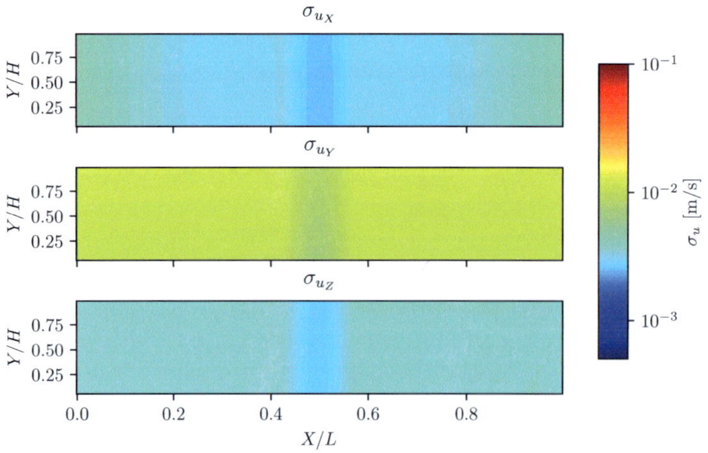

Abbildung 4.44: Felder der Messunsicherheiten der Geschwindigkeitskomponenten der stereoskopischen PIV.

Der Vergleich der Felder der Unsicherheiten in Abbildung 4.44 zeigt, dass deutliche Unterschiede zwischen den Niveaus für die verschiedenen Geschwindigkeitskomponenten bestehen. Im Vergleich zu diesen Unterschieden sind die Variationen der Unsicherheiten in den einzelnen Feldern relativ gering. So treten für die Y-Komponente mit $\sigma_{u_Y} \approx 0{,}01\,\mathrm{m/s}$ die größten Messunsicherheiten auf, da die Kameras in der YZ-Ebene in einem flachen Winkel auf die Lichtschnittebene blicken. Für die X- und Z-Komponente beträgt dieser Wert etwa $0{,}003\,\mathrm{m/s}$. Die Gradienten in den Farbkonturen zeigen die Einflüsse der positionsabhängigen Blickwinkel und der dort vorliegenden Geschwindigkeiten des für die Berechnung genutzten mittleren Geschwindigkeitsfelds auf die lokalen Unsicherheiten, welche jedoch relativ gering ausfallen. Die stärksten Gradienten in den Unsicherheitsfeldern treten dafür im Bereich auf, in dem sich die beiden Messsysteme überlappen. Dort liegen deutlich niedrigere Unsicherheiten vor, da durch die Interpolation effektiv eine gewichtete Mittelung von jeweils zwei Geschwindigkeitsvektoren durchgeführt wird.

Auf die Untersuchung der Unsicherheiten für die andere Messebene wird verzichtet, da die Konfiguration grundsätzlich ähnlich ist. Weiterhin hat die geringere Höhe der Messebene $Z2$ zur Folge, dass die Blickwinkel der Kameras in der YZ-Ebene steiler sind, was tendenziell niedrige Unsicherheiten zur Folge hat (vgl. Bhattacharya *et al.* [11]).

4.4 ZUSAMMENHANG ZWISCHEN STRÖMUNGSSTRUKTUREN UND DEM TEMPERATURFELD

Aus den Diskussionen der Kapitel 4.2.3 und 4.3.3.2 geht hervor, dass die Rekonfigurationsdynamik bei relativ niedrigen Richardson-Zahlen durch Taylor-Görtler-artige Wirbel bestimmt wird. Ungeklärt ist dabei jedoch, welchen Einfluss die Auftriebskräfte in diesem Parameterbereich auf die Bildung von Strömungsstrukturen haben, beziehungsweise welchen Beitrag die Strukturen, die durch Trägheitskräfte induziert wurden, zum Wärmetransport liefern.

Um dies zu untersuchen, sind neben Geschwindigkeitsfeldern auch Temperaturfelder nötig. Zur simultanen Messung der beiden Feldgrößen wurde deshalb die kombinierte PIV-PIT eingesetzt. Die Spezifika der Messtechnik sowie ihre Kalibrierung werden in Kapitel 4.4.1 vorgestellt.

Beim Einsatz dieser Methode wird jedoch der untersuchbare Parameterbereich durch den Temperaturbereich des Farbspiels der TLCs eingeschränkt und das Einbringen der Impfpartikel in die Strömung zu Messbeginn stört deren Gleichgewicht. Aus diesem Grund war es nicht möglich, Messreihen, die Rekonfigurationsereignisse beinhalten, mit dieser Messtechnik aufzunehmen. Der untersuchte Kennzahlbereich befindet sich jedoch in der Region niedriger

Richardson-Zahlen (vgl. Abbildung 4.1), in der die Strömung durch Taylor-Görtler-artige Wirbel geprägt wird. Entsprechend treffen die Analysekapitel 4.4.2 und 4.4.3 Aussagen zur Korrelation zwischen Vertikalgeschwindigkeit und Temperatur sowie die vertikalen Wärmeströme dieser Strukturen.

Abschließend werden die Unsicherheiten der hier eingesetzten Temperaturmessmethode in Kapitel 4.4.4 abgeschätzt.

4.4.1 *Kombinierte PIV-PIT*

ALLGEMEINES Abbildung 4.45 zeigt den Aufbau des Messsystems für die kombinierte PIV-PIT. Die temperatursensitiven Impfpartikel wurden in der Seedingkammer durch die Verdüsung einer 1:1 Iso-Propanlol/R25C20-TLC-Suspension in die Strömung eingebracht. Innerhalb des grün markierten Messbereichs auf der Höhe $Z = H/8$ wurden diese von einer LED-Weißlichtquelle (A) beleuchtet. Diese Linienarray-Lichtquelle wurde in Kapitel 3.2.1 vorgestellt. Der damit erzeugte Lichtschnitt besaß eine Dicke von ca. 8 mm.

Das für die PIV eingesetzte Kamerasystem ist in Abbildung 4.45 schwarz dargestellt und mit (B) markiert. Es bestand aus zwei pco.edge 5.5 CMOS Kameras. Für die PIT wurden dagegen zwei pco.pixelfly qe Farbkameras (C) verwendet. Die Verwendung von zwei Kameras dient dabei der Senkung der Messunsicherheiten durch Redundanz. Alle Kameras wurden mittels Scheimpflugadaptern mit Zeiss Planar T* 50 mm $f/1.4$ Objektiven ausgerüstet.

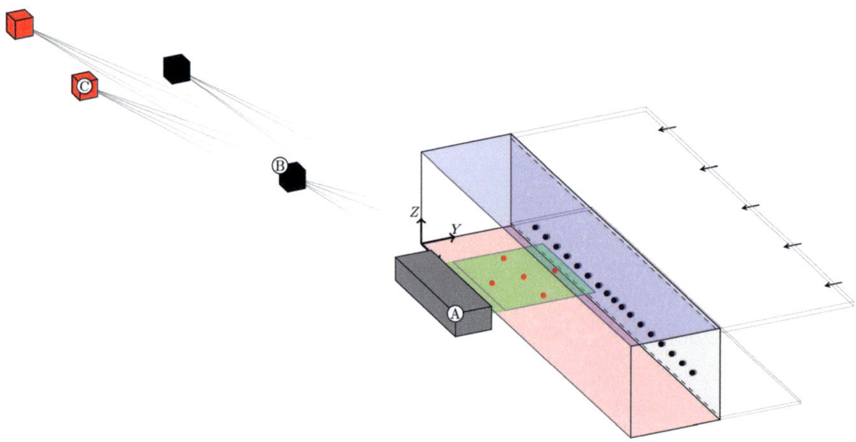

Abbildung 4.45: Anordnung des kombinierten PIV-PIT-Messsystems (A-C) zusammen mit den Thermistoren (rote Punkte) zur dynamischen Kalibrierung.

Um den sensorgrößenbedingten kleineren Öffnungswinkel der PIT-Kameras zu kompensieren, wurden diese weiter entfernt von der Messebene positioniert. Die Positionen aller Kameras im Experimentkoordinatensystem sind in Tabelle 4.5 aufgelistet.

	X [mm]	Y [mm]	Z [mm]
PIV-Kamera 1	50	-1350	1200
PIV-Kamera 2	1350	-1350	1200
PIT-Kamera 1	300	-2400	1800
PIT-Kamera 2	1100	-2400	1800

Tabelle 4.5: Physische Positionen der Kameras für die kombinierte PIV-PIT Messung.

Um die Bildaufnahme der beiden Kamerasysteme zu synchronisieren, wurde eine externe Triggerquelle genutzt. Dort wurden die individuellen Verzögerungen für die beiden Kamerasysteme (τ_a,τ_b) sowie die LEDs (τ_c) so eingestellt, dass die komponentenspezifischen Verzögerungen (τ_α,τ_β) kompensiert werden und sich qualitativ die in Abbildung 4.46 dargestellte Triggerfolge ergibt.

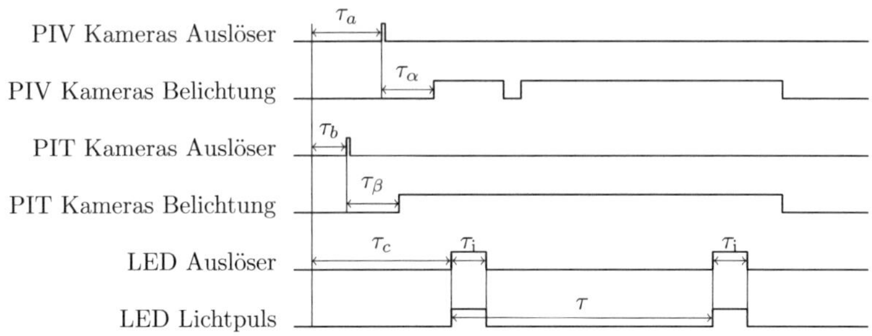

Abbildung 4.46: Triggersequenz der kombinierten PIV-PIT nach [72, S. 21].

Nach diesem Prinzip wurde sichergestellt, dass die Belichtungspulse τ_i der LEDs mit der Doppelbildbelichtung der PIV-Kameras zusammenfallen. Gleichzeitig wurde die Belichtungszeit der PIT-Kameras so eingestellt, dass sie beide Lichtpulse abdeckt. Auf diese Weise erreicht mehr Licht den Sensor, was das Signal-Rausch-Verhältnis verbessert. Die Gefahr des Verschmierens einzelner Partikel muss dabei nicht beachtet werden, da die PIT und PIV-Auswertungen auf den separaten Kamerasystemen basieren. Des Weiteren betrug der Zeitversatz zwischen den Doppelbildern der PIV 14 ms. Die Wiederholrate dieser Triggersequenz, welche der Messfrequenz entspricht, lag bei 4 Hz.

KALIBRIERUNG Abbildung 4.47 zeigt das Blockschema für die Kalibrierung des kombinierten PIV-PIT-Verfahrens nach Niehaus [72]. Die Kalibrierung des stereoskopischen PIV-Zweigs entspricht dabei der in Kapitel 3.2.1.1 beschriebenen Methodik. Zusätzlich werden die Markerposition jedoch auch von den PIT-Farbkameras erfasst, um die Ergebnisse der beiden Messsysteme räumlich vereinigen zu können. Nachfolgend werden die verschiedenen in der Abbildung aufgeführten Aspekte (**fettgedruckt** hervorgehoben) der PIT-Kalibrierung näher beschreiben.

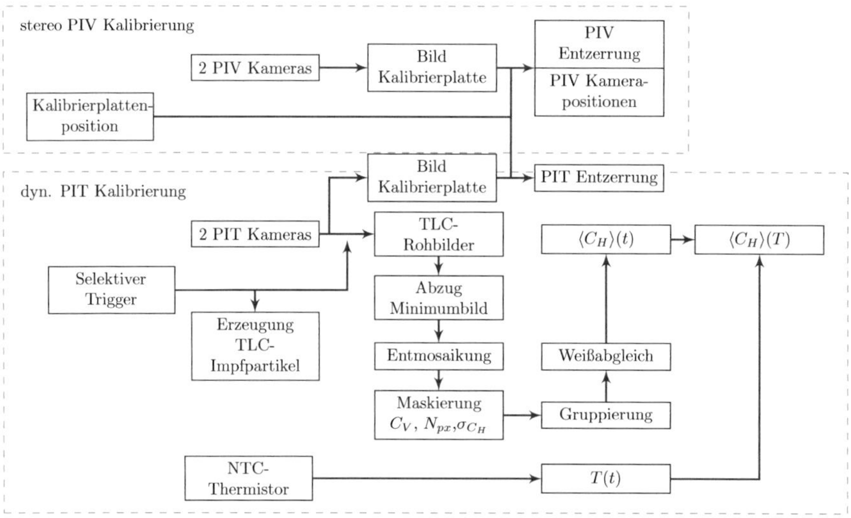

Abbildung 4.47: Blockschema der PIV-PIT-Prozesskette nach Niehaus [72, S. 55]. Die einzelnen Aspekte dieses Prozesses werden im Text **fettgedruckt** hervorgehoben.

Da es beim experimentellen Aufbau um ein offenes System handelt, ist es nicht möglich verschiedene isotherme Zustände wie bei Schiepel [95, S. 103-105] oder Moller *et al.* [67] für die Kalibrierung aufrecht zu erhalten. Entsprechend wurde das auf Mischkonvektionsströmungen ausgelegte dynamischen Kalibrierverfahren von Schmeling [98] angewendet.

Dabei wurden fünf zuvor kalibrierte [72, S. 55] **NTC Thermistoren**[6] im Lichtschnitt positioniert. Dieser Sensortyp verfügt über eine deutlich kleinere Bauform und besitzt somit eine geringere Wärmekapazität als die in Kapitel 3.1.2 vorgestellten Sensortypen. Dies brachte die Vorteile von weniger Reflexionen im Lichtschnitt und schnellen Reaktionen auf Temperaturänderungen.

Im Vergleich zu Schmeling [98] wurden hier mehrere Thermistoren verwendet, um in einem Kalibrierdurchlauf mehr Farb-Temperatur-Datenpaare gewinnen zu können. Die Winkelabhängigkeit, wie sie von Dabiri [33] beschrieben wird, ist für den vorliegenden Messaufbau vernachlässigbar, da über den Messbereich lediglich eine Blickwinkelvarianz von ca. 2 ° vorlag.

Um die Assoziation zwischen Temperatur und aufgenommener Farbwerte für ein möglichst breites Temperaturspektrum herzustellen, wurde durch einen **selektiven Trigger** (s. Abbildung 4.47) die Aufnahme von Farbbildserien und Thermistorwerten mit dem Erreichen bestimmter Heizplattentemperaturen ausgelöst (vgl. Kapitel 4.2.1).

Damit die Bestimmung der Farbton-Werte in der Kalibrierung und der eigentlichen Messung äquivalent ablaufen, ist der **Abzug des Minimumbilds** der erste Bearbeitungsschritt, der an den Kalibrierbildern durgeführt wurde. Wie auch für die spätere Messung wurde dafür das Minimumbild verwendet, welches aus Bildern der Konvektionszelle ohne Impfpartikel generiert wurde. So wurde vermieden, dass das Minimumbild TLC-Farbinformationen enthielt, welche dann aus den Kalibrier- und Messbildern abgezogen worden wären. Da sich dennoch nicht komplett ausschließen lässt, dass das Minimumbild Farbinformation trägt, erfolgte die Subtraktionen auf der Ebene der Rohbilder, für die sich die einzelnen Pixel jeweils einer Farbe der Bayer-Matrix zuordnen lassen.

Um aus den resultierenden Rohbildern Felder mit Farbwerten zu erhalten, wurde die **Entmosaikung** durchgeführt. In diesem Prozess werden die rohen Pixelwerte BP, wie in Abbildung 4.48 dargestellt, auf ein neues Pixelgitter P übertragen. Dabei repräsentieren die Rohpixelwerte jeweils eine Farbe der Bayer-Filtermatrix. Um die Informationen der unterschiedlichen Farben in einzelnen Pixeln zu vereinen, wurde ein 4×4-Kernel für die Entmosaikung verwendet, da dieser im Vergleich zu einem einfachen 2×2-Kernel eine stärkere Rauschunterdrückung bietet. Der Nachteil eines größeren Kernels ist die Verschlechterung des Auflösungsvermögens. Im vorliegenden Fall waren derartige Verluste jedoch nicht ausschlaggebend, da die Farbkameras die Impfpartikel auch mit einem 2×2-Kernel nicht mehr als einzelne Partikel, sondern als Farbnebel abbilden und lediglich die PIV-Kameras einzelne Parti-

6 NTC = negativer Temperaturkoeffizient

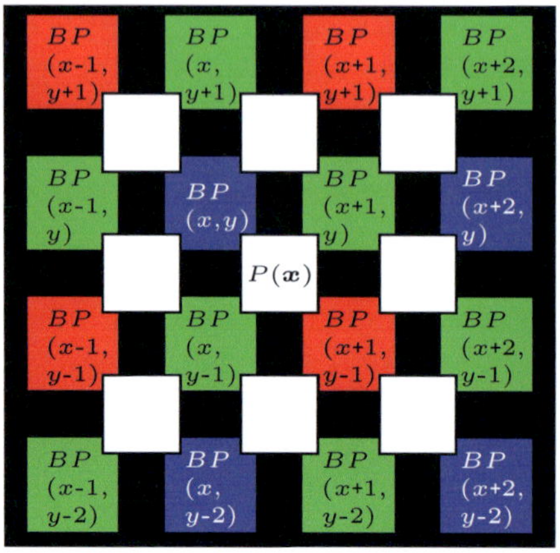

Abbildung 4.48: Schema des Kernels aus Pixeln der Bayer-Matrix *BP* aus denen die RGB-Werte des Pixels *P* berechnet wird nach [78].

kel auflösen müssen. Die Berechnung der Farbwerte C_R, C_G und C_B für einen Pixel $P(x, y)$ mit dem 4×4-Kernel erfolgte nach der Berechnungsvorschrift der PCO AG [78]:

$$C_R = \frac{9\,BP(x+1,y-1)+3\left(BP(x-1,y-1)+BP(x+1,y+1)\right)+BP(x-1,y+1)}{16} \tag{4.23}$$

$$C_G = \frac{BP(x,y-1)+BP(x+1,y)}{2} \tag{4.24}$$

$$C_B = \frac{9\,BP(x,y)+3\left(BP(x+2,y)+BP(x,y-2)\right)+BP(x+2,y-2)}{16} \tag{4.25}$$

Da für die Kalibrierung der TLCs der Farbton ausschlaggebend ist, wurden die so gewonnen Rot-Grün-Blau (RGB)-Werte in den Ton-Sättigung-Hellwert (HSV)-Farbraum konvertiert, dessen Hue-Wert C_H den Farbton als Winkelkoordinate für einen Farbkreis darstellt. Für die Konversion wurden folgende Formeln genutzt:

$$C_V = \max(C_R, C_G, C_B) \tag{4.26}$$

$$C_S = \frac{C_V - \min(C_R, C_G, C_B)}{C_V} \tag{4.27}$$

$$C_H = \begin{cases} 0 & \text{für } \min(C_R, C_G, C_B) = C_V, \\ 60^\circ \cdot \left(0 + \frac{C_G - C_B}{C_V - \min(C_R, C_G, C_B)}\right) & \text{für } C_R = C_V, \\ 60^\circ \cdot \left(2 + \frac{C_B - C_R}{C_V - \min(C_R, C_G, C_B)}\right) & \text{für } C_G = C_V, \\ 60^\circ \cdot \left(4 + \frac{C_R - C_G}{C_V - \min(C_R, C_G, C_B)}\right) & \text{für } C_B = C_V, \end{cases} \tag{4.28}$$

Für die Zuordnung der Farbwiedergabe zu den Thermistorentemperaturen wurden die Pixel eines 20×20 Kernels um die Thermistoren in Betracht gezogen. Zusätzlich erfolgte eine **Maskierung**, um Pixel, die mit hoher Wahrscheinlichkeit stark vom Rauschen beeinflusst sind, von der Weiterverarbeitung bei der Kalibrierung und der späteren Messung auszuschließen.

Diese Maskierung wurde im HSV-Farbraum durchgeführt. So wurden nur Pixel weiterverwendet, die hell ($C_V \geq 0{,}035$) und saturiert ($0{,}1 \leq C_S \leq 0{,}99$) genug waren. Dabei schließt die zweite Bedingung auch Übersättigungen aus, welche typisch für fehlerbehaftete Pixel sind. Alle Pixel, die diese Bedingungen nicht erfüllten, wurden für die Folgeschritte maskiert. Für die Kalibrierung wurden jeweils Hue-Mittelwerte der 20×20-Kernel um die Sensoren verwendet. Dabei wurden außerdem Mittelwerte dieser Kerneln aus der Kalibrierung ausgeschlossen, in denen weniger als 5 % unmaskierten Pixel N_{px} verblieben oder deren statistische Abweichung des Hue-Werts $\sigma_{C_H} / \sqrt{N_{px}}$ mehr als 1,5° betrug.

Die anschließende **Gruppierung** der Messwerte in Temperaturbereiche von $0{,}14\,K$ diente einer besseren Übersichtlichkeit sowie der Abschätzung der jeweiligen Unsicherheiten. An der damit ableitbaren Hue-Temperatur-Zuordnung können jedoch noch Mehrdeutigkeiten auftreten, welche durch einen nachträglichen **Weißabgleich** behoben werden können. Dazu wurden die HSV-Farbwerte temporär zurück in den RGB-Farbraum transferiert. Dort wurden die Werte C_R, C_G, C_B mit den jeweiligen Vorfaktoren k_R, k_G und k_B multipliziert und anschließend zurück in HSV-Werte übersetzt. Bei der hier durchgeführten Kalibrierung wurden dafür die Faktoren $k_R = 1{,}11$ und $k_G = k_B = 1$ genutzt.

Mit der dadurch erzielten eindeutigen Zuordnung von Hue-Werten zu Temperaturen, ist es möglich eine Kalibrierfunktion $T(C_H)$ festzulegen. Dafür wurde auf die von Schiepel *et al.* [96] verwendete Kalibrierfunktion zurückgegriffen, welche sowohl den linearen Bereich als auch das asymptotische Verhalten an der oberen Temperaturgrenze der Farbspiels abbildet.

$$T(C_H) = -\frac{q_0}{C_H - q_1} + q_2 + q_3\,(C_H - q_1) \tag{4.29}$$

Die Parameter q, die diese Funktion an die Kalibrierdaten anpassen, sind inklusive ihrer Unsicherheiten in Tabelle 4.6 zusammengefasst.

PARAMETER	WERT & UNSICHERHEIT
q_0	$(0{,}01 \pm 0{,}03)\,°\mathrm{C}\,°$
q_1	$(87{,}5 \pm 0{,}2)\,°$
q_2	$(29{,}4 \pm 0{,}1)\,°\mathrm{C}$
q_3	$(0{,}45 \pm 0{,}03)\,\frac{°\mathrm{C}}{°}$

Tabelle 4.6: TLC-Kalibrierparameter.

Abbildung 4.49 zeigt die durch die Parameter beschriebene Kalibrierfunktion (rot) zusammen mit den aus der Gruppierung entstandenen Mittelwerten (schwarz), auf die die Kalibrierfunktion angepasst wurde. Die zu den Mittelwerten gehörenden Streubreiten sind zudem als Fehlerbalken dargestellt. Weiterhin werden die Unsicherheiten der Kalibrierfunktion durch den 1σ-Bereich in grau dargestellt.

Dass sich das Farbspiel der TLCs und damit der sinnvoll messbare Temperaturbereich lediglich bis $q_2 = 29{,}4\,°\mathrm{C}$ erstreckt, stellt eine deutliche Abweichung vom Nominalwert der verwendeten TLC-Mischung von 45 °C dar. Eine ähnliche Einschränkung des messbaren Temperaturbereichs wurde ebenfalls von Ciofalo *et al.* [27] und Schmeling *et al.* [100] beobachtet. Entsprechend ist dieser Effekt darauf zurückzuführen, dass das Impfpartikelmaterial als Tröpfchen vorliegt.

VERARBEITUNG DER MESSWERTE Die Temperaturdaten der PIV-PIT Messung wurden gewonnen, indem die Farbwerte der Rohbilder anhand des im Kalibrierverfahren erarbeiteten Prozesses in Temperaturfelder auf dem Pixelgitter umgewandelt werden. Anschließend wurden diese Felder der beiden Kameras anhand der Entzerrungsfunktionen, welche in der räumlichen Kalibrierung gewonnenen wurden, auf das Koordinatensystem der Messebene übertragen. Danach wird der Mittelwert zwischen den nun deckungsgleichen Karten der beiden Kameras gebildet. Durch eine Mittelung in Bereichen

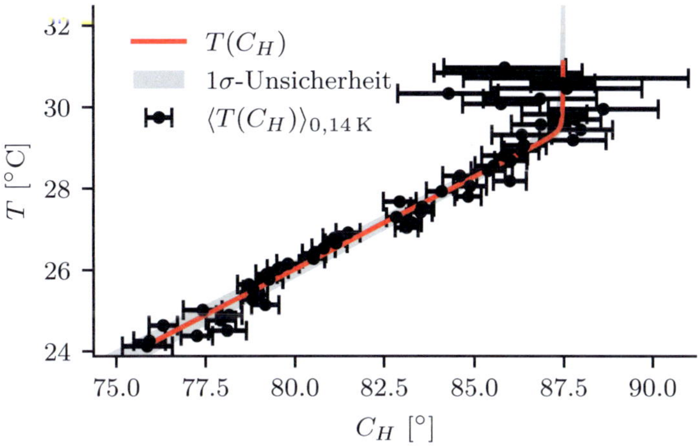

Abbildung 4.49: Kalibrierfunktion (rot) die aus den Mittelwerten der 0,14 *K*-Gruppierten Kalibrierwerte (schwarz) gewonnen wurde [72, S. 60]. Der Unsicherheitsbereich der Kalibrierfunktion ist grau dargestellt.

von $(16\,\mathrm{mm})^2$, mit 50 % Überlappung wird letztlich ein Datengitter generiert, welches dem der stereoskopischen PIV entspricht. Von den resultierenden Geschwindigkeitsfeldern der PIV wurden Datenpunkte ausgeschlossen, welche die Ausreißerkriterien 0,5 px Rekonstruktionsresiduum, $\|\boldsymbol{u}\| > 5v_{\text{in}}$ oder eine Abweichung von über 50 % vom Mittelwert der umliegenden Vektoren erfüllten. Durch diese Kriterien wurden 1,3 % der Datenpunkte ausgeschlossen. Zusätzlich dazu wurde der Bereich $Y > 0{,}8W$ sowie einzelne Stellen in einer Zelltiefe von $Y \approx 0{,}65W$ maskiert, da die Messungen dort durch Reflexionen der Rückwand verfälscht wurden.

4.4.2 *Strömungsstrukturen und Statistik*

Um die Zusammenhänge von Geschwindigkeits- und Temperaturfeld zu erfassen, werden zunächst die instantanen Felder der beiden Größen untersucht. Dafür werden die Temperaturen anhand der folgenden Formel normiert, so dass sie Werte zwischen 0 (T_{EL}) und 1 (T_{HP}) abbilden:

$$\theta = \frac{T - T_{\text{EL}}}{T_{\text{HP}} - T_{\text{EL}}} \tag{4.30}$$

Abbildung 4.50 zeigt instantane Felder der normierten Temperatur θ (rechts) zusammen mit den dazugehörigen Geschwindigkeitsfeldern (rechts) für vier

Zeitpunkte. In den Geschwindigkeitsfeldern werden die Geschwindigkeitskomponenten, die in der Messebene liegen, durch Vektoren dargestellt, während die Vertikalkomponente farbcodiert ist. Zusätzlich sind in den Geschwindigkeitsfeldern Isolinien für die Temperaturen $\theta = 0{,}25$ und $\theta = 0{,}5$ eingezeichnet, um die Verbindungen zwischen den beiden Feldern besser nachvollziehen zu können.

Über die gesamte Messreihe liegt im vorderen Bereich der Zelle ($0{,}1W \leq Y \leq 0{,}4W$) überwiegend die abwärtsgerichtete Strömung der Hauptkonvektionsrolle vor. Mit zunehmender Tiefe ($Y \geq 0{,}5W$) dominiert entsprechend der Strömung der Hauptkonvektionsrolle dann zunehmend eine aufwärts gerichtete Strömung. In den Temperaturfeldern treten dabei im Allgemeinem relativ niedrige Temperaturen ($0 \leq \theta \leq 0{,}4$) auf, obwohl die Messebene mit $H/8$ deutlich in der unteren Zellhälfte positioniert ist. Das zeigt, dass die Fluidtemperaturen in der gesamten Zelle durch den kontinuierlichen Zustrom von frischer Luft mit Einlasstemperatur niedriger als bei einer vergleichbaren RBC-Strömung sind.

Dennoch zeigen die in Abbildung 4.50 dargestellten instantanen Felder Beispiele für wiederkehrende Strukturen, die zeitweise die von der Hauptkonvektionsrolle bestimmte Strömung durchbrechen. Dazu zählen warme Bereiche direkt an der Frontwand, welche in den meisten Fällen nach oben strömen, aber teilweise auch negative Vertikalgeschwindigkeiten aufweisen. Diese Strukturen entstammen aus dem unteren Vorderkantenwirbel, da Abbildung 4.22 gezeigt hat, dass sich dieser bis zu einer ähnlichen Höhe wie die der Messebene ($H/8$) erstreckt. Jedoch erstrecken sich die warmen Bereiche an der Frontwand zum Teil bis hin zu $Y \approx 0{,}3W$. Da der Vorderkantenwirbel auf der Höhe der Messebene nicht in diesen Y-Bereichen vorliegt, handelt es sich bei diesen Strukturen um Fluidpakete, die im Vorderkantenwirbel oder der Bodenplattengrenzschicht Wärme aufgenommen haben und aus diesen Strukturen herausgelöst wurden. Für die abwärtsströmenden warmen Fluidpakete nahe der Frontwand besteht kein naheliegender Ursprung. Da sie jedoch ähnliche Temperaturen wie die aufsteigenden Fluidpakete aufweisen, ist es wahrscheinlich, dass sie sich kaum mit umliegendem Fluid durchmischen konnten. Ein möglicher Ursprung ist demzufolge, dass es sich um Fluidpakete handelt, welche an der Frontwand nach oben aus dem Vorderkantenwirbel ausgetreten sind und anschließend von der Hauptkonvektionsrolle erfasst und so wieder abwärts transportiert wurden. Eine weitere Hypothese dazu ist, dass es warme Fluidpakete sind, die an der Rückwand aufgestiegen sind und in der Hauptkonvektionsrolle wieder zur Frontwand transportiert wurden, ohne dass die Wärme an die Kühlplatte abgegeben oder durch Durchmischung verteilt werden konnte [72].

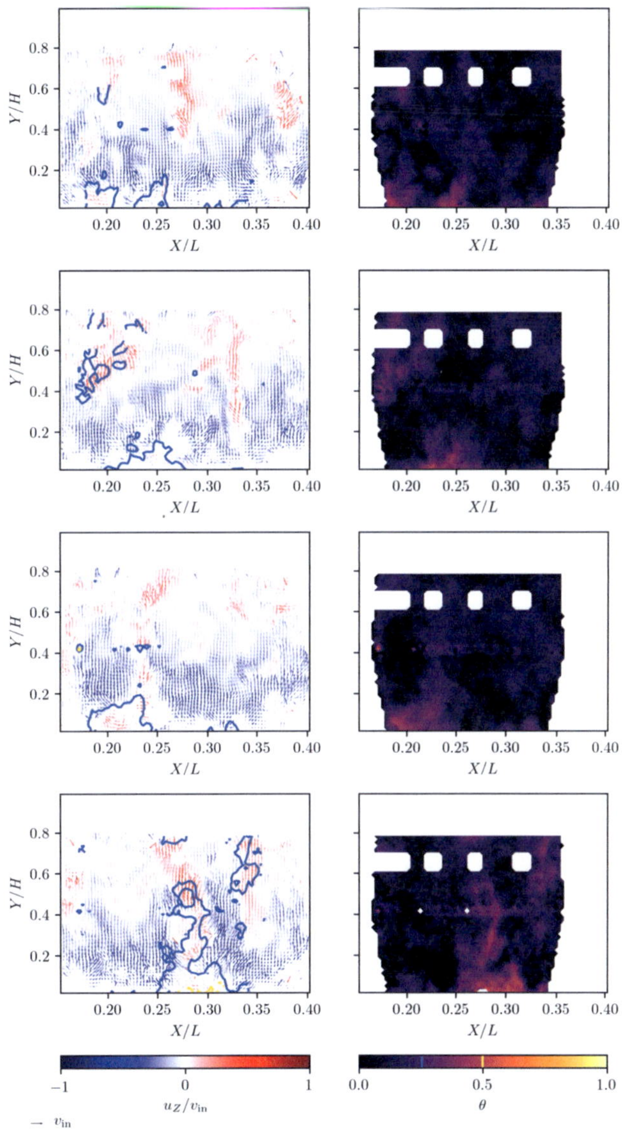

Abbildung 4.50: Beispielhafte instantane Felder der Geschwindigkeitsvektoren (links) und Temperaturen (rechts). Die planaren Geschwindigkeitskomponenten sind als Vektor dargestellt. Die Vertikalkomponente wird durch die Farbe der Vektoren wiedergegeben. Zusätzlich werden aus dem Temperaturfeld Isolinien für $\theta = \{0{,}25; 0{,}5\}$ im Geschwindigkeitsfeld dargestellt.

Der zweite in Abbildung 4.50 auftretende Strukturtyp sind Bereiche aufsteigender Luft, mit einer länglichen Form in Y-Richtung und einer entsprechend geringen Ausbreitung von X-Richtung von maximal $0{,}05L$. Diese Strukturen erstrecken sich vom Rand des Messbereichs bei $Y \leq 0{,}8W$ bis in sonst abwärtsströmende Tiefenbereiche ($0{,}1W \leq Y \leq 0{,}4W$). Während sie sich durch die positiven Vertikalgeschwindigkeiten deutlich vom umgebenden Fluid abgrenzen, weisen sie jedoch nicht immer erhöhte Temperaturen auf. Ein Beispiel dafür ist die Struktur bei $X = 0{,}275L$ im obersten Geschwindigkeitsfeld von Abbildung 4.50, die so im dazugehörigen Temperaturfeld nicht erkennbar ist. Da diese aufsteigenden Strukturen nicht in jedem Fall erhöhte Temperaturen aufweisen, sind Auftriebskräfte als wesentlicher Antrieb für ihre Entstehung auszuschließen. Umso mehr deutet dies darauf hin, dass diese Strukturen den aufsteigenden Bereich eines Taylor-Görtler-artigen Wirbelpaars darstellen.

Die unteren beiden Zeitpunkte von Abbildung 4.50 zeigen Felder, die sowohl austeigende warme Luft im vorderen Bereich der Zelle als auch die länglichen Strukturen aufweisen. Da die beiden Strukturen in den Feldern verbunden sind, soll nachfolgend analysiert werden, ob auch hinsichtlich statistischer Größen eine Verbindung besteht bzw. ob sich die Strukturen anhand statistischer Größen unterscheiden lassen. Für ähnliche Analysen von Mischkonvektionsströmungen wurde von Schmeling *et al.* [101] sowie Westhoff und Wagner [132] ein Verfahren genutzt, welches anhand der Häufigkeitsverteilungen und der Regression von Summenfunktionen mehrerer Wahrscheinlichkeitsdichtefunktionen der Normalverteilung eine Unterteilung in verschiedene Strömungsbereiche[7] ermöglicht.

Des Weiteren dient die Untersuchung der Häufigkeitsverteilungen, der Geschwindigkeitskomponenten und Temperaturen zur Sicherstellung der Qualität des Messverfahrens.

Um bei der Analyse dieser Verteilungen auch Aussagen über die Korrelationen zwischen Einzelkomponenten treffen zu können, wurde das ursprünglich eindimensionale Regressionsverfahren [101, 132] für eine Anwendung auf die vierdimensionale Häufigkeitsverteilung $h([\boldsymbol{u}, \theta])$ erweitert. An diese Häufigkeitsverteilung werden entsprechend auch vierdimensionale normalverteilte Wahrscheinlichkeitsdichtefunktionen g_i bzw. die Summenfunktion s_N von N solcher Wahrscheinlichkeitsdichtefunktionen mittels der Methode der kleinsten Quadrate gefittet. Die Funktionen s_N und g_i sind wie dabei folgt definiert:

7 In den referenzierten Studien erfolgte die Differenzierung in Bereiche die entweder stark von Trägheits- oder Auftriebskräften bestimmt werden. Prinzipiell ergibt sich das Differenzierungsmerkmal jedoch aus der auf den Anwendungsfall bezogenen Analyse.

$$s_N([\boldsymbol{u},\theta]) = \sum_{i=1}^{N} g_i([\boldsymbol{u},\theta]) \tag{4.31}$$

$$g_i([\boldsymbol{u},\theta]) = I_i \exp\left(-\frac{1}{2}([\boldsymbol{u},\theta]-\boldsymbol{\mu}_i)^\top \boldsymbol{\Sigma}_i{}^{-1}([\boldsymbol{u},\theta]-\boldsymbol{\mu}_i)\right) \tag{4.32}$$

Der Vorfaktor I_i entspricht dabei dem Integral der Dichtefunktion über alle vier Dimensionen. Da die untersuchten Häufigkeitsverteilungen auf eine Summe von 1 normiert sind, lässt sich anhand von I_i der jeweilige Anteil des von einem Summanden g_i repräsentierten Strömungsbereichs in der Messebene abschätzen. Weiterhin ist $\boldsymbol{\mu}_i$ der Mittelwertvektor und $\boldsymbol{\Sigma}_i$ die Kovarianzmatrix[8], mit den Standardabweichungen σ und Korrelationskoeffizienten ρ:

$$\boldsymbol{\mu}_i = \begin{bmatrix} \mu_{Xi} \\ \mu_{Yi} \\ \mu_{Zi} \\ \mu_{Ti} \end{bmatrix} \tag{4.33}$$

$$\boldsymbol{\Sigma}_i = \begin{bmatrix} \sigma_{Xi}{}^2 & & & \text{sym} \\ \rho_{XYi}\,\sigma_{Xi}\,\sigma_{Yi} & \sigma_{Yi}{}^2 & & \\ \rho_{XZi}\,\sigma_{Xi}\,\sigma_{Zi} & \rho_{YZi}\,\sigma_{Yi}\,\sigma_{Zi} & \sigma_{Zi}{}^2 & \\ \rho_{XTi}\,\sigma_{Xi}\,\sigma_{Ti} & \rho_{YTi}\,\sigma_{Yi}\,\sigma_{Ti} & \rho_{ZTi}\,\sigma_{Zi}\,\sigma_{Ti} & \sigma_{Ti}{}^2 \end{bmatrix} \tag{4.34}$$

Abbildung 4.51 zeigt die Projektionen $\iiint(h, s_1)$ der Häufigkeitsdichte h als Balkendiagramm sowie der Wahrscheinlichkeitsdichte der Normalverteilung s_1, die an h gefittet wurde. Die einzelnen Diagramme veranschaulichen, dass je nach Komponente deutliche Abweichungen von einer normalverteilten Wahrscheinlichkeitsdichteverteilung vorliegen. Um diese Abweichungen näher zu untersuchen, werden in einem nächsten Schritt auch die zweidimensionalen Projektionen $\iint(h, s_1)$ der Verteilungsfunktionen in Betracht gezogen.

Abbildung 4.52 stellt diese Projektionen für alle sechs Variablenkombinationen dar. Während die Fitfunktion die Häufigkeitsverteilung in den Projektionsebenen u_X-u_Z, u_X-θ und u_Y-θ mit Ausnahme der fehlenden Schiefe

8 Damit Gleichung 4.32 eine zu $\boldsymbol{\mu}_i$ hin steigende Dichteverteilung beschreibt, muss $\boldsymbol{\Sigma}_i$ positiv semidefinit sein. Um diese Eigenschaft trotz der Variation einzelner Matrixkomponenten im Regressionsverfahren zu erhalten und eine Konvergenz zu ermöglichen, werden jeweils die hinsichtlich der Frobeniusnorm nächsten positiv semidefiniten Matrizen zu $\boldsymbol{\Sigma}_i$ in Gleichung 4.32 verwendet. Genutzt wurde dafür eine Implementierung des Algorithmus von Higham [46].

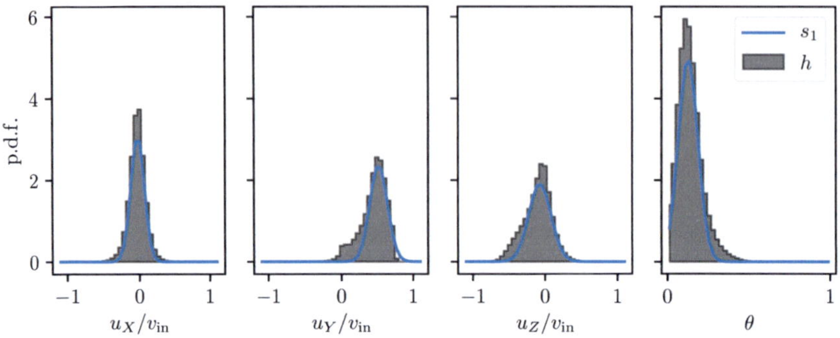

Abbildung 4.51: Projektionen $\int\int\int(h, s_1)$ der Häufigkeits- h (grau) sowie Wahrscheinlichkeitsdichtefunktion s_1 (blau).

entlang der Hauptachse bereits gut abbildet, treten in den anderen Ebenen deutlichere, qualitative Abweichungen hinsichtlich der Form der Isolinien auf. So weichen die Isolinien von h und s_1 in der u_Y-u_Z-Ebene und der u_Z-θ-Ebene auch abseits der Hauptachse voneinander ab, was für das Vorhandensein eines weiteren, näherungsweise normalverteilten Strömungsanteils spricht. Diese Hypothese wird dadurch unterstützt, dass in den Projektionen u_X-u_Y und u_Y-u_Z ein weiteres lokales Verteilungsmaximum bei $u_Y = 0$ existiert.

Als Ursache für dieses lokale Maximum kommen die warmen Fluidpakete an der Frontwand in Frage, da diese auf Grund ihrer Wandnähe meist nur verhältnismäßig kleine Y-Geschwindigkeitskomponenten besitzen. Um diese Hypothese zu überprüfen wird das Fitverfahren für die Häufigkeitsverteilung der Variablen in einem Ausschnitt des Messbereichs,$Y \leq 0{,}075W$, durchgeführt. In diesem Bereich sollten die warmen Fluidpakete einen größeren Anteil an der Strömung darstellen als für den gesamten Messbereich. Dementsprechend sollte die Häufigkeitsverteilung h_F der Variablen in diesem Bereich eine Näherung der charakteristischen Verteilungsfunktion g_F darstellen, welche diese warmen Fluidpakete oder Strömungsstrukturen repräsentieren soll.

Abbildung 4.53 stellt die zweidimensionalen Projektionen von h_F zusammen mit der Wahrscheinlichkeitsdichtefunktion g_F, die an die Häufigkeitsverteilung gefittet wurde, als Isolinien dar. Wie bei Abbildung 4.52 zeigen die einzelnen Diagramme die verschiedenen Variablenkombinationen für die Projektion.

Da die Maxima dieser Verteilungsfunktionen bei $u_X = u_Y = u_Z = 0$ liegen, ist die Annahme bestätigt, dass das lokale Maximum aus Abbildung 4.52 auf die warmen Strömungsstrukturen in der Nähe der Frontwand zurückzuführen ist. Entsprechend repräsentiert g_F damit auch diese Strömungsstrukturen.

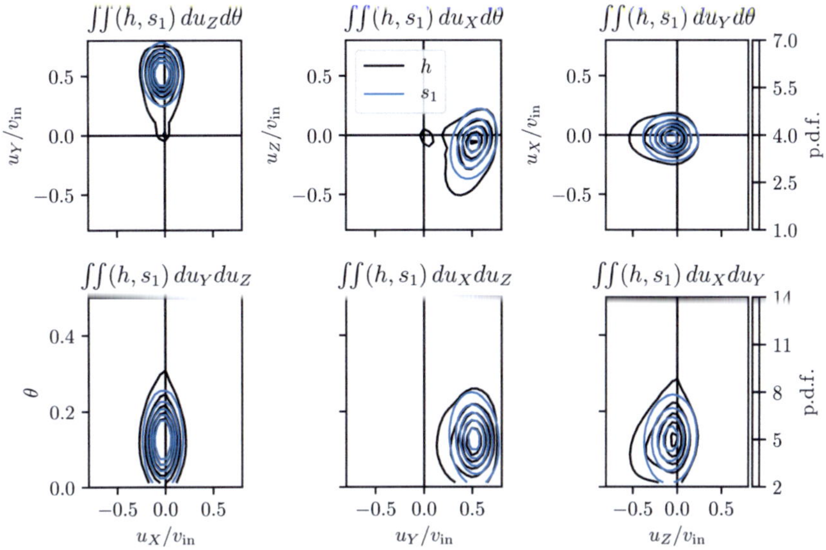

Abbildung 4.52: Zweidimensionale Projektionen $\iint(h, s_1)$ der Häufigkeits- h (schwarze Isolinien) sowie Wahrscheinlichkeitsdichtefunktion s_1 (blaue Isolinien).

Hinsichtlich der Temperaturverteilung zeigen h_F und g_F eine höhere mittlere Temperatur verbunden mit einer größeren Streuung als die der Verteilungen, die den kompletten Messbereich abdecken. Dieses Ergebnis harmoniert auch mit den in Abbildung 4.50 gezeigten Temperaturen der warmen Strukturen. Die Abweichungen der Form der äußeren Isolinien der Häufigkeitsdichteverteilung von denen der angepassten Gaußfunktion treten auch für h_F und g_F auf. Diese sind jedoch weniger ausschlaggebend, da die instantanen Felder gezeigt haben, dass die Hauptströmung auch in diesen Bereich vordringen kann. So erstrecken sich die Isolinien von h_F, die von denen von g_F abweichen, in die Bereiche zwischen dem höchsten Wahrscheinlichkeitsdichte von g_F und denen von s_1 in Abbildung 4.52. Das heißt, dass das Messverfahren die nötige dynamischen Weite besitzt, die Übergänge zwischen den unterschiedlichen Bereich der Strömung aufzulösen.

Die Parameter von g_F können nun als Startwerte für eine zweite normalverteilte Strömungskomponente g_2, welche die Summenfunktion s_2 für den gesamten Messbereich erweitert und dabei die warmen Strömungsstrukturen repräsentiert, genutzt werden.

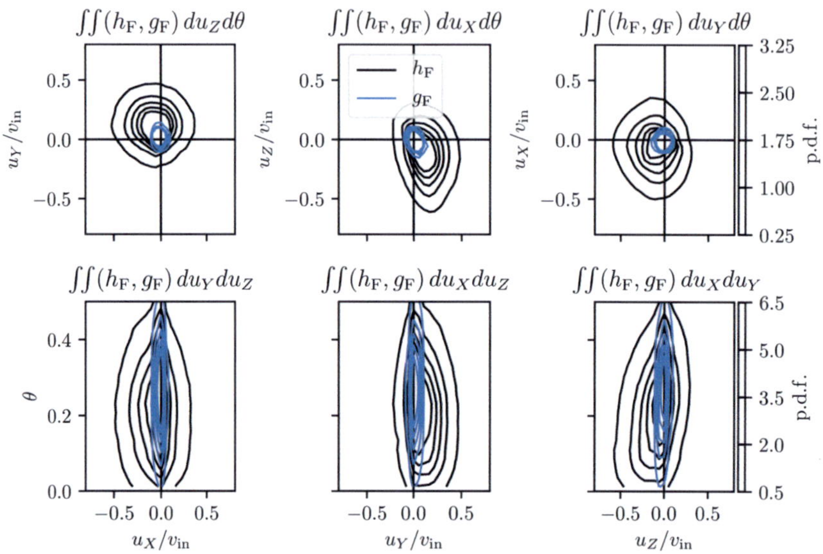

Abbildung 4.53: Zweidimensionale Projektionen $\iint(h_\text{F}, g_\text{F})$ der Häufigkeits- h_F (schwarze Isolinien) sowie Wahrscheinlichkeitsdichtefunktion g_F (blaue Isolinien) für den Bereich nahe der Frontwand ($Y \leq 0{,}075W$).

Analog zu den vorangegangenen Abbildungen stellt Abbildung 4.54 wieder die zweidimensionalen Projektionen von Häufigkeits- und Wahrscheinlichkeitsdichtefunktionen, in diesem Fall von h und der neu eingeführten Summenfunktion s_2 dar. Die Projektionen in die u_X-u_Y-Ebene und die u_Y-u_Z-Ebene zeigen, dass durch den Einsatz der zweiten Gaußfunktion das lokale Maximum von h bei $u_X = u_Y = u_Z = 0$ nun abgebildet werden kann. Jedoch bestehen weiterhin deutliche qualitative Unterschiede in der Form der Isolinien, vor allem in den Projektionsebenen u_Y-u_Z sowie u_Z-θ. Aus diesem Grund wurde die Summenfunktion s_3 mit einer weiteren normalverteilten Komponente g_3 gebildet. Das Anpassungsverfahren wurde dabei mit g_F als Startwert für g_3 initialisiert. Die Startwerte für g_1 und g_2 entsprachen dem bisherigen Ergebnis für g_1 mit jeweils halben Amplituden I_1 und I_2.

Die Ergebnisse der Regression werden in Abbildung 4.55 zunächst als Projektionen der Verteilungen $\iiint(h, s_3, g_1, g_2, g_3)$ dargestellt. Für die einzelnen Variablen u_X, u_Y, u_Z sowie θ wird jeweils die Projektion der Häufigkeitsverteilung h als graues Histogramm abgebildet. Zusätzlich dazu sind die

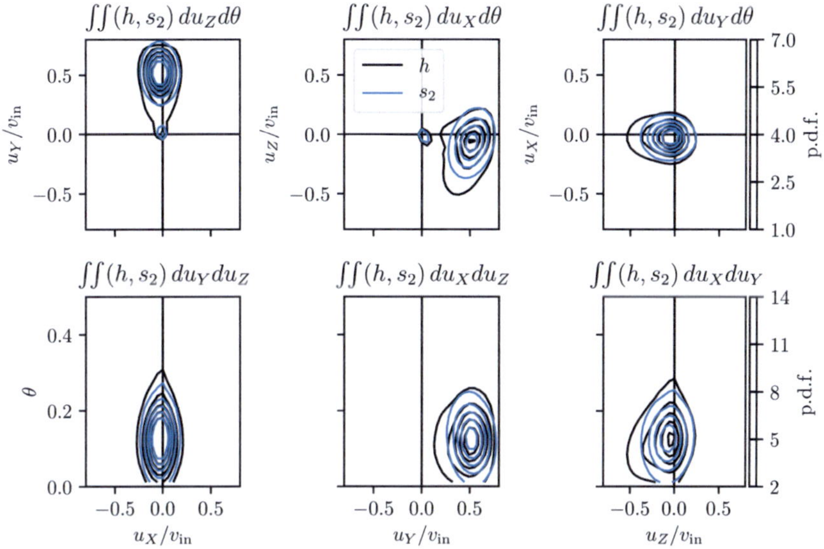

Abbildung 4.54: Zweidimensionale Projektionen $\iint(h, s_2)$ der Häufigkeits- h (schwarze Isolinien) sowie Wahrscheinlichkeitsdichtefunktion s_2 (blaue Isolinien).

Wahrscheinlichkeitsdichtefunktionen der Summenfunktion s_3 (blau) sowie g_1 (orange), g_2 (grün) und g_3 (rot) in den Diagrammen eingezeichnet.

Der Verlauf von s_3 bildet dabei die Häufigkeitsverteilung h in den einzelnen Projektionen gut ab. Abweichungen zwischen den beiden Verteilungsfunktionen existieren lediglich für u_Y zwischen den beiden lokalen Maxima von s_3 sowie für θ an der rechten Flanke von s_3. Da sich beide Bereiche im Einflussbereich von g_3 befinden, liegt es nahe, dass die tatsächliche Verteilung der durch g_3 repräsentierten Strukturen stark von einer Normalverteilung abweicht. Weiterhin wird durch Abbildung deutlich, dass die Parameter von g_1 und g_2, die gleich initialisiert wurden, deutlich unterschiedliche Werte angenommen haben, was die Erweiterung der Summenfunktion auf drei Gaußfunktionen rechtfertigt. So deckt g_1 einen mit $I_1 = 0{,}618$ einen deutlich größeren Anteil der Strömung ab, als g_2 mit $I_2 = 0{,}303$[9]. Dabei weist g_1 außerdem kleinere Mittelwerte μ_Y und μ_Z als g_2 auf, während die Streuungen dieser Variablen (σ_Y, σ_Z) für g_1 größer sind.

9 eine Übersicht über alle Fitparameter von g_1, g_2 und g_3 befindet sich in Anhang B

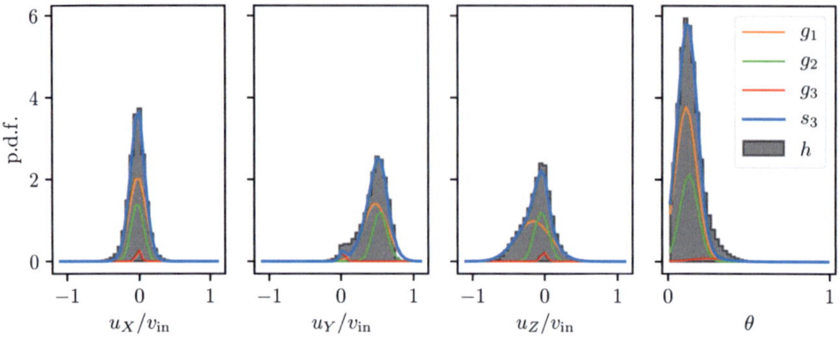

Abbildung 4.55: Projektionen $\iiint (h, s_3, g_1, g_2, g_3)$ der Häufigkeits- h (blaue Balken) sowie Wahrscheinlichkeitsdichtefunktionen s_3, g_1, g_2, g_3 (Kurven).

Ein noch deutlicherer Unterschied zwischen g_1 und g_2 besteht hinsichtlich ihrer Korrelationscharakteristiken, welche anhand von Abbildung 4.56 genauer nachvollzogen werden können. Dies Abbildung enthält im oberen Teil die zweidimensionalen Projektionen von h (schwarz) und s_3 (blau) in die beiden Ebene, u_Y-u_Z und u_Z-θ, die noch größere Abweichungen zwischen den Isolinien für h und s_2 zeigten (vgl. Abbildung 4.54). Zusätzlich dazu sind im unteren Teil von Abbildung 4.56 die Dichtefunktionen von g_1 (orange), g_2 (grün) und g_3 (rot) durch Isolinien dargestellt. Da diese Wahrscheinlichkeitsdichtefunktionen unterschiedlich große Bereiche der Strömung repräsentieren, geben die Isolinien unterschiedliche Wahrscheinlichkeitsdichten wieder. Deshalb sind zusätzlich auch die Flächen in den Diagrammen farblich hinterlegt, in denen die jeweilige Projektion $\iint g_i$ den größten Wert der 3 projizierten Dichtefunktionen aufweist.

Anhand der oberen Diagramme wird zunächst sichtbar, dass s_3 auch in den zweidimensionalen Projektionen die Häufigkeitsverteilung nun deutlich besser wiedergibt als s_2 in Abbildung 4.54. Abweichungen bestehen lediglich noch für niedrige u_Y und hohe θ bei $u_Z \approx 0$. Dass diese wie bei den eindimensionalen Projektionen in der Nähe des Einflussbereichs von g_3 liegen, unterstützt die Schlussfolgerung, dass die tatsächliche Verteilungsfunktion der frontwandnahen Strukturen nur in grober Näherung durch eine Normalverteilung repräsentiert werden kann.

Zum besseren Verständnis der Verteilungsfunktion s_3 sind im unteren Teil von Abbildung 4.56 die Verteilungsfunktionen der einzelnen Summanden g_i separat dargestellt. Daraus geht hervor, dass die deutlich verbesserte Passform der Isolinien von s_3 in der u_Y-u_Z-Ebene durch die beiden zwei Einzelkom-

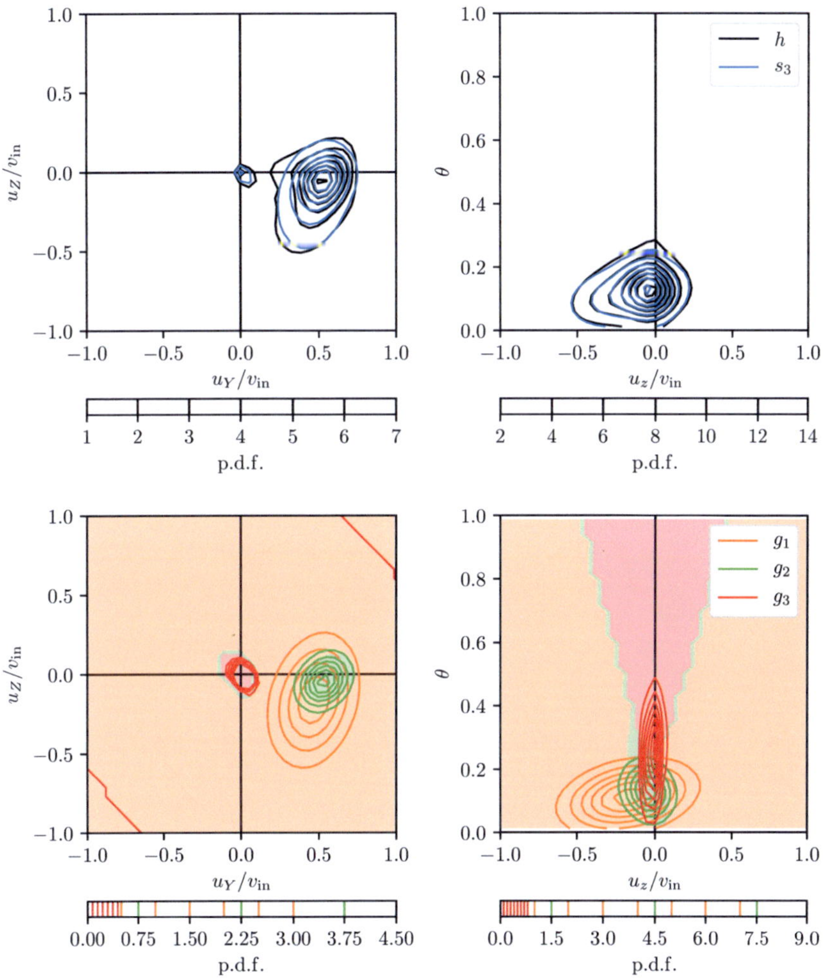

Abbildung 4.56: Oben: Zweidimensionale Projektionen $\iint(h, s_3)$ der Häufigkeits- h (schwarze Isolinien) sowie Wahrscheinlichkeitsdichtefunktion s_3 (blaue Isolinien). Unten: Zweidimensionale Projektionen $\iint(g_1, g_2, g_3)$ der einzelnen Normalverteilungskomponenten. Flächig dargestellt sind jeweils die Bereiche in den Projektionsebenen, in denen der jeweilige Summand g_i den größten Beitrag zu s_3 liefert.

ponenten g_1 und g_2 erreicht wird. Diese beiden Komponenten weisen dabei mit $\rho_{YZ1} \approx \rho_{YZ2} \approx 0{,}23$ ähnliche Korrelationskoeffizienten hinsichtlich der Variablen u_Y und u_Z auf, wohingegen g_3 mit $\rho_{YZ3} \approx -0{,}38$ eine negative Korrelation besitzt. Diese negative Korrelation sagt aus, dass aufsteigende Strukturen in der Nähe der Frontwand ihren Ursprung im Vorderkantenwirbel haben: Ein Fluidpaket, das aus diesem Gebiet aufsteigt, zeichnet sich durch positive Vertikalgeschwindigkeiten aus und untersteht damit auch gleichzeitig weniger dem Einfluss der Hauptströmung, welche sich dagegen durch positive u_Y auszeichnet. Die positive Korrelationen ρ_{YZ} von g_1 und g_2 spiegeln dabei den in Kapitel 4.3.3 beschriebenen Zusammenhang wider, dass aufsteigende Fluidpakete auf Grund der annähernden Festkörperrotation der Hauptkonvektionsrolle vor allem den größere Y-Impulse der äußeren Schichten der Hauptkonvektionsrolle tragen.

Der wesentliche Unterscheid zwischen g_1 und g_2 wird in der u_Z-θ-Ebene abgebildet. Während $\rho_{ZT1} \approx 0{,}28$ und $\rho_{ZT3} \approx 0{,}16$ die für auftriebsinduzierte Strömungen typische Korrelation zwischen Temperatur und Vertikalgeschwindigkeit zeigen, weist g_2 mit $\rho_{ZT2} \approx -0{,}14$ eine negative Korrelation zwischen den beiden Größen auf.

Welcher Mechanismus für die Verteilungsfunktion von g_2 verantwortlich ist, ist aus den Histogrammen allein nicht ableitbar. Um zu untersuchen, ob g_2 ähnlich wie g_3 bestimmten Strömungsstrukturen oder -mechanismen repräsentiert, wird als nächster Auswerteschritt die Zuordnung der Wertetupel $(\boldsymbol{u}, \theta)$ der instantanen Felder zu den einzelnen Komponenten g_i vollzogen. Diese Zuordnung erfolgt, wie die Einfärbung der Projektionsebenen in unteren Teil von Abbildung nach dem Prinzip des größten Beitrags einer Komponente zur $g_i([\boldsymbol{u}, \theta])$ zur Summenfunktion $s_3([\boldsymbol{u}, \theta])$.

Das Ergebnis dieser wahrscheinlichkeitsdichtebasierten Klassifizierung ist in Abbildung 4.57 für die bereits oben beschrieben instantanen Zeitschritte dargestellt. Neben den bereits in Abbildung 4.50 gezeigten Feldern der Geschwindigkeit und Temperatur werden dort in einer zusätzlichen Spalte die Bereiche, in denen eine der Gaußkomponenten g_i den jeweils größten Wert besitzt, farblich abgebildet. Zusätzlich wird die Trennlinie zwischen g_1 und g_2 in grau auf die Geschwindigkeits- und Temperaturfelder übertragen. Diese instantanen Felder zeigen, dass vor allem die Datenpunkte im hinteren Tiefenbereich der Zelle ($Y \geq 0{,}5W$) der Gaußfunktion g_2 zuzuordnen sind. Diese räumliche Aufteilung wird fast ausschließlich durch die in Y-Richtung länglichen aufsteigenden Strukturen durchbrochen, unabhängig davon, ob diese erhöhte Temperaturen aufweisen oder nicht. Dies bedeutet, dass g_2 die Fluidpakete repräsentiert, die allein durch die Struktur der erzwungenen Konvektionsrolle im hinteren Teil der Zelle aufsteigen. Dagegen repräsentiert g_1

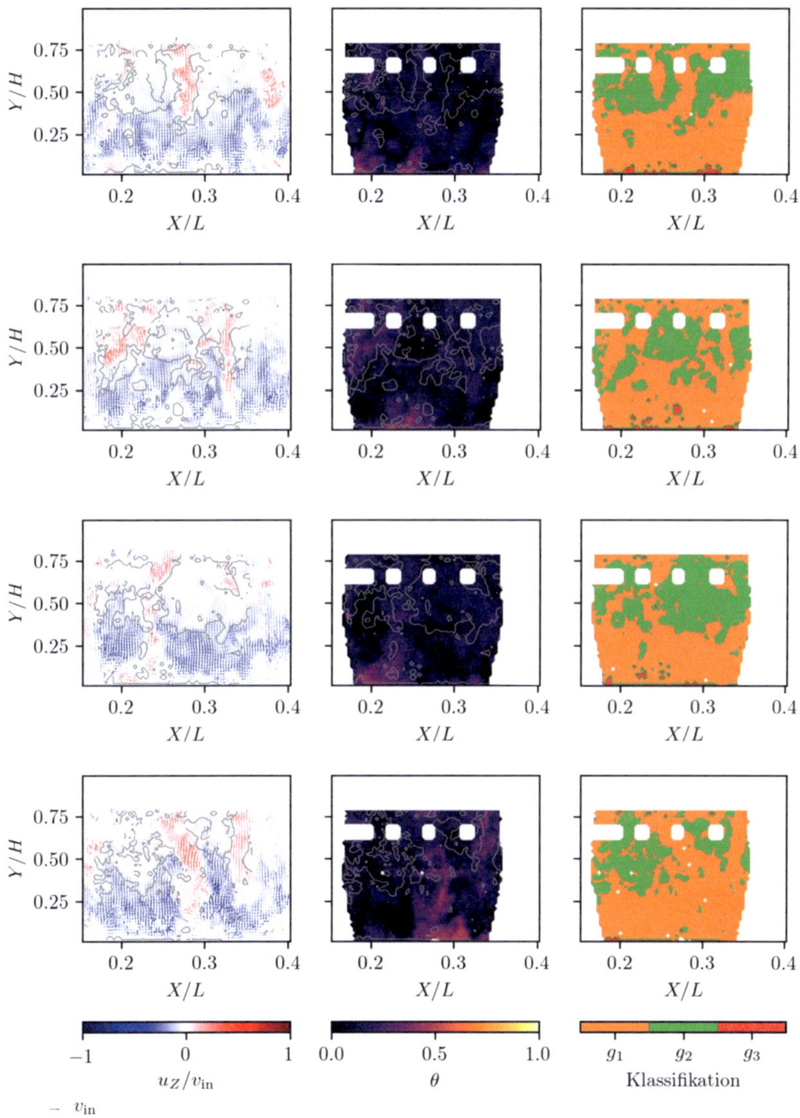

Abbildung 4.57: Beispielhafte instantane Felder der Geschwindigkeitsvektoren (links) und Temperaturen (rechts). Aufbauend auf Abbildung 4.50 werden hier zusätzlich die Zuordnungen zu den Komponenten g_i in der rechten Spalte gezeigt. Die Trennlinie zwischen Bereichen, deren Datenpunkte am wahrscheinlichsten g_1 und g_2 zuzuordnen sind, ist in den Temperatur- und Geschwindigkeitsfeldern grau markiert.

die abwärtsströmende Luft im vorderen Bereich der Zelle zusammen mit diskreten aufsteigenden Strukturen, wie zum Beispiel die aufsteigenden Bereiche von Taylor-Görtler-artigen Wirbeln. Auch wenn nicht jeder Taylor-Görtler-artige Wirbel warme Luft transportiert, hat der Bezug dieser Strukturen zur Verteilungsfunktion g_1 gezeigt, dass dennoch eine positive Korrelation von Vertikalgeschwindigkeit und Temperatur für diese Strukturen besteht. Diese Korrelation wird auch dadurch unterstützt, dass tieferliegende Fluidschichten im Mittel wärmer sind und damit auch scherinduzierte Strukturen dazu beitragen können. Dass die abwärtsströmenden Bereiche der Taylor-Görtler-artigen Wirbel zum Teil in Bereichen der Verteilungsfunktion g_2 liegen, ist außerdem eine mögliche Ursache für deren negative u_Z-θ-Korrelation, da warme Fluidpakete, die von den Taylor-Görtler-artigen Wirbeln erfasst wurden, durch diese zum Teil auch wieder abwärts transportiert werden.

4.4.3 *Vertikale Wärmeströme*

Um den Transport von Wärme genauer zu untersuchen, ermöglicht die kombinierte PIV-PIT durch die simultane Messung von Geschwindigkeits- und Temperaturfeldern auch die Berechnung von Wärmeströmen in der Form lokaler Nusselt-Zahlen. Neben den planaren Wärmeströmen Nu_X und Nu_Y ist hier vor allem, der vertikale Wärmestrom Nu_Z von Interesse, da die planare Geschwindigkeit relativ homogen in Y-Richtung ausgerichtet ist, und die Auftriebsrichtung somit mehr Potential für das Verständnis der Wechselwirkung zwischen erzwungenen und thermischen Strömungskomponenten beinhaltet.

Die lokale Nusselt-Zahl in Z-Richtung wird dabei wie folgt definiert (vgl. Blass *et al.* [13] und Pirozzoli *et al.* [82]):

$$Nu_Z = \frac{H}{\alpha} u_Z \theta \tag{4.35}$$

Das über die Messreihe gemittelte Feld von Nu_Z ist in Abbildung 4.58 dargestellt. Da die Temperatur auf einen Bereich zwischen 0 und 1 normiert ist, wird das Vorzeichen der lokalen Wärmeströme durch die Vertikalgeschwindigkeit bestimmt. Entsprechend liegt der Vorzeichenwechsel des zeitgemittelten Wärmstroms bei $Y \approx 0{,}5W$. Die größten Beträge des vertikalen Wärmestroms werden dagegen bei $Y \approx 0{,}1W$ verzeichnet, da die aufsteigenden warmen Strukturen in der Nähe der Frontwand, den mittleren Wärmestrom in diesen Bereich wieder auf ein neutrales Niveau anheben.

Im Allgemeinen spiegelt diese Form der Darstellung vor allem die Hauptkonvektionsrolle wider. Um mehr Informationen über den Wärmetransport

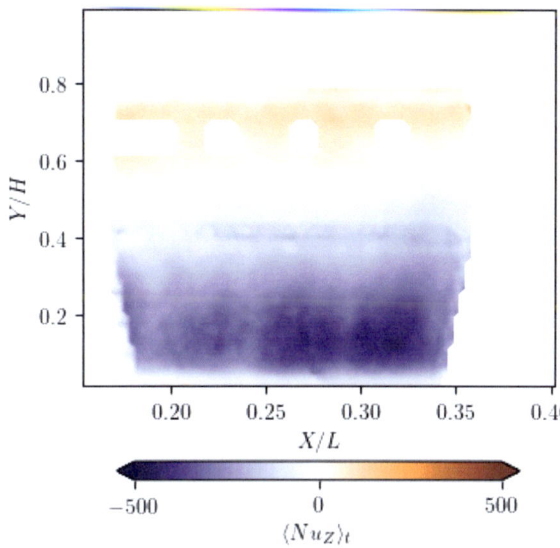

Abbildung 4.58: Feld der zeitlich gemittelten vertikalen Wärmeströme $\langle Nu_Z \rangle_t$.

einzelner Strukturen zu erhalten, werden im nächsten Schritt die turbulenten Wärmeströme $Nu_{\text{turb,Z}}$ untersucht, welche wie folgt definiert werden:

$$Nu_{\text{turb,Z}} = \frac{H}{\alpha} u'_Z \theta' \tag{4.36}$$

Dabei sind u'_Z und θ' hier Schwankungsgrößen, welche sich auf die jeweils zeitgemittelten Felder $\langle u_Z \rangle_t$ und $\langle \theta \rangle_t$ beziehen.

$$u'_Z(\mathbf{X},t) = u_Z(\mathbf{X},t) - \langle u_Z \rangle_t(\mathbf{X}) \tag{4.37}$$

$$\theta'(\mathbf{X},t) = \theta(\mathbf{X},t) - \langle \theta \rangle_t(\mathbf{X}) \tag{4.38}$$

Weitere räumliche Mittelungen werden hier nicht vorgenommen, da weder X und Y homogene Richtungen sind und der Messbereich sich auch nicht vollständig über die jeweiligen Zelldimensionen erstreckt.

Um zu überprüfen, ob das Zeitmittel über die zur Verfügung stehenden Zeitschritte ($N_t = 2427$) den Konvergenzanspruch einer statistischen Mittelung erfüllt, sind in Abbildung 4.59 die Konvergenzdiagramme für die verschiedenen Feldgrößen in Abhängigkeit der einbezogenen Zeitschritte der Messreihe n_t dargestellt. Konkret wurden dafür Maxima der im Messbereich auftretenden Änderungsbeträge des jeweiligen Mittelwerts durch Einbeziehen des Zeitschritts n_t berechnet. Die Graphen dieser Größen zeigen abgesehen vom Rauschen ein monoton fallendes Verhalten. Die Änderungen durch das Einbeziehen des finalen Zeitschritts betragen dabei für u/v_{in} und θ nicht mehr als 0,001. Da dies im Kontext der Messung vernachlässigbar kleine Änderungen sind, ist die zeitliche Mittelung zur Definition von Schwankungsgrößen geeignet.

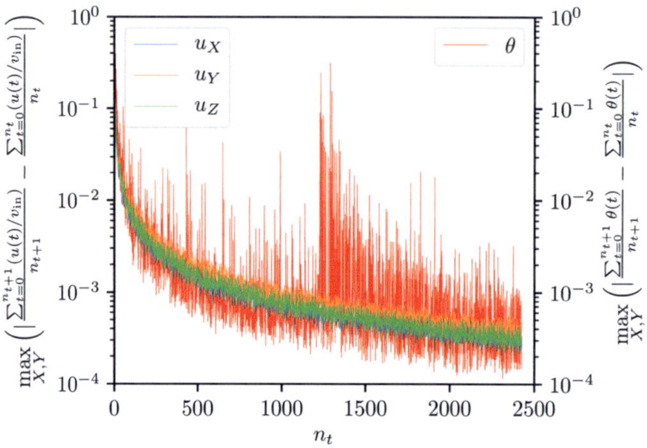

Abbildung 4.59: Konvergenz der zeitlichen Mittelwerte dargestellt durch die maximale Mittelwertsänderung durch Einbeziehung des Zeitschritts n_t.

Anhand der zeitlichen Mittelwerte ist es nun möglich die turbulenten Wärmeströme zu berechnen und zu analysieren. Abbildung 4.60 zeigt dafür das zeitlich gemittelte Feld der turbulenten Wärmeströme.

Aus dieser räumlichen Verteilung der zeitgemittelten turbulenten Wärmeströme geht hervor, dass die turbulenten Wärmeströme im gesamten Messbereich positiv sind. Während diese Wärmeströme nahezu konstant entlang der X-Richtung ausgeprägt sind, liegt gleichzeitig eine Abhängigkeit von der Y-Position mit erhöhten Werten im Bereich $0{,}05W \leq Y \leq 0{,}15W$ vor.

Um die Bedeutung der durchgängig positiven Werte des Zeitmittels des turbulenten Wärmestroms besser zu verstehen, ist in Abbildung 4.61 die Häufigkeitsverteilung der turbulenten Wärmeströme über alle Zeitschritte und im gesamten Messbereich dargestellt. Da sich die untersuchte Größe aus Schwankungen von Größen zusammensetzt, die, wie im vorangegangenen Kapitel gezeigt, näherungsweise als normalverteilt beschrieben werden können, liegt der Modalwert der Verteilung bei 0. Da u_Z und θ zu einem

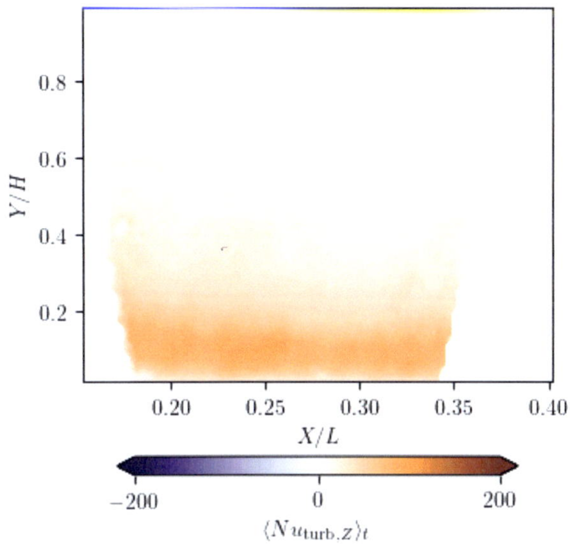

Abbildung 4.60: Feld der zeitlich gemittelten vertikalen turbulenten Wärmeströme $\langle Nu_{\text{turb},Z}\rangle_t$.

gewissen Grad korreliert sind, treten Schwankungen der beiden Variablen gehäuft mit dem gleichen Vorzeichen auf. Entsprechend fällt die rechte Flanke des Histogramms deutlich langsamer ab, was einen positiven Mittelwert zur Folge hat, wie er im gesamten Messbereich beobachtet werden konnte.

Ein weiteres Maß, welches diese Eigenschaft erfasst, ist die Schiefe γ der Häufigkeitsverteilung [144, Kap. 2.2.24.1].

$$\gamma = \frac{m_3}{\sqrt{m_2}^3} \tag{4.39}$$

(4.40)

Dabei ist m_i das $i$te, auf den arithmetischen Mittelwert $\langle Nu_{\text{turb},Z}\rangle$ bezogene, statistische Moment [144, Kap. 2.2.23].

$$m_i = \frac{1}{N}\sum_{n=1}^{N}\left(Nu_{\text{turb},Z}(n) - \langle Nu_{\text{turb},Z}\rangle_n\right)^i \tag{4.41}$$

Für die Gesamtheit aller Messwerte in Raum und Zeit ergibt sich nach der Gleichung 4.41 eine Schiefe von $\gamma \approx 3{,}3$. Eine globale Analyse der Schiefe

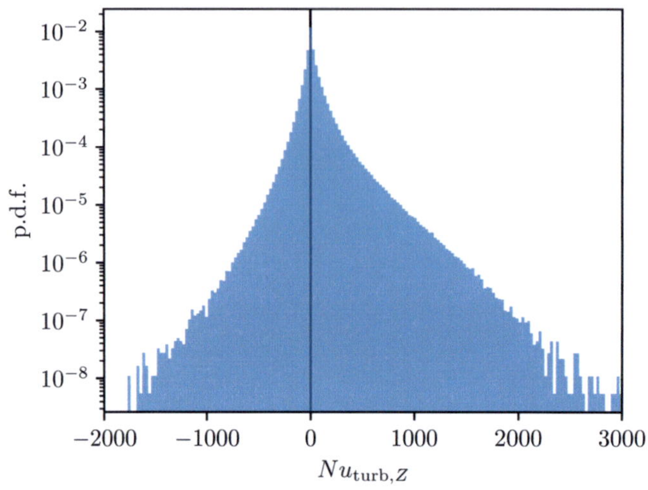

Abbildung 4.61: Häufigkeitsverteilung der vertikalen turbulenten Wärmeströme $Nu_{\text{turb},Z}$ in gesamten Messbereich.

ist jedoch unzureichend, da Abbildung 4.60 offenbart hat, dass die turbulenten Wärmeströme eine Abhängigkeit von Y besitzen. Außerdem wurden im vorangegangenen Kapitel die Unterschiede zwischen der aufsteigenden Luft an der Frontwand und den Taylor-Görtler-artigen Wirbelstrukturen erörtert, welche auch als Ursache für die Verteilung der turbulenten Wärmeströme in Frage kommen. Daraus folgt, dass Differenzierung der Mechanismen anhand der Y-Koordinate möglich ist.

Aus diesem Grund ist im oberen Teil von Abbildung 4.62 der Mittelwert $\langle Nu_{\text{turb},Z}\rangle_{X,t}$ der turbulenten Wärmeströme als Funktion von Y aufgetragen. Gleichzeitig wird in diesem Diagramm auch der Y-Verlauf der Schiefe der zu diesen Mittelwerten gehörenden Häufigkeitsverteilungen von $Nu_{\text{turb},Z}$ abgebildet. Zum besseren Verständnis der zugrundeliegenden Häufigkeitsverteilungen sind außerdem drei Y-Stellen markiert, für die die $Nu_{\text{turb},Z}$-Häufigkeitsverteilungen im unteren Teil von Abbildung 4.62 dargestellt werden.

Das Y-Profil der turbulenten Wärmeströme $\langle Nu_{\text{turb},Z}\rangle_{X,t}$ spiegelt dabei noch einmal das in Abbildung 4.60 dargestellte Feld wieder und zeigt, dass die stärksten turbulenten Wärmeströme im Bereich $0{,}05W \leq Y \leq 0{,}15W$ auftreten. Jedoch weisen die Verteilungen in diesem Bereich eine relativ geringe Rechtsschiefe ($\gamma > 0$) auf, denn die Schiefe steigt ab dem Y-Wert des $\langle Nu_{\text{turb},Z}\rangle_{X,t}$-

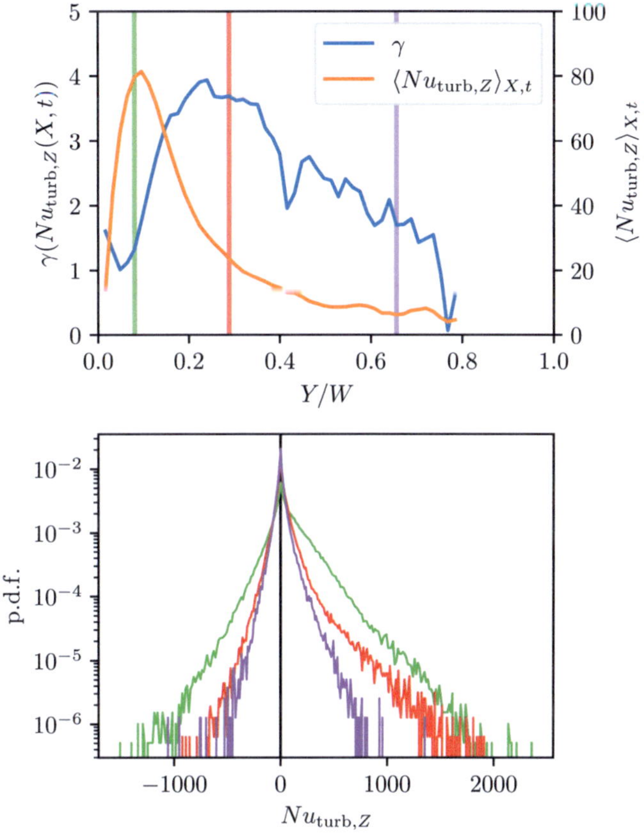

Abbildung 4.62: Oben: Entwicklung der Schiefe γ sowie des Mittelwerts $\langle Nu_{\mathrm{turb},Z}\rangle_{X,t}$ in Y-Richtung. Unten: Häufigkeitsverteilungen von $Nu_{\mathrm{turb},Z}$ für die links markierten Y.

Maximums verhältnismäßig steil an, bis sie im Bereich $0{,}2W \leq Y \leq 0{,}3W$ ihre maximalen Werte von knapp 4 erreicht. Von dort verringern sich die Werte der Schiefe mit zunehmender Zelltiefe Y mit einer niedrigeren Rate als beim vorherigen Anstieg während auch die mittlere turbulente Nusselt-Zahl bis zum Ende des Messbereichs sinkt. Diese Beobachtungen zeigen, dass der konvektive Wärmetransport in verschiedenen Zelltiefen Y über verschiedene statistische Charakteristiken verfügt. Dies deutet wiederum darauf hin, dass der Wärmetransport abhängig von Y durch andere Strömungsstrukturen angetrieben wird.

Den Bereich nahe der Frontwand repräsentierend weist das Histogramm für $Y \approx 0{,}1W$ trotz einer relativ geringen Schiefe größere relative Häufigkeiten an der rechten Flanke als die anderen in Abbildung 4.62 gezeigten Histogramme auf. Dass auch die linke Flanke dieses Histogramms die größten Häufigkeiten im Vergleich der gezeigten Histogramme besitzt, offenbart, dass das turbulente Wärmestrommaximum an dieser Position durch eine große Streuung der Werte der turbulenten Wärmeströme in diesem Bereich begründet ist. Der flachere Abfall der rechten Flanke gegenüber der linken ist dabei wiederum auch ein Zeichen für die positive Korrelation zwischen Schwankungen in Vertikalgeschwindigkeit und Temperatur.

Die übrigen beiden Histogramme zeigen, dass die Häufigkeitsverteilung der turbulenten Wärmeströme mit zunehmender Zelltiefe zunehmend schmaler wird. Mit entsprechend kleiner werdender Streuung ist das Erzielen eines positiven mittleren turbulenten Wärmestroms ab $Y \geq 0{,}2W$ zunehmend mit der vorliegenden Rechtsschiefe der Histogramme verbunden. Das Histogramm für $Y \approx 0{,}3W$ zeigt, dass die rechte Flanke der Häufigkeitsverteilung nicht nur flacher als die linke verläuft, sondern ab $Nu_{\mathrm{turb},Z} \geq 500$ zusätzlich deutlich von einem exponentiellen Abfall abweicht und eine Schulter ausbildet. Das bedeutet, dass in diesem Bereich Extremereignisse mit besonders großen nach oben gerichteten Wärmestrom noch einmal deutlich häufiger vorkommen, als es durch eine normalverteilte turbulente Schwankungsstatistik zu erwarten wäre. Entsprechend ist es naheliegend, diese Charakteristik den konkreten Strukturen der Taylor-Görtler-artigen Wirbel zuzuordnen. Die Stärke der Schulter des Histogramms nimmt dann mit zunehmender Zelltiefe ab, was sich in den fallenden Werten der Schiefe und dem dritten Beispielhistogramm ($Y \approx 0{,}65W$), in dem die Schulter nur noch sehr schwach ausgeprägt ist, widerspiegelt. Dieses Histogramm ist zudem schmaler als das davor besprochene. Dies deckt sich mit den Beobachtungen aus den instantanen Feldern, in denen die Taylor-Görtler-artigen Wirbel in der hinteren Zellhälfte zunehmend in der dort vorherrschenden Aufwärtsströmung aufgehen.

Zusammenfassend zeigen die Verläufe des Mittelwerts und der Schiefe, dass sich die an der Frontwand aufsteigenden Plumes und die Taylor-Görtler-artigen Wirbel, welche sich in die Tiefe der Zelle erstrecken, anhand dieser statistischen Eigenschaften unterscheiden lassen. Die höhere Schiefe für die Taylor-Görtler-artigen Strukturen zeigt dabei, dass ihr Beitrag zum Wärmetransport durch seltenere aber dafür extremere Transportereignisse bestimmt wird. Dagegen weisen die Plumes stärkere turbulente Schwankungen auf. Die damit verbundene Streuung hat ein häufiges Auftreten von sowohl positiven als auch negativen Extremwerten zur Folge, wobei die positiven turbulenten Wärmeströme dennoch dominieren.

Der Effekt der mit zunehmenden Y abklingenden Schiefe und Mittelwerte für Taylor-Görtler-artige Wirbel steht damit in Einklang zu den Beobachtungen von Kapitel 4.2.3. Im Speziellen zeigte dort Abbildung 4.22, dass die zentrifugale Instabilität im Bereich des Schiefemaximums am stärksten ausgeprägt ist. Das heißt, dass dort die Taylor-Görtler-artigen Wirbel angetrieben werden und mit zunehmender Tiefe die Intensität dieser Wirbel durch den fehlenden Antrieb und Reibungsverluste dann immer weiter abnimmt.

4.4.4 *Messunsicherheiten der Temperatur*

Hinsichtlich der Unsicherheiten der Temperaturmessung wurden bereits die Unsicherheiten der Kalibrierfunktion bei ihrer Anpassung an die Kalibrierdaten mitbestimmt. In Abbildung 4.49 ist der 1σ-Unsicherheitsbereich, welcher die Kalibrierfunktion umhüllt, entsprechend mit abgebildet. Im linearen Bereich der Kalibrierfunktion umfasst dieser Bereich Unsicherheiten von wenigen Zehntel Grad Celsius, für einen gegebenen Hue-Wert. Jedoch ergibt sich aus den Streuungen der Hue-Werte in den Kalibrierdaten, dass Einzelpixel eine relativ hohe Hue-Unsicherheit von $\sigma_{C_H} = 3{,}4\,^\circ$ aufweisen, welche unter anderem aus dem Farbrauschen der Kameras stammt. Die Fortpflanzung dieser Unsicherheit wird durch die aus Gleichung 4.29 abgeleitete Formel bestimmt:

$$\sigma_T^2 = \frac{1}{n_{\mathrm{px}}}\left(\frac{\sigma_{q_0}^2}{(C_H - q_1)^2} + \sigma_{q_2}^2 + \frac{q_0^2(\sigma_{q_1}^2 + \sigma_{C_H}^2)}{(C_H - q_1)^4} \right. \\ \left. + q_3^2(\sigma_{q_1}^2 + \sigma_{C_H}^2) + (C_H - q_1)^2\sigma_{q_3}^2\right) \tag{4.42}$$

Dabei werden die Unsicherheiten der Kalibrierfunktion aus Tabelle 4.6 und die Anzahl der für die Mittelung verwendeten Pixel n_{px} berücksichtigt. Da die Größe der Temperaturauswertefenster $8\,\mathrm{px} \times 8\,\mathrm{px}$ betrug und 2 Kameras verwendet wurden, beträgt die Pixelanzahl $n_{\mathrm{px}} = 128$.

Um abschätzen zu können, wie sich die verschiedenen Abhängigkeiten aus Gleichung 4.42 auswirken, ist die Unsicherheit der Temperatur σ_T in Abbildung 4.63 als Funktion der Temperatur dargestellt. Zusätzlich ist darin auch die Häufigkeitsverteilung der Temperaturen abgebildet, um die Relevanz der verschiedenen Temperaturbereiche der Messunsicherheit einschätzen zu können. So zeigt die Abbildung einen Bereich nahezu konstanter Messunsicherheiten von $\sigma_T \approx 0{,}1\,^\circ\mathrm{C}$, welcher sich bis zur oberen Grenze der Farbspiels der TLC ($q_2 = 29{,}4\,^\circ\mathrm{C}$) erstreckt. Für Temperaturen über dieser Grenze weist

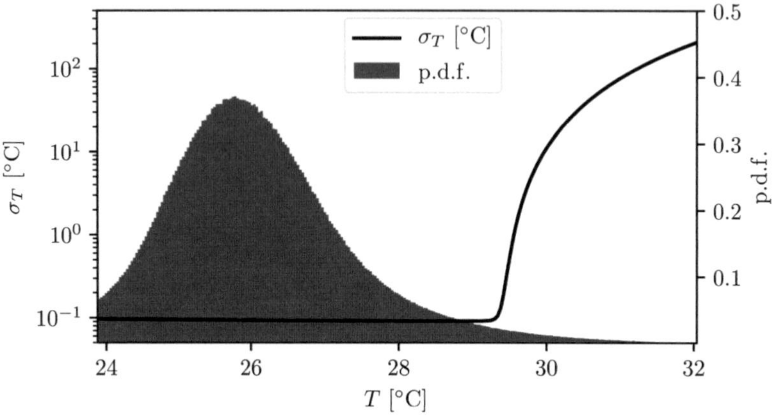

Abbildung 4.63: Messunsicherheit der Temperatur σ_T in Abhängigkeit von der Temperatur als Graph mit der Verteilung der gemessenen Temperaturen als Histogramm.

die Kalibrierfunktion eine sehr hohe Hue-Sensitivität auf, so dass das vorhandene Farbrauschen bei Temperaturen an dieser Grenze auch sehr hohe Unsicherheiten zur Folge hat. Allerdings ist mit etwa 2 % bloß ein kleiner Anteil der gemessenen Temperaturen so hoch, um von den hohen Unsicherheiten beeinflusst zu sein.

5

ZUSAMMENFASSUNG UND AUSBLICK

In dieser Arbeit wurden Rekonfigurationsereignisse der großskaligen Zirkulationen von Mischkonvektionsströmungen in einer quaderförmigen Zelle untersucht. Dabei wurde zwischen einem spontanen Rekonfigurationstyp, welcher sich durch seltene, aperiodische Ereignisse bei hohen Richardson-Zahlen auszeichnet, und einem kontinuierlichen Typ, dessen Ereignisse häufiger und aufeinanderfolgend bei niedrigeren Richardson-Zahlen auftreten, unterschieden. In einem ersten Schritt wurden die Ergebnisse von Schmeling *et al.* [99], dass sich diese Strukturen - diagonale Konvektionsrollensegmente - längs durch die Zelle bewegen, durch Messungen mit einem Temperatursensorfeld reproduziert.

Mit Hilfe von Kosinusfits konnte gezeigt werden, dass für die unterschiedlichen untersuchten Richardson-Zahlen unterschiedliche Anzahlen von Konvektionsrollensegmenten über die Zelllänge verteilt sind. Im Fall der hohen Richardson-Zahl konnten 4 dieser Strukturen beobachtet werden, während sich diese Anzahl auf 8 bei der niedrigen Richardson-Zahl belief. Durch eine zeitabhängige Auswertung der Fitparameter konnten zudem weitere Informationen über die Rekonfigurationsprozesse gewonnen werden. So wurden vor allem die früheren Untersuchungen bestätigt, dass ein Übergang zwischen den Zuständen mit der Bildung und Auflösung von Rollensegmenten an den Seitenwänden verbunden ist.

Aus diesem Grund befasste sich der nächste Teil der Untersuchungen mit den dreidimensionalen Strömungsfeldern in einem knappen Viertel des Zellvolumens in der Nähe der linken Seitenwand. Für die Untersuchungen der seltenen Ereignisse wurde dabei eine neu entwickelte temperaturbasierte Startautomatik der optischen Messtechnik genutzt. Die so gewonnenen Ergebnisse zeigten, dass die Dynamik der Konvektionsrollensegmente für beide Richardson-Zahl-Bereiche durch ein Umklappen ihrer (XY) diagonalen Achsen der Rollensegmente um eine vertikale (Z) Klappachse beschrieben werden kann.

Für den Fall der hohen Richardson-Zahl konnte außerdem die Bedeutung von der Hauptzirkulation untergeordneten Zirkulationsstrukturen ausgemacht werden. Zu diesen Strukturen gehört ein sekundärer Zweig der Hauptkonvektionsrolle. Als Sekundärstruktur lag für diese Struktur eine Analogie zu Rayleigh-Bénard-Konvektion nahe, für die ein Umkehrmechanismus existiert, der auf einem kritischem Wachstum von Sekundärwirbeln basiert. Die Analogie konnte jedoch ausgeschlossen werden, da der beschriebene Rollenzweig über die Rekonfigurationsereignisse nicht anwuchs, sondern sich auflöste.

Mit Hilfe von Hauptkomponentenzerlegungen konnten die Strömungen für beide Richardson-Zahlen in einzelne Moden zerlegt werden. Für die hohe Richardson-Zahl konnte so der erzwungene Konvektionsanteil der Strömung hinreichend gut von thermischen Anteilen getrennt werden. Zum einen ermöglichte dies, den Klappmechanismus als Überlagerung des konstanten erzwungenen Anteil mit dem sich ändernden thermischen Anteil zu modellieren. Zum anderen gab der Verlauf der Zeitkoeffizienten der einzelnen Moden Hinweise darauf, dass der Rekonfigurationsmechanismus für diesen Fall auf dem Prinzip von lokaler Akkumulation und Entladung von Erhaltungsgrößen basiert. Im Speziellen konnte in den instantanen Feldern beobachtet werden, dass die Rekonfigurationen mit der Freisetzung mehrerer starker Plumes aus dem unteren Vorderkantenwirbel einhergehen.

Für den Fall der niedrigen Richardson-Zahl konnte anhand der Hauptkomponentenzerlegung ebenfalls die Modellvorstellung einer konstanten und einer sich umkehrenden Komponente zur Beschreibung des Klappprozesses gebildet werden. Jedoch wiesen die kohärenten Strukturen der sich ändernden Strömungsanteile darauf hin, dass der Rekonfigurationsprozess durch die Bildung von Taylor-Görtler-artigen Wirbeln im Übergang der Hauptzirkulation von der Frontwand zur Bodenplatte angetrieben wird. Diese Vermutung wurde durch die Auswertung der Stabilitätsdiskriminante für Drehimpulsschichtungen in Wirbeln bekräftigt.

Der Widerspruch zwischen dem für die Temperaturen beobachteten Translationsmechanismus und dem Klappmechanismus im Geschwindigkeitsfeld konnte für diesen Fall damit aufgelöst werden, dass die Temperaturmessungen an der Rückwand vor allem durch die Taylor-Görtler-artigen Wirbel beeinflusst werden, welche bodenplattengebundene kohärente Strukturen darstellen. Der Klappmechanismus drückt sich dagegen hauptsächlich durch den zentral gelegenen Konvektionsrollenkern aus, auf den sich die Translation nicht vollständig überträgt, sondern sich als Klappen abbildet.

Um diesen Widerspruch für den Fall der höheren Richardson-Zahl zu untersuchen, wurden in einer weiteren Messkampagne die Strömungsgeschwindigkeiten in einer horizontalen Messebene, welche die komplette Zelllänge abdeckte, untersucht. Dabei wurde bestätigt, dass die über die Rückwandtemperatursensoren abbildbaren Translationsbewegungen der Temperaturstrukturen sich in der für mittlere Längsposition der Konvektionszelle auf die Geschwindigkeitsstrukturen übertragen lassen. Die am Rand beobachteten Klappmechanismen stellen somit den Übergang dar, durch den sich neue großskalige Strukturen bilden können, welche dann in Längsrichtung weiter wandern.

Die zeitlich und räumlich besser aufgelöste planare Messung konnte außerdem zeigen, dass sich die Rekonfigurationen der Strömung jenseits dieser vereinfachenden Modellvorstellungen aus Translationsprozessen aufsteigender Strukturen auf mehreren Skalenebenen zusammensetzt. Die kleinste beobachtbare Ebene entsprach dabei der einzelner Plumes.

Für den Fall der niedrigen Richardson-Zahl konnte für letztere kein signifikanter Einfluss festgestellt werden. Vielmehr bestätigte die planare Messung die Dominanz der Taylor-Görtler-artigen Wirbel für diesen Fall.

Um diese Strukturen unter dem vorhandenen Einfluss von Auftriebskräften besser zu verstehen, wurden für einen Ausschnitt der Zelllänge Geschwindigkeits- und Temperaturfelder simultan in einer bodenplattenparallelen Ebene gemessen. Die Ergebnisse dieser Kampagne zeigen, dass sich Fluidpakete aus dem unteren Vorderkantenwirbel und aus Taylor-Görtler-artigen Wirbeln anhand statistischer Größen der Strömung und des turbulenten Wärmetransports unterscheiden lassen. So weisen zwar beide eine positive Korrelation zwischen Temperatur und Vertikalgeschwindigkeit auf. Für die Taylor-Görtler-artigen Wirbel ist der turbulente Wärmetransport jedoch stärker durch extreme Einzelereignisse geprägt als durch die allgemein stärkere Turbulenz der Plumes aus dem Vorderkantenwirbel.

Dennoch konnte vereinzelt beobachtet werden, dass diese beiden Strukturen in Kombination auftraten, was einen möglichen Ansatzpunkt zukünftiger Forschung darstellt. So verbleiben offene Fragestellungen was den Längstransport in Vorderkantenwirbel zwischen einem stabilen Zustand und einem Zustand mit Rekonfigurationen unterscheidet. Und ob Taylor-Görtler-artige Wirbel ebenfalls mit den Prozessen des Vorderkantenwirbels verknüpft sind.

Teil I

APPENDIX

A

WICHTUNGSFAKTOREN DER TOMOGRAFISCHEN REKONSTRUKTION

Wie in Kapitel 3.2.1.2 beschrieben, berücksichtigen die dort vorgestellten Wichtungsfaktoren $w_{i,j}$ die Distanz zwischen dem Mittelpunkt des Pixels i und dem Durchstoßpunkt der Sichtlinie des Voxels j in der Bildebene. Dafür werden die Koordinaten des Durchstoßpunkts $(x_j; y_j)$ anhand von Gleichung 3.12 und den Voxelkoordinaten $(X_j; Y_j; Z_j)$ berechnet. Der Abstand $l_{i,j}$ des Durchstoßpunkts zum Pixel $(x_i; y_i)$ wird dabei mit dem Parameter des Interpolationsradius r_I normiert:

$$l_{i,j} = \frac{\sqrt{(x_j - x_i)^2 + (y_j - y_i)^2}}{r_\mathrm{I}} \tag{A.1}$$

Der zugehörige Wichtungsfaktor wird anschließend durch die folgende Funktion berechnet:

$$w_{i,j} = \sqrt{1 - {l_{i,j}}^2} - {l_{i,j}}^2 \ln(|1 + \sqrt{1 - {l_{i,j}}^2}|) + {l_{i,j}}^2 \ln(l_{i,j}) \tag{A.2}$$

Diese Funktion weist den Wichtungsfaktoren Werte zwischen 0 ($l_{i,j} = 1$) und 1 ($l_{i,j} = 0$) zu. Um die Intensitäten eines Voxels breiter zu verteilen, muss dementsprechend der Interpolationsradius r_I erhöht werden. Für die in dieser Arbeit vorgestellten Messungen wurde ein Interpolationsradius von $r_\mathrm{I} = 2\,\mathrm{px}$ verwendet.

B

GAUSSFUNKTIONSPARAMETER FÜR DIE KOMBINIERTE GESCHWINDIGKEITS- UND TEMPERATURMESSUNG

Die nachfolgende Tabelle beinhaltet die finalen vierkomponentigen Gaußfunktionsparameter aus Kapitel 4.4.2.

	g_1	g_2	g_3
I	0,618	0,303	0,0225
μ_X/v_{in}	-0,0257	-0,0266	-0,0125
σ_X/v_{in}	0,114	0,0829	0,0312
μ_Y/v_{in}	0,468	0,534	0,0168
σ_Y/v_{in}	0,167	0,099	0,0356
μ_Z/v_{in}	-0,169	-0,0451	-0,0128
σ_Z/v_{in}	0,241	0,0992	0,0401
μ_T	0,112	0,131	0,252
σ_T	0,0651	0,0568	0,116
ρ_{XY}	-0,0209	-0,0191	-0,104
ρ_{XZ}	-0,057	-0,0344	0,0107
ρ_{YZ}	0,231	0,231	-0,381
ρ_{XT}	-0,0239	0,0662	-0,036
ρ_{YT}	-0,0107	-0,224	0,0123
ρ_{ZT}	0,276	-0,137	0,164

Tabelle B.1: Vollständige Parameter der Gaußfunktionen g_1, g_2 und g_3, welche die Summenfunktion s_3 bilden.

LITERATUR

[1] C. Abram, B. Fond und F. Beyrau. „Temperature measurement techniques for gas and liquid flows using thermographic phosphor tracer particles". In: *Progress in Energy and Combustion Science* 64 (2018), S. 93–156.

[2] R. J. Adrian und J. Westerweel. *Particle Image Velocimetry (Cambridge Aerospace Series)*. Cambridge University Press, 2010. ISBN: 0521440084.

[3] C. D. Andereck, S. S. Liu und H. L. Swinney. „Flow regimes in a circular Couette system with independently rotating cylinders". In: *Journal of Fluid Mechanics* 164 (1986), S. 155–183.

[4] S. Anders, D. Noto, Y. Tasaka und S. Eckert. „Simultaneous optical measurement of temperature and velocity fields in solidifying liquids". In: *Experiments in Fluids* 61 (2020), 113.

[5] F. F. Araujo, S. Grossmann und D. Lohse. „Wind Reversals in Turbulent Rayleigh-Bénard Convection". In: *Physical Review Letters* 95 (2005), 084502.

[6] M. P. Arroyo und C. A. Greated. „Stereoscopic particle image velocimetry". In: *Measurement Science and Technology* 2 (1991), 1181.

[7] M. Assaf, L. Angheluta und N. Goldenfeld. „Rare Fluctuations and Large-Scale Circulation Cessations in Turbulent Convection". In: *Physical Review Letters* 107 (2011), 044502.

[8] P. Augustsson, R. Barnkob, S. T. Wereley, H. Bruus und T. Laurell. „Automated and temperature-controlled micro-PIV measurements enabling long-term-stable microchannel acoustophoresis characterization". In: *Lab on a Chip* 11 (2011), S. 4152–4164.

[9] K. Bai, D. Ji und E. Brown. „Ability of a low-dimensional model to predict geometry-dependent dynamics of large-scale coherent structures in turbulence". In: *Physical Review E* 93 (2016), 023117.

[10] H. Bénard. „Les tourbillons cellulaires dans une nappe liquide". In: *Revue Générale des Sciences Pures et Appliquées* 11 (1900), S. 1261–1271.

[11] S. Bhattacharya, J. J. Charonko und P. P. Vlachos. „Stereo-particle image velocimetry uncertainty quantification". In: *Measurement Science and Technology* 28 (2016), 015301.

[12] L. Biermann. „Untersuchungen über den inneren Aufbau der Sterne. IV. Konvektionszonen im Innern der Sterne." In: *Zeitschrift für Astrophysik* 5 (1932), S. 117–139.

[13] A. Blass, X. Zhu, R. Verzicco, D. Lohse und R. J. A. M. Stevens. „Flow organization and heat transfer in turbulent wall sheared thermal convection". In: *Journal of Fluid Mechanics* 897 (2020), A22.

[14] J. Bosbach, M. Kühn und C. Wagner. „Large scale particle image velocimetry with helium filled soap bubbles". In: *Experiments in Fluids* 46 (2008), S. 539–547.

[15] J. Bosbach, S. Lange, T. Dehne, G. Lauenroth, F. Hesselbach und M. Allzeit. „Alternative ventilation concepts for aircraft cabins". In: *CEAS Aeronautical Journal* 4 (2013), S. 301–313.

[16] J. Boussinesq. *Théorie Analytique de la Chaleur, Vol. 2*. Gauthier-Villars, Paris, 1903.

[17] R. Bro und A. K. Smilde. „Centering and scaling in component analysis". In: *Journal of Chemometrics* 17 (2003), S. 16–33.

[18] E. Brown und G. Ahlers. „Rotations and cessations of the large-scale circulation in turbulent Rayleigh-Bénard convection". In: *Journal of Fluid Mechanics* 568 (2006), S. 351–386.

[19] E. Brown und G. Ahlers. „The origin of oscillations of the large-scale circulation of turbulent Rayleigh-Bénard convection". In: *Journal of Fluid Mechanics* 638 (2009), S. 383–400.

[20] S. L. Brunton und J. N. Kutz. *Data-Driven Science and Engineering: Machine Learning, Dynamical Systems, and Control*. Cambridge University Press, 2019.

[21] N. Cagney, W. H. Newsome, C. Lithgow-Bertelloni, A. Cotel, S. R. Hart und J. A. Whitehead. „Temperature and velocity measurements of a rising thermal plume". In: *Geochemistry, Geophysics, Geosystems* 16 (2015), S. 579–599.

[22] A. Castillo-Castellanos, A. Sergent, B. Podvin und M. Rossi. „Cessation and reversals of large-scale structures in square Rayleigh-Bénard cells". In: *Journal of Fluid Mechanics* 877 (2019), S. 922–954.

[23] A. Castillo-Castellanos, A. Sergent und M. Rossi. „Reversal cycle in square Rayleigh-Bénard cells in turbulent regime". In: *Journal of Fluid Mechanics* 808 (2016), S. 614–640.

[24] S. Chandrasekhar. *Hydrodynamic and Hydromagnetic Stability*. Dover Publications, 2013. 704 S.

[25] X. Chen, S.-D. Huang, K.-Q. Xia und H.-D. Xi. „Emergence of substructures inside the large-scale circulation induces transition in flow reversals in turbulent thermal convection“. In: *Journal of Fluid Mechanics* 877 (2019), R1.

[26] X. Chen, D.-P. Wang und H.-D. Xi. „Reduced flow reversals in turbulent convection in the absence of corner vortices“. In: *Journal of Fluid Mechanics* 891 (2020), R5.

[27] M. Ciofalo, M. Signorino und M. Simiano. „Tomographic particle-image velocimetry and thermography in Rayleigh-Bénard convection using suspended thermochromic liquid crystals and digital image processing“. In: *Experiments in Fluids* 34 (2003), S. 156–172.

[28] S. Cioni, S. Ciliberto und J. Sommeria. „Strongly turbulent Rayleigh-Bénard convection in mercury: comparison with results at moderate Prandtl number“. In: *Journal of Fluid Mechanics* 335 (1997), S. 111–140.

[29] R. M. Clever und F. H. Busse. „Instabilities of longitudinal rolls in the presence of Poiseuille flow“. In: *Journal of Fluid Mechanics* 229 (1991), S. 517–529.

[30] R. Clift, J. R. Grace und M. E. Weber. *Bubbles, Drops, and Particles*. Dover Civil and Mechanical Engineering Series. Dover Publications, 2005. ISBN: 9780486445809.

[31] DIN EN IEC 60751. *Industrielle Platin-Widerstandsthermometer und Platin-Temperatursensoren*. Norm. 2019.

[32] DIN EN ISO 5167-4. *Durchflussmessung von Fluiden mit Drosselgeräten in volldurchströmten Leitungen mit Kreisquerschnitt –Teil 4: Venturirohre*. Norm. 2004.

[33] D. Dabiri. „Digital particle image thermometry/velocimetry: a review“. In: *Experiments in Fluids* 46 (2008), S. 191–241.

[34] D. Dabiri und M. Gharib. „Digital particle image thermometry: The method and implementation“. In: *Experiments in Fluids* 11 (1991), S. 77–86.

[35] T. Dehne, P. Lange, A. Volkmann, D. Schmeling, M. Konstantinov und J. Bosbach. „Vertical ventilation concepts for future passenger cars“. In: *Building and Environment* 129 (2018), S. 142–153.

[36] C. L. Douay, L. R. Pastur und F. Lusseyran. „Centrifugal instabilities in an experimental open cavity flow“. In: *Journal of Fluid Mechanics* 788 (2016), S. 670–694.

[37] G. E. Elsinga, F. Scarano, B. Wieneke und B. W. van Oudheusden. „Tomographic particle image velocimetry“. In: *Experiments in Fluids* 41 (2006), S. 933–947.

[38] D. E. Faleiros, M. Tuinstra, A. Sciacchitano und F. Scarano. „Generation and control of helium-filled soap bubbles for PIV“. In: *Experiments in Fluids* 60 (2019), 40.

[39] N. Foroozani, J. J. Niemela, V. Armenio und K. R. Sreenivasan. „Reorientations of the large-scale flow in turbulent convection in a cube“. In: *Physical Review E* 95 (2017), 033107.

[40] S. Funatani und N. Fujisawa. „Simultaneous measurement of temperature and three velocity components in planar cross section by liquid-crystal thermometry combined with stereoscopic particle image velocimetry“. In: *Measurement Science and Technology* 13 (2002), S. 1197–1205.

[41] D. Funfschilling und G. Ahlers. „Plume Motion and Large-Scale Circulation in a Cylindrical Rayleigh-Bénard Cell“. In: *Physical Review Letters* 92 (2004), 194502.

[42] D. Funfschilling, E. Brown und G. Ahlers. „Torsional oscillations of the large-scale circulation in turbulent Rayleigh–Bénard convection“. In: *Journal of Fluid Mechanics* 607 (2008), S. 119–139.

[43] H. Görtler. *On the Three-dimensional Instability of Laminar Boundary Layers on Concave Walls*. technical memorandum. National Advisory Committee for Aeronautics, 1954.

[44] H. Gunes und U. Rist. „Proper orthogonal decomposition reconstruction of a transitional boundary layer with and without control“. In: *Physics of Fluids* 16 (2004), S. 2763–2784.

[45] Z. Han, G. N. Sze To, S. C. Fu, C. Y.-H. Chao, W. Weng und Q. Huang. „Effect of human movement on airborne disease transmission in an airplane cabin: study using numerical modeling and quantitative risk analysis“. In: *BMC Infectious Diseases* 14 (2014), 434.

[46] N. J. Higham. „Computing a nearest symmetric positive semidefinite matrix“. In: *Linear Algebra and its Applications* 103 (1988), S. 103–118.

[47] W. J. Hiller und T. A. Kowalewski. „Simultaneous measurement of temperature and velocity fields in thermalconvective flows“. In: *Flow visualization IV. Proceedings of the fourth international symposium, Paris, France, Aug. 26–29, 1986*. Washington: Hemisphere Publishing, 1987, S. 617–622.

[48] P. Hoyng, M. A. J. H. Ossendrijver und D. Schmitt. „The geodynamo as a bistable oscillator". In: *Geophysical & Astrophysical Fluid Dynamics* 94 (2001), S. 263–314.

[49] H. T. Huang, H. E. Fiedler und J. J. Wang. „Limitation and improvement of PIV". In: *Experiments in Fluids* 15 (1993), S. 263–273.

[50] S.-D. Huang, F. Wang, H.-D. Xi und K.-Q. Xia. „Comparative Experimental Study of Fixed Temperature and Fixed Heat Flux Boundary Conditions in Turbulent Thermal Convection". In: *Physical Review Letters* 115 (2015), 154502.

[51] S.-D. Huang und K.-Q. Xia. „Effects of geometric confinement in quasi-2-D turbulent Rayleigh–Bénard convection". In: *Journal of Fluid Mechanics* 794 (2016), S. 639–654.

[52] F. Huhn, D. Schanz, S. Gesemann, U. Dierksheide, R. van de Meerendonk und A. Schröder. „Large-scale volumetric flow measurement in a pure thermal plume by dense tracking of helium-filled soap bubbles". In: *Experiments in Fluids* 58 (2017), 116.

[53] R. Iwatsu, K. Ishii, T. Kawamura, K. Kuwahara und J. M. Hyun. „Numerical simulation of three-dimensional flow structure in a driven cavity". In: *Fluid Dynamics Research* 5 (1989), S. 173–189.

[54] C. Johnson. *Science for the curious photographer : an introduction to the science of photography*. New York: Routledge, Taylor & Francis Group, 2017. ISBN: 9780415793223.

[55] M. Kaczorowski und C. Wagner. „Analysis of the thermal plumes in turbulent Rayleigh-Bénard convection based on well-resolved numerical simulations". In: *Journal of Fluid Mechanics* 618 (2009), S. 89–112.

[56] C. J. Kähler, B. Sammler und J. Kompenhans. „Generation and control of tracer particles for optical flow investigations in air". In: *Experiments in Fluids* 33 (2002), S. 736–742.

[57] J. R. Koseff und R. L. Street. „The Lid-Driven Cavity Flow: A Synthesis of Qualitative and Quantitative Observations". In: *Journal of Fluids Engineering* 106 (1984), S. 390–398.

[58] M. Kühn. „Untersuchung großskaliger Strömungsstrukturen in erzwungener und gemischter Konvektion mit der tomografischen Particle Image Velocimetry". Diss. Technische Universität Ilmenau, 2011.

[59] M. Kühn, K. Ehrenfried, J. Bosbach und C. Wagner. „Large-scale tomographic particle image velocimetry using helium-filled soap bubbles". In: *Experiments in Fluids* 50 (2011), S. 929–948.

[60] M. Kühn, K. Ehrenfried, J. Bosbach und C. Wagner. „Large-scale tomographic PIV in forced and mixed convection using a parallel SMART version". In: *Experiments in Fluids* 53 (2012), S. 91–103.

[61] F. Kupka. „Thermal Convection in Stars and in Their Atmosphere". In: *Multi-Dimensional Processes In Stellar Physics*. EDP Sciences, 2020, S. 69–110.

[62] LCR Hallcrest. *Handbook of Thermochromic Liquid Crystal Technology*. 2014.

[63] O. Liot, F. Seychelles, F. Zonta, S. Chibbaro, T. Coudarchet, Y. Gasteuil, J.-F. Pinton, J. Salort und F. Chillà. „Simultaneous temperature and velocity Lagrangian measurements in turbulent thermal convection". In: *Journal of Fluid Mechanics* 794 (2016), S. 655–675.

[64] V. Mathai, A. Das, J. A. Bailey und K. Breuer. „Airflows inside passenger cars and implications for airborne disease transmission". In: *Science Advances* 7 (2020), eabe0166.

[65] F. Michaux, P. Mattern und S. Kallweit. „RoboPIV: how robotics enable PIV on a large industrial scale". In: *Measurement Science and Technology* 29 (2018), 074009.

[66] D. Mishra, K. Muralidhar und P. Munshi. „A robust MART algorithm for tomografic applications". In: *Numerical Heat Transfer, Part B: Fundamentals* 35 (1999), S. 485–506.

[67] S. Moller, J. König, C. Resagk und C. Cierpka. „Influence of the illumination spectrum and observation angle on temperature measurements using thermochromic liquid crystals". In: *Measurement Science and Technology* 30 (2019), 084006.

[68] S. Moller, C. Resagk und C. Cierpka. „Long-time experimental investigation of turbulent superstructures in Rayleigh–Bénard convection by noninvasive simultaneous measurements of temperature and velocity fields". In: *Experiments in Fluids* 62 (2021), 64.

[69] M. Mommert, D. Schiepel, D. Schmeling und C. Wagner. „A flow-intrinsic trigger for capturing reconfigurations in buoyancy-driven flows in automated PIV". In: *Measurement Science and Technology* 30 (2019), 045301.

[70] M. Mommert, D. Schiepel, D. Schmeling und C. Wagner. „Reversals of coherent structures in turbulent mixed convection". In: *Journal of Fluid Mechanics* 904 (2020), A33.

[71] R. Ni, S.-D. Huang und K.-Q. Xia. „Reversals of the large-scale circulation in quasi-2D Rayleigh-Bénard convection". In: *Journal of Fluid Mechanics* 778 (2015), R5.

[72] K. A. Niehaus. „Experimentelle Erfassung und Charakterisierung der Temperatur- und Geschwindigkeitsfelder transienter Strömungszustände in turbulenter Mischkonvektion". Magisterarb. Georg-August-Universität Göttingen, 2019.

[73] K. A. Niehaus, M. Mommert, D. Schiepel, D. Schmeling und C. Wagner. „Comparison of Two Unstable Flow States in Turbulent Mixed Convection". In: *New Results in Numerical and Experimental Fluid Mechanics XII*. Hrsg. von A. Dillmann, G. Heller, E. Krämer, C. Wagner, C. Tropea und S. Jakirlić. Cham: Springer International Publishing, 2020, S. 543–552.

[74] J. J. Niemela, L. Skrbek, K. R. Sreenivasan und R. J. Donnelly. „The wind in confined thermal convection". In: *Journal of Fluid Mechanics* 449 (2001), S. 169–178.

[75] A. Oberbeck. „Ueber die Wärmeleitung der Flüssigkeiten bei Berücksichtigung der Strömungen infolge von Temperaturdifferenzen". In: *Annalen der Physik und Chemie* 243 (1879), S. 271–292.

[76] J. Oliver. *Encyclopedia of world climatology*. Dordrecht, Netherlands New York: Springer, 2005. ISBN: 9781402032660.

[77] Optiserve Messtechnik. *Bedienungsanleitung RT02 & VSM02*. Käferflugstraße 19, 74076 Heilbronn, Germany, 2020.

[78] PCO AG. *pixelfly QE Bedienungsanleitung*. Donaupark 11, 93309 Kelheim, Germany, 2006.

[79] PCO AG. *pco.edge family User Manual V2.25*. Donaupark 11, 93309 Kelheim, Germany, 2015.

[80] H. Pabiou, S. Mergui und C. Bénard. „Wavy secondary instability of longitudinal rolls in Rayleigh-Bénard-Poiseuille flows". In: *Journal of Fluid Mechanics* 542 (2005), S. 175–194.

[81] F. Picella, J.-C. Loiseau, F. Lusseyran, J.-C. Robinet, S. Cherubini und L. Pastur. „Successive bifurcations in a fully three-dimensional open cavity flow". In: *Journal of Fluid Mechanics* 844 (2018), S. 855–877.

[82] S. Pirozzoli, M. Bernardini, R. Verzicco und P. Orlandi. „Mixed convection in turbulent channels with unstable stratification". In: *Journal of Fluid Mechanics* 821 (2017), S. 482–516.

[83] PivTec GmbH. *PivTec PIVview2C/3C Version 3.6 User Manual*. Stauffenbergring 21, 37075 Göttingen, Germany, Nov. 2015.

[84] B. Podvin und A. Sergent. „Proper orthogonal decomposition investigation of turbulent Rayleigh-Bénard convection in a rectangular cavity". In: *Physics of Fluids* 24 (2012), 105106.

[85] B. Podvin und A. Sergent. „A large-scale investigation of wind reversal in a square Rayleigh-Bénard cell". In: *Journal of Fluid Mechanics* 766 (2015), S. 172–201.

[86] B. Podvin und A. Sergent. „Precursor for wind reversal in a square Rayleigh-Bénard cell". In: *Physical Review E* 95 (2017), 013112.

[87] X.-L. Qiu, X.-D. Shang, P. Tong und K.-Q. Xia. „Velocity oscillations in turbulent Rayleigh-Bénard convection". In: *Physics of Fluids* 16 (2004), S. 412–423.

[88] M. Raffel, C. E. Willert, F. Scarano, C. Kähler, S. T. Wereley und J. Kompenhans. *Particle Image Velocimetry: A Practical Guide*. Springer, 2018. ISBN: 9783319688527.

[89] P. Ramesh, S. Bharadwaj und M. Alam. „Suspension Taylor–Couette flow: co-existence of stationary and travelling waves, and the characteristics of Taylor vortices and spirals". In: *Journal of Fluid Mechanics* 870 (2019), S. 901–940.

[90] C. Resagk, R. du Puits, A. Thess, F. V. Dolzhansky, S. Grossmann, F. F. Araujo und D. Lohse. „Oscillations of the large scale wind in turbulent thermal convection". In: *Physics of Fluids* 18 (2006), 095105.

[91] W. Roedel und T. Wagner. *Physik unserer Umwelt: Die Atmosphäre*. Springer-Verlag GmbH, Okt. 2010. 589 S. ISBN: 9783642157295.

[92] J. Sakakibara und R. J. Adrian. „Measurement of temperature field of a Rayleigh-Bénard convection using two-color laser-induced fluorescence". In: *Experiments in Fluids* 37 (2004), S. 331–340.

[93] F. Scarano. „Iterative image deformation methods in PIV". In: *Measurement Science and Technology* 13 (2001), R1–R19.

[94] T. Scheimpflug. „Improved Method and Apparatus for the Systematic Alteration or Distortion of Plane Pictures and Images by Means of Lenses and Mirrors for Photography and for other purposes." Brit. Pat. GB190401196A (Sternwartestrasse 39 , Vienna XVIII, Austria). Jan. 1904.

[95] D. Schiepel. „Experimentelle Erfassung und Charakterisierung der dreidimensionalen großskaligen Strömungsstrukturen und -temperaturen in Rayleigh-Bénard-Konvektion". Diss. Georg-August-Universität Göttingen, 2017.

[96] D. Schiepel, D. Schmeling und C. Wagner. „Simultaneous tomographic particle image velocimetry and thermometry of turbulent Rayleigh-Bénard convection“. In: *Measurement Science and Technology* 32 (2021), 095201.

[97] H. Schlichting und K. Gersten. *Boundary-Layer Theory*. Springer Berlin Heidelberg, 2016. ISBN: 9783662529195.

[98] D. Schmeling. „Experimental Acquisition and Characterisation of Large-Scale Flow Structures in Turbulent Mixed Convection“. Diss. Georg-August-Universität Göttingen, 2014.

[99] D. Schmeling, J. Bosbach und C. Wagner. „Oscillations of the large-scale circulation in turbulent mixed convection in a closed rectangular cavity“. In: *Experiments in Fluids* 54 (2013), 1517.

[100] D. Schmeling, J. Bosbach und C. Wagner. „Simultaneous measurement of temperature and velocity fields in convective air flows“. In: *Measurement Science and Technology* 25 (2014), 035302.

[101] D. Schmeling, J. Bosbach und C. Wagner. „Measurements of the dynamics of thermal plumes in turbulent mixed convection based on combined PIT and PIV“. In: *Experiments in Fluids* 56 (2015), 134.

[102] D. Schmeling und A. Volkmann. „On the experimental investigation of novel low-momentum ventilation concepts for cooling operation in a train compartment“. In: *Building and Environment* 182 (2020), 107116.

[103] D. Schmeling, A. Westhoff, M. Kühn, J. Bosbach und C. Wagner. „Large-scale flow structures and heat transport of turbulent forced and mixed convection in a closed rectangular cavity“. In: *International Journal of Heat and Fluid Flow* 32 (2011), S. 889–900.

[104] R. Segura, M. Rossi, C. Cierpka und C. J. Kähler. „Simultaneous three-dimensional temperature and velocity field measurements using astigmatic imaging of non-encapsulated thermo-liquid crystal (TLC) particles“. In: *Lab on a Chip* 15 (2015), S. 660–663.

[105] Sensirion AG. *Datasheet SHT85*. Version 3.1. Laubisruetistr. 50, CH-8712 Staefa ZH, 2021.

[106] P. P. Shevkar, G. S. Gunasegarane, S. K. Mohanan und B. A. Puthenveettil. „Effect of shear on coherent structures in turbulent convection“. In: *Physical Review Fluids* 4 (2019), 043502.

[107] O. Shishkina und C. Wagner. „Analysis of sheet-like thermal plumes in turbulent Rayleigh–Bénard convection“. In: *Journal of Fluid Mechanics* 599 (2008), S. 383–404.

[108] L. Sirovich. „Turbulence and the dynamics of coherent structures. I - Coherent structures. II - Symmetries and transformations. III - Dynamics and scaling“. In: *Quarterly of Applied Mathematics* 45 (1987), S. 561–590.

[109] S. M. Soloff, R. J. Adrian und Z.-C. Liu. „Distortion compensation for generalized stereoscopic particle image velocimetry“. In: *Measurement Science and Technology* 8 (1997), 1441.

[110] S. Someya. „Particle-based temperature measurement coupled with velocity measurement“. In: *Measurement Science and Technology* 32 (2020), 042001.

[111] L. Soucasse, B. Podvin, P. Rivière und A. Soufiani. „Proper orthogonal decomposition analysis and modelling of large-scale flow reorientations in a cubic Rayleigh-Bénard cell“. In: *Journal of Fluid Mechanics* 881 (2019), S. 23–50.

[112] K. R. Sreenivasan, A. Bershadskii und J. J. Niemela. „Mean wind and its reversal in thermal convection“. In: *Physical Review E* 65 (2002), 056306.

[113] B. Stasicki, A. Schröder, F. Boden und K. Ludwikowski. „High-power LED light sources for optical measurement systems operated in continuous and overdriven pulsed modes“. In: *Optical Measurement Systems for Industrial Inspection X*. Hrsg. von P. Lehmann, W. Osten und A. A. Gonçalves. Bd. 10329. SPIE, 2017, 103292J.

[114] J. W. Strutt. „On the dynamics of revolving fluids“. In: *Proceedings of the Royal Society of London. Series A, Containing Papers of a Mathematical and Physical Character* 93 (1917), S. 148–154.

[115] K. Sugiyama, R. Ni, R. J. A. M. Stevens, T. S. Chan, S.-Q. Zhou, H.-D. Xi, C. Sun, S. Grossmann, K.-Q. Xia und D. Lohse. „Flow Reversals in Thermally Driven Turbulence“. In: *Physical Review Letters* 105 (2010), 034503.

[116] C. Sun, K.-Q. Xia und P. Tong. „Three-dimensional flow structures and dynamics of turbulent thermal convection in a cylindrical cell“. In: *Physical Review E* 72 (2005), 026302.

[117] G. N. Sze To, M. P. Wan, C. Y. H. Chao, L. Fang und A. Melikov. „Experimental Study of Dispersion and Deposition of Expiratory Aerosols in Aircraft Cabins and Impact on Infectious Disease Transmission“. In: *Aerosol Science and Technology* 43 (2009), S. 466–485.

[118] G. I. Taylor. „VIII. Stability of a viscous liquid contained between two rotating cylinders". In: *Philosophical Transactions of the Royal Society of London. Series A, Containing Papers of a Mathematical or Physical Character* 223 (1923), S. 289–343.

[119] H. Theisel. „Vector Field Curvature and Applications". Diss. Universität Rostock, 1996.

[120] S. M. Tobias. „The turbulent dynamo". In: *Journal of Fluid Mechanics* 912 (2021), P1.

[121] Topas GmbH. *Di-Ethyl-Hexyl-Sebacat DEHS*. Topas GmbH, Oskar-Röder-Str. 12, 01237 Dresden, 2008.

[122] C. Tropea, A. L. Yarin und J. F. Foss, Hrsg. *Springer Handbook of Experimental Fluid Mechanics*. Springer Berlin Heidelberg, 2007. ISBN: 9783540302995.

[123] R. Tsai. „A versatile camera calibration technique for high-accuracy 3D machine vision metrology using off-the-shelf TV cameras and lenses". In: *IEEE Journal on Robotics and Automation* 3 (1987), S. 323–344.

[124] P. T. Tsilingiris. „Thermophysical and transport properties of humid air at temperature range between 0 and 100°C". In: *Energy Conversion and Management* 49 (2008), S. 1098–1110.

[125] A. Vasiliev, P. Frick, A. Kumar, R. Stepanov, A. Sukhanovskii und M. K. Verma. „Transient flows and reorientations of large-scale convection in a cubic cell". In: *International Communications in Heat and Mass Transfer* 108 (2019), 104319.

[126] E. Villermaux. „Memory-Induced Low Frequency Oscillations in Closed Convection Boxes". In: *Physical Review Letters* 75 (1995), S. 4618–4621.

[127] Y. Wang, P.-Y. Lai, H. Song und P. Tong. „Mechanism of large-scale flow reversals in turbulent thermal convection". In: *Science Advances* 4 (2018), eaat7480.

[128] M. Wessels, D. Schmeling, J. Bosbach und C. Wagner. „On the impact of the aspect ratio on the formation of large-scale structures in turbulent mixed convection in a cuboidal sample". In: *International Journal of Heat and Fluid Flow* 76 (2019), S. 231–241.

[129] J. Westerweel und F. Scarano. „Universal outlier detection for PIV data". In: *Experiments in Fluids* 39 (2005), S. 1096–1100.

[130] A. Westhoff. „Spatial Scaling of Large-Scale Circulations and Heat Transport in Turbulent Mixed Convection“. Diss. Georg-August-Universität Göttingen, 2012.

[131] A. Westhoff, J. Bosbach, D. Schmeling und C. Wagner. „Experimental study of low-frequency oscillations and large-scale circulations in turbulent mixed convection“. In: *International Journal of Heat and Fluid Flow* 31 (2010), S. 794–804.

[132] A. Westhoff und C. Wagner. „Experimental Study on the Richardson Number Dependence of Large-Scale Flow Structures and Their Dynamics in a Miniaturised Aircraft Cabin“. In: *New Results in Numerical and Experimental Fluid Mechanics XII*. Hrsg. von A. Dillmann, G. Heller, E. Krämer, C. Wagner, C. Tropea und S. Jakirlić. Cham: Springer International Publishing, 2020, S. 468–477.

[133] T. Wetzel. „Analyse der Strukturbildung in turbulenten Mischkonvektionsströmungenauf Basis direkter numerischer Simulationen“. Diss. Technische Universität Ilmenau, 2020.

[134] B. Wieneke. „Stereo-PIV using self-calibration on particle images“. In: *Experiments in Fluids* 39 (2005), S. 267–280.

[135] B. Wieneke. „Volume self-calibration for 3D particle image velocimetry“. In: *Experiments in Fluids* 45 (2008), S. 549–556.

[136] B. Wieneke. „PIV uncertainty quantification from correlation statistics“. In: *Measurement Science and Technology* 26 (2015), 074002.

[137] J. Woisetschläger, N. Mayrhofer, H. Lang und B. Hampel. „Experimental Investigation of Turbine Wake Flow by Interferometrically Triggered PIV and LDV Measurements“. In: *Volume 5: Turbo Expo 2002, Parts A and B*. ASMEDC, 2002, S. 207–216.

[138] G. Wozniak und K. Wozniak. „Buoyancy and thermocapillary flow analysis by the combined use of liquid crystals and PIV“. In: *Experiments in Fluids* 17 (1994), S. 141–146.

[139] H.-D. Xi und K.-Q. Xia. „Cessations and reversals of the large-scale circulation in turbulent thermal convection“. In: *Physical Review E* 75 (2007), 066307.

[140] H.-D. Xi, S.-Q. Zhou, Q. Zhou, T.-S. Chan und K.-Q. Xia. „Origin of the Temperature Oscillation in Turbulent Thermal Convection“. In: *Physical Review Letters* 102 (2009), 044503.

[141] Y.-C. Xie, G.-Y. Ding und K.-Q. Xia. „Flow Topology Transition via Global Bifurcation in Thermally Driven Turbulence“. In: *Physical Review Letters* 120 (2018), 214501.

[142] Y. Zhang, J. Li, M. Liu, J. Liu und C. Wang. „Experimental investigation of large-scale flow structures in an aircraft cabin mock-up“. In: *Building and Environment* 184 (2020), 107224.

[143] S.-Q. Zhou, Y.-C. Xie, C. Sun und K.-Q. Xia. „Statistical characterization of thermal plumes in turbulent thermal convection“. In: *Physical Review Fluids* 1 (2016), 054301.

[144] D. Zwillinger. *CRC standard probability and statistics tables and formulae.* Boca Raton: Chapman & Hall/CRC, 2000. ISBN: 1584880597.

ABBILDUNGSVERZEICHNIS

TABELLENVERZEICHNIS